U0202687

站在巨人的肩上

Standing on the Shoulders of Giants

图灵新知

神奇的连接组

你的
大脑可以
改变

[美] 承现峻（Sebastian Seung）著

孙天齐 译

C O N N E C T O M E

HOW THE BRAIN'S WIRING

MAKES US WHO WE ARE

人民邮电出版社

北京

图书在版编目（CIP）数据

　　神奇的连接组：你的大脑可以改变 ／（美）承现峻
著；孙天齐译. -- 北京：人民邮电出版社，2022.9
　（图灵新知）
　ISBN 978-7-115-59841-7

　Ⅰ．①神… Ⅱ．①承… ②孙… Ⅲ．①神经科学
Ⅳ．①Q189

中国版本图书馆CIP数据核字(2022)第147477号

内 容 提 要

　　每个人都有一次生命，以及一个大脑，伴随我们度过整个一生。而人生中所有重要的目标，归根结底都要从改变大脑开始。我们虽然有自然的改变机制，但它的局限性令人失望。除了满足好奇心和求知欲以外，神经科学到底能不能为我们带来新的启发和技术，让我们改变大脑？

　　好消息是，连接组学带来了希望。作为连接组学的主要倡导者，普林斯顿大学知名神经科学家承现峻认为，连接组其实是由先天基因和后天经历共同塑造的。连接组理论相信，我们的连接组可以由我们的行为与思维来塑造。换言之，我们能够通过影响大脑的连接结构，来塑造我们的大脑。

　　在本书中，承现峻以生动的笔触介绍了连接组学、连接主义、基因对连接组的影响、如何找到连接组，以及如何利用关于连接组的一切发现去改造连接组。这些内容回答了，我们为何与众不同。同时，它们将帮我们改善自己的记忆、摆脱大脑疾病的困扰，甚至将一些科学幻想变成现实。

◆ 著　　　[美] 承现峻（Sebastian Seung）
　　译　　　孙天齐
　　责任编辑　王振杰
　　责任印制　彭志环

◆ 人民邮电出版社出版发行　　北京市丰台区成寿寺路11号
　　邮编　100164　电子邮件　315@ptpress.com.cn
　　网址　https://www.ptpress.com.cn
　　涿州市京南印刷厂印刷

◆ 开本：720×960　1/16
　　印张：18.25　　　　　　　2022年9月第1版
　　字数：251千字　　　　　　2022年9月河北第1次印刷
　　著作权合同登记号　图字：01-2022-3453号

定价：79.80元
读者服务热线：(010)84084456-6009　印装质量热线：(010)81055316
反盗版热线：(010)81055315
广告经营许可证：京东市监广登字 20170147 号

献给我亲爱的父母
感谢他们创造了我的基因组
并塑造了我的连接组

Contents

目录

第一部分　尺寸重要吗

01

02

第二部分　连接主义

第三部分 先天与后天

03

04

第四部分 连接组学

05

第五部分　超级人类

赞誉

如果说人类必须有一个终极问题，那么这个终极问题就必然是："我是谁。"物理学家费曼说，我是一群原子；哲学家笛卡儿说，我是一台机器；计算科学家维纳农说，我是一串信息……在这本书里，神经科学家承现峻宣称，我是 860 亿个神经用树突和轴突编织而成的连接组。20 多年前，当承现峻教授在麻省理工学院宣扬这个猜想时，很多人将其看作异端邪说。今天，这个"异端邪说"正成为破解大脑奥秘的方法基石，正成为下一代人工神经网络的生物基石，正成为人类永生之梦的理性基石。在远古传说里，神根据自己的形象创造了人类；现在，借助现代科技，人类有可能把自己改造成"神"，而连接组就是一条可能途径。

——刘嘉　清华大学脑与智能实验室首席研究员

我们怎样感知并理解世界？大脑如何学习并存储记忆？每个人为何都与众不同？人类能否实现意识永生？这一切的答案都可能源自大脑复杂的连接模式。在过去 20 多年中，我们见证了大脑连接组研究的巨大飞跃。承现峻通过深刻的洞察、巧妙的对比和幽默的表达，阐明了为什么大脑连接组决定了我们的现在和未来。

——薛贵　北京师范大学脑科学教授、长江学者特聘教授一个人的成长过程受到先天和后天各种因素的影响。基因组的研究告诉我们先天可以决定人们很多特征和行为，但这是不是说我们就没有任何办法改变自己了呢？答案显然是否定的，这本书告诉我们，大脑中神经元之间的连接可以不断被重塑，换句话说，事在人为。如果你想改变自己的大脑，成为更优秀的自己，一定要读一读这本书。

——孙沛　清华大学脑与智能实验室研究员

历史和未来相望，先天和后天相遇，大脑拓扑特性与可解释人工智能之间相知，尽在脑科学的前沿——"连接组"。

——陈立翰　北京大学心理与认知科学学院脑与
认知科学系副教授、博士生导师

在古人的想象中，人 = 灵魂 + 躯体；在现在很多人的想象中，人脑 = 软件 + 硬件。这两个模型都会让你觉得思想应该可以上传，但事实是人脑的一切都是硬件，信息是以神经元连接的方式"长"在我们身上的。任何信息都是一个网络，而网络在每个人身上的长法都不一样。这是一个极为重要的观念。理解了这一点，你才能合理理解记忆、学习、习惯、训练、衰老、精神疾病、人工智能等一系列事情的机制，你谈论这些事情的时候才不至于犯幼稚的错误。脑神经元连接是当代最重要的一个基础观念，本书用非常漂亮的方式讲解了这个知识的来龙去脉。

——万维钢　科学作家、"得到"APP《精英日课》专栏作者

大脑也许是世界上最令人惊奇的事物。约 1000 亿个神经元中如何涌现出意识？受复杂科学研究影响，脑科学领域近 20 年正在经历一场变革，人们越来越关心神经元之间的连接模式。以"大脑默认模式网络"为代表，越来越多的神经网络正在被发现；以"光遗传学技术"为代表，越来越多治疗大脑疾病、

改善大脑能力的方法正在被尝试；以"脑机接口设备"为代表，越来越多高清、便携的大脑数据采集设备正在被研发。也许，比约 1000 亿个神经元更重要的，是它们之间形成的约 100 万亿条连接。如何理解神经网络领域中的发现及其意义，这本书将给你启发。

——阳志平　安人心智董事长、"心智工具箱"公众号作者

让我们成为我们的，不仅有神经元本身，还有约 1000 亿神经元之间连接形成的结构。所有影响我们的浩瀚事物，最终都被这种叫作连接组的结构铭记。

——姬十三　果壳创始人、CEO

推荐序
向人类科学的最终前沿进军

仇子龙　中国科学院脑科学与智能技术卓越创新中心（神经科学研究所）

蒲慕明　上海脑科学与类脑研究中心

　　人类大脑重约 3 磅（约 1.4 千克），被戏称为"三磅的宇宙"（three-pound universe）。因为具有高度发达的大脑，我们成为万物之灵，创造了绚烂的文明、改造了这个世界，同时还可以抬头仰望浩瀚星空，俯首观察身边万物，探索自然的奥秘。我们的大脑中有数百亿个神经细胞（神经元），每个神经元与上千的其他神经元相连接，通过电信号与化学信号将我们感受到的外界信息传递给大脑，大脑可做出即时反应，当然也可深思和探索宇宙万物的规律。

　　美国著名系列科幻电影《星际迷航》（*Star Trek*）中有一部名为 *The Final Frontier*，直译是"最终前沿"，意指探索无穷宇宙为人类科学的最终前沿。其实，人类的大脑一点都不比浩瀚的宇宙简单，它是一个内在宇宙，说研究人类大脑的神经科学（neuroscience）为"人类科学的最终前沿"也毫不为过。

"连接组计划"与各国"脑计划"

　　本书是美国普林斯顿大学著名神经科学家承现峻教授的优秀科普作品，他用生动的笔触描写了世界各国神经科学家正在开展的一项探索大脑奥秘的宏伟工程——连接组（connectome）计划。连接组计划希望全面认识大脑中各类神经元之间的连接。我们已经知道人类大脑中的神经元约 1000 亿个，其中至少有几百种不同的类型，而每个神经元又同时与千个以上的神经元形成传递信息的连接点（突触），所谓大脑的连接组计划，是对各脑区、各种类型神经元之间的相互连接情况进行全面的研究与分析。可想而知，这是一项何等艰巨的工作，因为需要采集和分析的信息，其规模将创造人类历史之最。

"连接组"（connectome）一词从"基因组"（genome）衍变而来。20世纪 90 年代，美国能源部与国家卫生研究院（National Institutes of Health，NIH）主持的历经十余年的人类基因组计划（Human Genome Project，HGP）耗资 30 亿美元对人类基因组的 30 亿个 DNA 碱基完成了全测序。这项计划全面获取了人类 DNA 里的编码基因及非编码区的碱基序列信息，大大加强了人类寻找遗传病病因、攻克复杂疾病、促进身心健康的能力。

2013 年 4 月，美国时任总统奥巴马在国情咨文中宣称，人类基因组计划每1 美元的投入至今已获得了 140 美元的超值回报。因此，美国 2013 年启动了研究大脑的"脑计划"（BRAIN Initiative），以支持创新型神经科学研究技术为重心，进而推动对脑科学和脑疾病的研究。2020 年，美国在脑计划方面获得了一系列丰硕的成果之后宣布启动 2.0 版脑计划。

从 2013 年起，美国、欧洲及日本陆续宣布了专攻神经科学的"脑科学计划"。中国科学院在 2012 年已启动了研究脑联接图谱的战略先导计划。2021 年，经过神经科学专家们的反复研讨，中国也启动了"科技创新 2030：脑科学与类脑研究重大项目"（以下简称"中国脑计划"）。人类向"最终前沿"进军的队伍中又增加了生力军！

脑科学的重要科学问题：先天与后天哪个更重要

承现峻教授曾经在 TED 做过一个非常出色的科普演讲，介绍大脑连接组的研究，开场时他自嘲，大脑如此复杂，让人忍不住产生疑问：这难道是我们穷极一生可以理解的吗？不错，我们虽然知道大脑是基于基本物理与化学原理组成的，却对大脑如何能够准确地区分与储存海量信息，以及能同时进行思考与抉择等高级认知行为的机制仍知之甚少。在本书中，承现峻教授提出，只要我们全面地了解了大脑中神经元的连接，就可以得知我们大脑储存信息的方式、思维模式甚至如何产生深邃的思想。事实是否真的如此？

让我们简单讨论一下书中的一些主要科学观点。首先，作者认为人的大脑组成不仅仅被基因组决定，更被连接组决定。这是生物学界一个非常重要的争论——nature vs nurture：究竟是先天还是后天的因素决定了人的方方面面，包括大脑的功能等？基因组代表先天因素（nature），从父母遗传而来，很难轻易改变，而连接组象征后天因素（nurture），是我们在这个纷繁芜杂的世界中经过无数外界信息塑造后的大脑。

在这个问题上，并非说基因组和连接组就一定是"东风和西风谁压倒谁"的问题，而是在何种层次上相互协调、贡献大脑功能的问题。人类大脑的神经网络大都是在出生后，由环境提供的信息塑造而成的。基因提供了神经网络构建所需的材料，而环境是塑造每个人独一无二神经网络的建筑师。在成年人的大脑中，虽然神经网络已经基本定型，但是基因组仍在提供一些材料，使大脑的神经连接仍有可塑性，可以通过学习，改变神经连接的传导、处理信息的效率和局部的突触结构。人类在进行学习与认知活动时，大脑中的电信号就会激活神经元，将许多基因打开或关闭，改变神经元功能相关蛋白质的水平，使神经元的放电特性和神经元之间的连接点（突触）的传递效率产生长期性的变化。因此从这个角度上讲，连接组建筑在基因组之上，神经网络的架构反映了大脑的智力。

作者承现峻还认为，全面了解大脑的神经元连接组，我们就可以了解大脑的奥秘。根据前文所说，我们知道所谓大脑连接组，其实是个支撑动态脑活动的基本结构，在我们的大脑接收并处理了外界信息之后，神经元之间的突触可能就会发生改变，长期的变化就代表了我们记忆的储存。电活动再度激活这些突触，就反映了记忆的提取。解析出大脑的网络连接结构，只是理解大脑工作原理的一小步。进一步来说，活体中的神经网络具有大量的动态信息（电活动），真正解码并理解这些电信息的意义和功能，才能理解大脑的工作原理。所以，假设如承现峻教授所说将大脑深度冷冻，保存连接组的结构，那么由于我们不能保存活体时的电活动，没有动态脑活动的信息，所以能否从连接组的分析中洞察出神经网络的工作原理，还是未知数。

方兴未艾的脑图谱研究

如果我们暂时还没有办法洞察一个活人大脑中的神经元之间全面的电活动动态信息，那么研究大脑连接组还有意义吗？近年来，神经科学家认识到，我们的高等认知功能及脑疾病的起因往往与大脑中神经元具备功能的神经连接的异常有关。我们目前已经可以通过模式生物，如啮齿类的大小鼠以及人类的近亲——非人灵长类动物，来对大脑中的特定神经连接环路进行研究，包括在高级认知功能中，在病理状态 [包括阿尔茨海默病、帕金森病、孤独症（自闭症）、抑郁症及精神分裂症] 中，哪些神经连接组成的环路发生了变化。这些研究已经越来越受到神经科学家们的重视。如果能认识到大脑中这些特定神经元的连接模式及细节，的确可以极大地促进我们对大脑工作原理的认识，并同时得知脑疾病的起因与病理进程。值得一提的是，抑郁症和孤独症也是"中国脑计划"的重要研究对象。

连接组计划涉及海量的人力、物力与财力，堪比 20 世纪 90 年代的人类基因组计划，因此是政府组织大科学计划的适合主题。虽然本书中阐述的连接组计划涉的许多前沿技术还有待进一步开发成熟，但近年来各国的科学家都认识到现在已经具备多种科学技术，可以初步建立大脑的连接图谱。这些创新的科学技术可以揭示小鼠、猕猴乃至人类大脑神经元中的基因表达情况和各类神经元的空间分布信息。因此，"脑联接图谱研究"主题已经成了"美国脑计划"的重要方向之一。2021 年 10 月，"美国脑计划"中对小鼠与非人灵长类大脑联接图谱的阶段性研究成果以 16 篇研究论文的形式发表在著名科学刊物《自然》（Nature）上。

结语

　　探索人类科学的最终前沿，显然还需要数代人的不懈努力。"中国脑计划"已经起航。对中国科学家来说，要有所为，有所不为，在重要的前沿领域，需要占一席之地。"中国脑计划"的整体架构以脑认知的基本神经原理为主体，以脑疾病研究与类脑研究为两翼，通过这样一体两翼的设计，期待可以经由科学研究的成果，为"健康中国 2030"的总体目标贡献力量。比如社会大众关心的问题可能是：各国的脑计划是否可以厘清脑疾病的机理？是否可以早期诊断、早期干预、延缓脑疾病的发生和发展？是否可以通过脑科学研究帮助促进少年儿童的智力发育？特别是在中国已经步入老龄化社会的时刻，是否可以通过脑科学研究让衰老的大脑常葆青春？

　　基础研究与社会发展密不可分，特别是脑科学研究，脑衰老及脑疾病已经成为社会发展的巨大负担。面临着重大的国家战略需求，"中国脑计划"需要攀登科学高峰的先锋队，也需要"接地气"的排头兵。科学工作者需要在不忘攀登科学高峰的同时造福社会大众，做好脑疾病诊治工作的转化研究，努力将科研成果转化为惠及千家万户的良药妙方。

　　在电影《星际穿越》中，地球即将耗尽资源无法存续，平时看起来毫无用处的宇航科学和理论物理学反倒成了让人类可以星际移民而拯救自身的救命稻草。脑科学也是一样，看起来艰深难懂，却关系到人类生活的方方面面，从健康时如何学习与记忆到患脑疾病时如何康复。人类只有攻克一个又一个前沿才能创造更灿烂的文明，才能让自身屹立于茫茫宇宙之中。向着人类科学的"最终前沿"，让我们像第一次飞入太空的宇航员加加林那样，豪情万丈地说："让我们出发！"

作者简介

仇子龙博士

上海交通大学学士，中科院博士，中国科学院脑科学与智能技术卓越创新中心（神经科学研究所）研究员，主要从事孤独症（自闭症）、瑞特综合征等脑发育疾病的神经生物学研究，获得国家自然科学基金委杰出青年基金支持，入选科技部"中青年科技创新领军人才"、中共中央组织部"万人计划"。

长期致力于孤独症与生命科学的科普工作，多次参加中科院 SELF 论坛、墨子沙龙、一席、造就、上海科普大讲坛等科普活动，2018 年荣获上海市科普教育创新奖，2020 年获得"全国科普工作先进工作者"称号。2020 年出版科普专著《基因启示录：基因科学的 25 堂必修课》，入选"文津图书奖"科普推荐书目。

蒲慕明博士

中国科学院神经科学研究所学术所长和脑科学与智能技术卓越创新中心主任，上海脑科学与类脑研究中心主任。毕业于中国台湾"清华大学"，1974 年获得美国约翰霍普金斯大学博士学位。

1976 年—2000 年先后在加州大学尔湾分校、耶鲁大学医学院、哥伦比亚大学、加州大学圣地亚哥分校任教。

1984 年—1986 年担任北京清华大学生物科学与技术系首任系主任。

1989 年—1991 年任香港科技大学建校筹备委员会委员。

1999 年—2019 年任中国科学研究院神经科学研究所首任所长。

2000 年—2012 年任加州大学伯克利分校神经生物学部主任和杰出生物学讲座教授。

中国科学院院士、美国科学院外籍院士，曾获巴黎高等师范学院、里昂大学与香港科技大学荣誉博士学位、美国 Ameritec 奖、中国国际科学技术合作奖、求是基金会杰出科学家奖、中国科学院杰出科技成就集体奖、Gruber 神经科学奖。

现任《神经元》（*Neuron*）等期刊编委和《国家科学评论》执行主编，也是科技创新 2030 重大项目"脑科学与类脑研究"和"全脑介观神经联接图谱"国际大科学计划的主要筹划人之一。

引言

　　任何路，任何足迹，都不曾越过这片森林。只有纤长而柔美的枝条，生生不息地，以令人窒息的样子，占领着这片森林的一切空间。它们彼此纠缠，其间的缝隙之狭窄，让阳光也望而却步。曾有约 1000 亿颗种子同时被播下，长出这片黑暗森林，而所有的树木，又注定将在一朝赴死。

　　这是一片宏伟的森林，是喜剧的森林，也是悲剧的森林。这片森林包含很多，有时我想，这片森林是一切。所有的小说和所有的交响乐，所有残忍的谋杀和所有仁慈的善举，所有的爱情和所有的争执，所有的幽默和所有的忧伤，都来自这片森林。

　　你可能会讶异，这片森林存在于直径不及 1 英尺 [①] 的空间里。地球上有 70 多亿片这样的森林，你正是其中之一的主人，它就生长在你的颅骨里。我所说的树木，是一种特殊的细胞，叫作神经元。神经科学的目标，就是去探索它们那些奇异的枝条，征服这片心灵丛林（见图 0-1）。

　　神经科学家们听到了它们的话语，即大脑中的电信号。他们用精准的图画和照片，揭示了神经元的形态。可是，仅凭一些零散的树，如何理解这整片森林？

[①] 英制长度单位，1 英尺约为 30.48 厘米。——编者注（后文若无特殊说明，均为编者注）

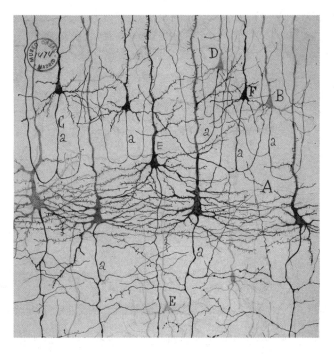

图 0-1　心灵丛林——大脑皮层上的神经元。通过卡米洛·高尔基（Camillo Golgi，1843—1926）的
　　　　方法染色，由圣地亚哥·拉蒙·卡哈尔（Santiago Ramón y Cajal，1852—1934）绘图

　　17 世纪，法国哲学家和数学家布莱士·帕斯卡（Blaise Pascal）这样形容宇宙的广袤：

　　　　让一个人抛开眼前卑微的事物，望望整个自然界的伟大和庄严。
　　让他看那炽燃的大光，像一盏永恒的明灯照耀着世界。让他看到地球，
　　再让他知道，相比于太阳的大圆，地球只是一个点。让他惊讶，太阳
　　的大圆，在天穹上那些星宿看来，也是一个微小的点。[1]

　　这些想法使帕斯卡感到震撼，感到自己的渺小，他承认"永恒的沉寂和无限的空间"[2] 使他恐惧。他思考的是外面的空间，然而我们只需要想想"思考"本身，便能感受到和他一样的恐惧。每个人的颅骨当中，都坐落着一个宏伟的

器官，这个器官，恐怕亦是无限复杂。

作为一名神经科学家，我切身地理解帕斯卡的恐惧。与此同时，我还体会到某种尴尬。有时我面向公众，讲述我们领域的进展，每次这样的演讲之后，我都会被大量的问题轰炸：是什么导致了抑郁症和精神分裂症？爱因斯坦和贝多芬的大脑有什么特殊之处？怎么才能让我的孩子学习更好？对于这样的问题，我无法给出令人满意的答案，于是听众的脸色就变了。我很不好意思，最后只能向听众道歉："对不起，你们以为我当教授是因为我知道所有的答案；但实际上，我当教授恰恰是因为我知道我有多么无知。"

研究一个像大脑这么复杂的东西，看起来几乎是徒劳。大脑里面有上千亿个神经元，它们就像很多不同种类、形态各异的树。只有最富决心的探险家，才敢走进这样的森林去看一看，但他们走进去之后，却只能看到一点，而且看不清。毫无疑问，大脑仍是一个谜。且不说我的听众所好奇的大脑的疾病和特殊优势，哪怕是最平凡的问题，我们现在也很难解释。我们每天都要回忆过去，感知当下，想象未来，大脑是怎么做到这些的？我敢明确地说，没有人真正知道。

鉴于人类大脑的复杂性，有些神经科学家转而去研究一些神经元特别少的动物。比如图 0-2 中的虫子，它并不具有我们称为脑的器官，它的神经元分散在全身各处，而不是集中于一个器官中。[3] 它总共只有 302 个神经元，这些神经元组成了它的神经系统。这听起来很容易研究，我相信即使悲观如帕斯卡，也不会对秀丽隐杆线虫（C. elegans，这是这种约 1 毫米长的虫子的学名）的"森林"感到恐惧。

图 0-2　秀丽隐杆线虫 [4]

　　这种虫子的每一个神经元都有特定的位置和形态，并且被赋予了唯一的名称。这种虫子就像工厂流水线上大规模生产出来的一种精密机器：每只虫子的神经系统，都由一套相同的零件组成，其中的每个零件，总是按照同样的方式组装。

　　此外，这个标准化的神经系统的结构，已经被我们完全测绘出来了。其结果就是图 0-3，看起来很像航空杂志封底的航线图。每个神经元都有一个由四个字母组成的名称，就像每个机场都有一个三个字母的代码。那些线段表示神经元之间的**连接**，就像航线图中的线段表示城市之间的航路。如果两个神经元之间有一个叫作突触的交会点，我们就说这两个神经元是"有连接的"。通过突触，一个神经元可以把信息传递给另一个神经元。

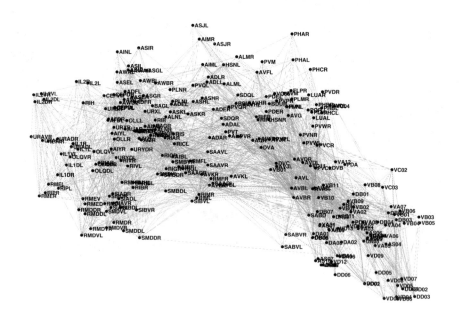

图 0-3　秀丽隐杆线虫的神经系统结构图，或称为连接组 [5]

　　工程师们都知道，要制造一台收音机，就要把电阻、电容、晶体管这些电子元件连接起来。类似地，要组建一个神经系统，就要通过神经元的那些纤细的枝条，把它们连接起来。因此，像图 0-3 这样的图，最初被称为线路图。而最近，我们提出了一个新的术语：**连接组**（connectome）。这个词不再是受电子工程师的启发，而是受基因组学的启发。你可能听说过，DNA（脱氧核糖核酸）是一个由分子组成的长链条，这个链条上的每个点叫作核苷酸。核苷酸有四种，分别用字母 A、C、G 和 T 来表示。而你的**基因组**（genome），就是你的 DNA 上这些核苷酸组成的全体序列，或者你可以把它看成由四种字母组成的一个很长的字符串。这个字符串总共有大约 30 亿个字符，如果写成一本书，将有 100 万页的厚度，图 0-4 展示了其中一个小片段。[6]

```
>gi|224514737|ref|NT_009237.18| Homo sapiens chromosome
11 genomic contig, GRCh37.p5 Primary Assembly
GAATTCTACATTAGAAAAATAAACCATAGCCTCATCACAGGCACTTAAATACACTGAAGCTGCCAAAACA
ATCTATCGTTTTGCCTACGTACTTATCAACTTCCTCATAGCAAACTGGGAGAAAAAAGCAATGGAATGAA
TAAAATGATAGCCACAAAAATCAAGGTGGGAGAAATACTTTATTATATGTCCATAAAAAAATTTTAATTAAT
GCAAAGTATTAACACCAATGATTGCAGTAATACAGATCTTACAAATGATAGTTTTAGTCTGAACAGGACT
ATCCAAAAGTTAATTTTCTATAGTAACAGTTTTTAAATAAAATATCAATTCCTGAAACACATAAAATGGT
CCATGAGTATACAACGAGTGAAAAAAAACAAATTCAGAGCAAAGATAAATTAAGAAGTATCTAATATTCA
AACATAGTCAAAGAGAGGGAGATTTCTGGATAATCACTTAAGCCCATGGTTAAACATAAATGCAAATATG
TTAATGTTTACTGAATAACTTATCTGTGCCAAGTGGTGTATTAATGATTCATTTTTATTTTTCACTAAAT
CTTTTCTCTAAAGTTGGTGTAGCCTGCAACTAAATGCAAGAAATCTGACCTAGGACCTGCACTTCTTACC
ATTTTGCTCATATTTATTCCCTGTGCATTTTTGTAACATGTATATGTTATATATATAGAAAGAGAGAGAG
GCAGAGATGGAAAGTAATTTATGGAGTTTGATGTTATGTCAGGGTAATTACATGATTATATAATTAACAG
GTTTCTTTTTAAATCAGCTATATCAATAGAAAAATAAATGTAGGAATCAAGAGACTCATTCTGTCCATCT
GTGATAGTTCCATCATGATACTGCATTGTCAAGTCATTGCTCCAAAAATATGGTTTAGCTCAACACTGAG
TGACTATAGGAAACCAGAAACCAGGCTGGGCGCTAAAGATGCAAAGATGAATGAGACATCATCTCTGCCG
TCCAAAAGCTTACTGTCTAGTGGGAGAGTTACACACGTAAGGACAGTAATCTAATAAGAGCTAATAAGTG
AAAACTAAGATAAATTAATAATACAAGATTACAGGGAAGGTTTCCAAAGTCAATGAGGCCTCAAATGAAT
CTTGAAAGTGTGCAAGGATTAACCAAATGAAGAAATGTGTAAGTTTTTCAAACAAAAAGGAACAGCATGA
GCAAATGCAAGGAGGCCTAAAATAAAGAGATGTGTAAAGAGGTGTAAGCAGCTTTGTGCTACTGCCTGAT
AATTAGAAGAATATCGGGAGTAACAAGAGCTATAGAAGAGAGTCACAATTATGGAAAAATATTTATTAAA
TTATAAGAAATTTATAGCATGAGTGAAAACATGCAGGTATTTTAATAAAGATGATGCTTCTTTTTT
TAATATTTATTTTTATTATACTTTAAGTTCTAGGGTACATGTGCACAACGTGCAGGTTACATATGTATAC
ATGTGCCGTGTTGGTGTGCTGCACCCATTAACTCATCATTTACATTAGGTATGTCTCCTAATGCTATCCC
TCCCCCCTCCCCCAACCCCACAACAGGCCGCGGTGTGTGATATTCCCCTTCCTGTGTCCAAGTGTTCTCA
TTGTTCAAGTCCCACCTATGAGTGAAAACATGCGGTTTTTTGTTCTTGAGATAGATGATGCTT
TAAATTGACCACTCTAGCTGCATTGTGGGAGGAAAAAAAGATTTTAAAACAAGACTAGAAACAGAATAAT
TAGAAAAATGCAACTACAATGCAGATGAGTGATTATCAAGGTCTGAACTGAATAGTGGAAATAGAGATAA
```

图 0-4　人类基因组的一个小片段

　　同样，一个连接组，就是一个神经系统中，各个神经之间的连接的全体。这个术语与基因组一样，意味着全体。一个连接组不是一条连接，也不是很多连接，而是**所有的**连接。从理论上来说，你的大脑也可以用一个线路图表示出来，就像那条虫子一样，但是你的大脑要复杂得多。那么，你的连接组，能够说出什么有趣的事情呢？

首先，它能够说明一个道理——你是独一无二的。你可能会说，你早就知道这一点（那是当然），不过在以前，要想搞清楚你的独特性是由什么带来的，存在惊人的困难。你的连接组与我的连接组之间存在巨大的差异，这与那些虫子的标准化连接组不同。从这个角度来说，每个人都是独特的，但那些虫子并不是。[7]（我无意冒犯虫子们！）

参差多态，乃是幸福本源。研究大脑的工作原理时，最让我们感到有趣的就是，每个人的大脑运转得竟然如此不同。为什么我不能像那个外向的朋友一样开朗？为什么我的儿子读书就是赶不上他的同学？为什么我的小表弟产生了幻听？为什么我妈妈失忆了？为什么我的爱人（或者我自己）不那么善解人意？

这本书会提出一个简单的理论：心灵与思维之不同，正是因为连接组之不同。有些报纸的标题常常暗含着这个理论，例如《孤独症患者的大脑与常人不同》。连接组也许还能解释个性和智商，可能还有你的记忆。你的记忆是你身上最为独特的部分，而它们也许就编码在你的连接组里。

虽然这个理论已流传了很长时间，但是神经科学家们仍然不知道它是否正确，不过很显然，这个理论的意义非常重大。如果它是对的，那么治疗精神障碍的根本方法就是修复连接组。事实上，一个人的任何改变，比如提高素质、减少喝酒，或者挽救一段婚姻，其实都是对连接组的改变。

再来看一个不同的理论：心灵与思维之不同，是因为基因组之不同。简而言之，你的基因组使你成为你。现在这个时代，个人基因组测序已经不是什么难事，再过不久，就可以便宜又快速地测出我们自己的 DNA 序列。而且我们还知道，在精神障碍或者一些常见特质，比如个性和智商中，基因确实有其作用。那么，既然对基因组的研究已经如此深入，为什么还要研究连接组呢？

原因很简单：单凭基因无法解释大脑为什么这样工作。早在蜷缩在母亲子宫里的那一刻，你就已经拥有了你的整个基因组，可是在那时，你并没有对于初吻的回忆。你的记忆是在一生中不断形成的，而不是先天就有的。有些人会弹奏钢琴，有些人会骑自行车，这些都是后天学会的技能，而不是随着基因而来的本能。

从你的母亲受孕的那一刻起，你的基因组就已经固定了[8]，但与此不同，你的连接组在你的一生当中始终在改变。神经科学家们指出了这些基本的改变是如何发生的。首先，神经元会调整彼此之间的连接，使它们变得更强或更弱，从而给这些连接重新赋予权重。其次，神经元还能创建新的突触，或者去掉一个突触，这样它们就能重新连接，它们还能通过生长新的枝条或收回原有的枝条来改变连线的结构。最后，新的神经元会不断地产生，旧的神经元会不断地死去，这些会使连接发生重建。

我们还不知道你的生活经历——比如你父母的离异，或者你传奇的海外经历——具体是如何改变你的连接组的。但是，有很多证据能够表明，这四个"重新"——重新赋权、重新连接、重新连线、重新生成——会受到你经历的影响。与此同时，四个"重新"也受基因的指挥。基因确实会影响心智，尤其是在幼年和童年，大脑开始建立连接的时候。

连接组是由先天的基因和后天的经历共同塑造的，要解释大脑如何运转，就必须考虑到这两种影响和作用。"连接组不同论"是兼容于"基因组不同论"的，只是比后者更加丰富、更加复杂，因为它考虑到了你活在这个世界上的后天作用。相比来说，连接组理论不那么具有命运色彩，因为它相信，我们的连接组可以由我们的行为和思维来塑造。大脑的连接结构，使我们成为我们，但反过来，我们也在影响大脑的连接结构。

这个理论总结起来就是：

你不只是你的基因组，你是你的连接组。

如果这个理论是正确的，那么神经科学最重要的目标就是去驾驭四个"重新"。需要知道，连接组发生什么样的改变，才能使我们表现出我们所希望的行为，然后需要开发出相应的方法，来制造这种改变。如果我们成功了，神经科学就能够有效地治疗精神障碍，治疗大脑的损伤，并且使生活更美好。

然而，鉴于连接组的复杂性，这是一个艰巨的挑战。秀丽隐杆线虫只有7000条连接，但是测绘它的连接组却花了我们10多年时间。而你的连接组的规模，是它们的1000亿倍，其中的连接数量，是你的基因组字母数量的100万倍。[9] 与连接组相比，基因组简直就是小孩子过家家。

今天，我们终于具备了有力的技术和工具，能够面对这项挑战。配合最尖端的显微镜，我们的计算机能够采集并存储巨大的脑图像数据库，帮助我们处理和分析滚滚而来的数据流，从而测绘神经元之间的连接。依靠这样的机器智能，我们最终看到了为难我们多年的连接组。

我相信，在21世纪结束之前，我们有机会测出人类的整个连接组。我们会从线虫到果蝇，然后到小鼠，接着是猴子，最后会面对最终极的堡垒——人类大脑。当后代追溯我们这一系列成就时，一定会惊叹这是多么重要的科学革命。

是否必须再等几十年，连接组才能向我们透露一些关于大脑的奥秘呢？幸运的是，并非如此。现在的技术，已经足以让我们看到大脑的一个小局部的连接关系，而这样的局部的知识，也是非常有用处的。另外，老鼠和猴子也能够让我们搞清楚许多问题，因为我们在进化上有很近的亲缘关系。它们的大脑和我们的很像，而且很多运行原理是相同的，研究它们的连接组，也会给了解我们自己的大脑带来许多启发。

公元79年，维苏威火山爆发，成吨的火山灰和岩浆掩埋了罗马的庞贝城。庞贝城的时间凝固了，它从此长眠于地下，直至将近两个千年之后，才被建筑工人意外发现。18世纪的考古学家把它挖开，异常兴奋地看到了一幅栩栩如生的罗马生活图景——奢华的度假别墅，街道上的喷泉景观、公共浴室、酒吧、面包店、市场、健身馆、剧场，反映衣食住行的壁画等。[10] 这是一座死去的城，却让我们得以观察罗马生活的细节。

就像庞贝古城一样，如今我们也只能通过分析死去的大脑的图像来寻找连接组。这项工作本来的名称是神经解剖学，但我们可以把这项工作想象成大脑考古学：一代又一代的神经科学家，凝视着显微镜下那些冰冷的神经元的尸体，思考着它们的过去。一个死去的大脑，其中的分子被防腐药水凝住，就像一座纪念碑，纪念那些曾经由它产生的思想和感受。在过去，神经解剖学的工作十分类似于通过硬币、坟墓或陶罐之类的零散证据来重建一个古代文明，而现在，连接组就像庞贝古城一样，是大脑的一个凝固的全景。这些全景使神经解剖学家获得了革命性的能力，去研究和重构活体大脑的功能。

你也许会问，既然有很酷的技术能够直接研究活体，为什么还要研究死去的大脑？假如有时间旅行，直接穿越到当年完好的庞贝城去看看，岂不是能够了解更多？其实，未必如此。想象一下就不难发现，游览和观察一个活动的城市，存在很多限制。当你观察一个活人的行为时，你就错过了其他人同一时间的行为。或者你可以通过红外卫星图片去观察一个区域的平均活动情况，但就看不到更具体的细节了。因为这些约束，所以直接去考察一个活动的城市并不像我们想象的那么畅快。

我们用以直接研究活体大脑的技术，同样存在着这样的限制。把颅骨打开，可以观测神经元的形态和电信号，可是大脑有上千亿个神经元，我们每次只能观测极少的一部分。如果采用非侵入的成像技术，透过颅骨去观测大脑内部，就没办法观测单个的神经元，只能得到一个区域的形态和活动等粗糙的信息。或许将来有一天，会有更先进的技术使我们突破这些限制，直接观测活体大脑的每一个神经元，但就今天而言，这还只是一个幻想。研究活体大脑和死亡的大脑其实各有优缺点，在我看来，最好的方法是同时结合这两种手段。

然而，确实有一些神经科学家认为研究死亡的大脑是没有意义的，只有研究活体大脑才是神经科学的王道，他们的理由是：

你是你的所有神经元的活动。

这里的"活动"是指神经元的电信号。这些电信号能够给出大量的信息，即神经元在任意时刻的活动，这些信息编码了你在这一时刻的思考、情绪和感觉。

前面说过，你是你的连接组，现在这里又说你是你的所有神经元的活动，那么你到底是什么呢？这两种说法看起来是矛盾的，但实际上它们是兼容的，因为它们涉及对自我的不同认识。[11] 活动论所指的自我，是动态的自我，是时时在变的，可能现在很生气，过一会又会变得兴奋，然后去思考人生的意义，做些家务活，欣赏外面的落叶，再打开电视看球赛。这个自我是与意识分不开的。因为大脑的神经元活动始终在变化，所以这种自我的本质是变化不定的。

而连接组论所指的自我，是一种静态的自我，就像你童年的记忆会伴随你的一生。这种自我的本质——通常称为个性——是稳定的，这个事实会让我们的家人和朋友感到舒服。你的个性会表现在你的意识中，但是当你没有意识的时候，比如睡觉的时候，你的个性仍然持续地存在。这种意义上的自我，就像连接组，随着时间推移，只会有很缓慢的变化。这就是连接组论所指的自我。

在过去，意识的自我吸引人们做了大量的研究。在 19 世纪，美国心理学家威廉·詹姆斯（William James）提出了"意识流"，即意识就像一条河流，始终在心灵当中流淌。但是詹姆斯忘了一件事，那就是所有的河流都需要河床。如果没有地上的那些凹糟，水根本不知道该往哪里流。正是连接组提供了路径，神经活动才能够流动，从这个意义上说，应该把它称为"意识河床"。

这是一个非常好的比喻。随着时间的推移，水流也会慢慢地塑造河床，正如神经活动会塑造连接组。这两种关于自我的不同概念，一种是快速移动、时刻在变化的河水，一种是稳定、缓慢变化的河床，其实是谁也离不开谁的。你面前这本书，是关于这个像河床一样的自我、连接组中的自我，这个曾被忽视了太久的自我。

在本书的第一部分中，我将以我的视角，介绍一门全新的科学——连接组学。我主要的目标是与你们一起想象神经科学的未来，并分享已有的发现和兴奋点：如何寻找连接组，如何理解它们，以及如何开发新的技术去改造它们。但是，我们现在无法为未来指出最好的前途，因为必须先搞清楚自己的来路，所以我将首先解释过去，包括我们已经知道了什么，以及我们现在被什么难住了。

大脑含有大约 1000 亿个神经元 [12]，这个数能吓倒最无畏的探险家。在本书第一部分，我将介绍一种解决方案，就是不管神经元，先把大脑分成一些区域，那么区域的数量就要少得多。神经科学家借由不同脑部损伤的症状，对这些区域的功能早已了解甚多。在这个过程中，他们受到了 19 世纪一种学说的启发，即颅相学。

颅相学家认为，人们的心灵和思维的差异，取决于大脑及其各区域的**尺寸**的差异。近代的学者们通过观察很多人的大脑图像，认为这个想法是正确的，并且用它来解释智力的差异，以及治疗精神障碍，比如孤独症或精神分裂症。他们也发现了一些与我们一致的证据，比如心智的差异取决于大脑的差异。然而不要忘记，这种证据是基于统计的，它只适用于所有人的平均情况。大脑和各脑区的尺寸，并不能用来预测个体的心智情况。

这不仅是一个技术的约束，而且是一个本质的约束。尽管颅相学家给每个脑区都标记了特定的功能，但是他们并不想解释这些脑区是**怎样**实现功能的。但如果不解释这个问题，就不可能正确地解释为什么有些人特别聪明而某些人却很愚蠢。我们可以，而且必须找到一个不像"尺寸"这么肤浅的答案。

在第二部分，我将介绍另外一种来自 19 世纪，但是与颅相学不同的思想，叫作连接主义（connectionism）。这种思想有着更为远大的志向，它试图解释大脑的各个脑区内部是如何运行的。在连接主义学者的眼中，脑区并不是一个基本单位，而是一个由大量神经元组成的复杂网络。这个网络中的众多连接，使其中的神经元产生复杂的活动模式，而我们的思想和感觉就蕴含在这些模式当中。经历可以影响这些连接的组织结构，进而催生学习和记忆。

第三部分会介绍这些连接的组织结构还受基因的影响，这样就能够解释为什么基因会对心智产生影响。这些想法听起来十分有力，但有一个问题：它从来没有得到明确的实验证实，神经科学家缺少足够的技术去测绘神经元之间的连接。因为这个原因，连接主义始终在奔走呼告，却从来没有被视为一门真正的科学。

神经科学走到这一步时，面临着一个进退两难的困境：颅相学经得起经验性的检验，但是过分简单和肤浅；连接主义远比它深入，但无法通过实验来验证。应该如何打破这个僵局？答案就是想办法找到连接组，并且利用连接组。

在第四部分中，我将带领你们探索如何做到这一点。为了找到连接组，我们已经开发了一些新的技术，我会介绍这些最顶尖的机器，它们将很快在全世界的实验室中服役。当我们找到连接组之后，会用它做些什么呢？首先，类似于颅相学所做的，我们会根据连接组，将大脑划分成不同的区域。然后，类似于植物学家对树木分类那样，我们会将海量的神经元分成不同的类型。这样一来，我们将与神经科学中的基因组方法接轨，因为基因对大脑的作用主要是通过控制不同类型的神经元之间的连接来实现的。

连接组就像一本巨大的书，这本书是用一种我们几乎看不见的文字和一种我们还无法理解的语言写成的。一旦技术能够使我们看见这些文字，那么接下来的挑战就是去理解这种语言。我们将尝试对连接组解码，去读取其中蕴含的记忆。最终，这些努力将使我们能够用明确的实验方法，去验证连接主义的理论。

然而，只找到一个连接组是不够的。需要找到很多连接组，比较它们之间的差异，以理解为什么我们的心智如此不同，以及一个人的心智如何随时间发生变化。要寻找**病理连接**（connectopathy），也就是那些异常的连接模式，这有可能帮助我们研究精神疾病，比如孤独症或精神分裂症的成因。我们还会研究后天学习对连接组的作用。

有了这些知识以后，我们将开发新的方法，去改造连接组。目前最有效的方法就是传统方法：训练我们的行为和思维。但是，如果能够在分子层面上干预那四个"重新"，那么学习和训练将变得更加高效。

连接组学是一门新的科学，不可能在一夜之间建成。现在我们还只能看见这条路的起点，以及路上的种种障碍。然而，在接下来的几十年里，我们的技术发展和研究工作一定会沿着这一征途前进，虽千万人吾往矣。

如果你相信你就是你的连接组，那么在第五部分中，我将把这门科学推到逻辑的极限，让你看看会发生什么。"超人类主义"运动发展出了一套详尽的方案来改善人类的命运，但是可行性有多大？低温生物学致力于将死人冻起来，以期将来把他们复活，这有可能成功吗？还有那些终极的科学幻想，比如把心灵移植到机器上，摆脱肉体的拖累，以计算机的形式快乐地生活。我将把这些幻想抽象成科学而具体的形式，然后用连接组学去检视它们。

不过，先不要沉迷于这些关于来世的激进想法，还是要从现世出发。作为旅程的起点，我们先回答之前提出的问题，那个所有人都曾经困惑过的问题：为什么每个人都是不同的？

第一部分
尺寸重要吗

CONNECTOME
How the Brain's Wiring Makes Us Who We Are

第1章 从天才到疯子

　　1924年，在卢瓦尔河畔的图尔城，阿纳托尔·法郎士逝世。法国失去了一位伟大的作家，人们沉浸在哀伤之中。与此同时，当地医学院的解剖学家检查了他的大脑，发现它仅重约1千克，比平均水平低25%。他的崇拜者们得知这个消息非常沮丧，但是我不觉得他们有什么可惊讶的。从图1-1的两张照片来看，阿纳托尔·法郎士的脑袋确实要比俄国作家伊万·屠格涅夫小很多。[1]

图1-1　两位著名作家的肖像，他们逝世后大脑被解剖并称重
左图：伊万·屠格涅夫，1818—1883，大脑2021克
右图：阿纳托尔·法郎士，1844—1924，大脑1017克

英格兰卓越的人类学家阿瑟·基斯（Arthur Keith）爵士[2]对此表达了他的困惑：

> 虽然我们并不知道阿纳托尔·法郎士的大脑组织结构，但我们都已看到，他的大脑表现出了非凡的才智。而他数以百万计的同胞拥有比他重25%，甚至是50%的大脑，却只是普通的工人。

基斯注意到，阿纳托尔·法郎士是一个"中等体型的人"，所以并不能以体型小来解释为什么他的大脑这么小。基斯感到非常困惑：

> 大脑重量和心智水平之间竟然不相关……这个问题长久地困扰着我。我知道……很多头特别大、看起来很聪明的人，却以屡屡失败证明他们并不聪明，我也知道有很多小头的人取得了杰出的成就，就像阿纳托尔·法郎士那样。

基斯的困惑十分天真，他的坦诚令我惊讶。我觉得在神经学的意义上，阿纳托尔·法郎士就像大卫王，在歌利亚的世界里获得完胜，这是特别有意思的一件事。有一次，我在一个学术研讨会上当众读了基斯的一些话，结果有一位法国的理论物理学家晃着脑袋乱说道："阿纳托尔·法郎士也不算什么伟大的作家。"[3]听众哄堂大笑。当我说到他的随意之作获得了1921年的诺贝尔文学奖时，听众又大笑了一次。

阿纳托尔·法郎士的故事表明，在个体之间，大脑的尺寸和智力水平并无关联。换句话说，你不能用一个人的大脑去衡量另外一个人。不过，这两者之间确实存在着**统计上的**关系，这种关系只存在于大量人群的平均情况中。1888年，英国学者法兰西斯·高尔顿（Francis Galton）发表了一篇论文，题为《论剑桥大学学生的大脑发育》。他根据学习成绩将学生分成三组，然后发现，成绩好的学生的平均头部尺寸，确实要比学习差的学生大一点。[4]

多年以来，随着技术的发展和实验手段的日益精准，高尔顿的这项研究发生了很多变化。学习成绩不再是衡量标准，取而代之的是一种标准的智力水平测试，俗称智商测试。高尔顿通过测量头部的长、宽、高，再把它们相乘来估算头部的体积，还有一些学者用软尺测量头围，而最凶悍的做法甚至将死者的头部切下来称重。这些方法都非常原始，现在的学者通过磁共振成像（Magnetic Resonance Imaging，MRI），已经可以直接透过颅骨，看到活着的大脑。这种奇妙的技术能够为我们呈现出图 1-2 这样的大脑断面图像。

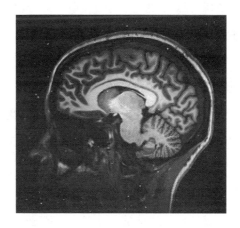

图 1-2　一张 MRI 大脑断面图像

MRI 的作用就像是把头部"切"成很多薄片，然后为每一片拍摄一张二维（2D）图像。通过把这些 2D 图像"叠"在一起，研究者就可以重建出整个大脑的三维（3D）形态，然后非常精确地计算出大脑的体积。依靠 MRI，研究智商和大脑体积的关系就变得非常容易了。从过去 20 年内人们在这方面做的大量研究来看，结果确实很明显：在平均意义上，大脑越大的人，智商就越高。[5]现代研究通过先进的技术，证实了高尔顿的观点。

然而，这个证实却与我们所知的阿纳托尔·法郎士的例子相矛盾，大脑的尺寸仍然几乎无法用来预测个体的智商。我说的"几乎无法"，准确来说是什么意思呢？因为两个变量如果存在统计上的关联，我们就称这两者是**相关的**。统计学家用一个从 –1 到 1 之间的数来表示相关性的强度，这个数叫作皮尔逊相关系数。如果这个数——通常用字母 r 来表示——非常接近某个极端，就说明相关性很强，这意味着如果你知道其中一个变量，就可以相当准确地预测另一个变量。[6] 如果 r 非常接近于 0，就说明相关性很弱，这时如果你尝试通过其中一个变量去预测另一个，就会非常不准确。智商和大脑体积之间的相关系数[7]大约是 $r = 0.33$，这是相当弱的相关性。

这个故事告诉我们，通过平均情况得出来的统计结果，不能用于解释个体的情况。这种谬误的解释经常发生，而且很容易发生，这就是为什么存在一种讽刺的说法，说世界上有三种谎言：谎言、恶劣的谎言、统计学。

这种研究都是以非常严肃的学术语言写成论文的，更不用说那一大堆脚注和参考文献了，但它们还是不可避免地给人一种感觉，那就是这些对头部进行的测量非常搞笑。事实上，高尔顿本人就是一个特别搞笑的人，他的座右铭是"数清一切你能数的东西"，他对量化有种偏执的爱，爱到了一种滑稽的程度。在他的回忆录里，他甚至研究并制作了一份《英国美女地图》。[8]每当走在一座城市的街上，他就会鬼鬼祟祟地在衣兜里揣一张纸，然后通过在纸上弄一些洞，来对每一位经过他的女士打分，把她们分成"好感""无感"和"反感"三类。他的研究结果是什么呢？"我发现伦敦的美女指数最高，阿伯丁的最低。"

另外，这种研究还带有一种侮辱性。著名的统计学家卡尔·皮尔逊（Karl Pearson）是高尔顿的学生，也是相关系数的发明者，他曾经把人线性地分成九个档次：天才、高能、普能、普通、普慢、迟慢、迟钝、极钝、痴呆。[9]用一个数或者一个标签来论断人——无论是论断智力、美丽还是其他个人特征——是肤浅的，而且是反人性的。有些学者甚至跨过侮辱这条线，达到了反伦理的程度，用他们的研究来支持一些极端政策，比如优生学和种族歧视。

当然，也不能因为高尔顿的发现不够充分、容易被误用，或者因为相关性不强，就简单粗暴地否定他。从积极的角度来看，高尔顿提出了一个有道理的假说：心智的差异，是由大脑的差异导致的。他采用了他能做到的最好的方法，就是观察学习成绩和头部尺寸的关系。后来的研究者采用智商和大脑尺寸，虽然测量得准确一些，但还是非常粗浅。那么，如果我们进一步改进测量手段，能不能从它们之间找到更强的相关性呢？

　　用一个单独的数值，比如总体积或总重量来概括大脑的结构，是非常幼稚的做法。只要随便看一看就会发现，大脑分成很多区域，而且即使用肉眼看起来，每个区域也都是非常不一样的。像给阿纳托尔·法郎士和伊万·屠格涅夫验尸时所做的那样，只要把大脑从颅骨中取出来，不需要借助任何工具就能看到，大脑分成端脑、小脑和脑干三个部分，如图 1-3 所示。[10]

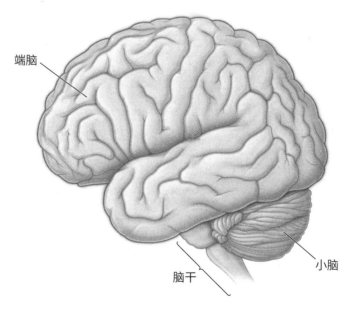

图 1-3　由三部分组成的大脑

　　你可以把端脑想象成一个果子，脑干是支撑它的茎，而小脑就像是挂在它们连接处的一片叶子。小脑对于精细动作非常重要，但是切除小脑仍然能保留大部分心智功能。[11] 脑干的损伤则是致命的，因为它控制很多基本生命功能，比如呼吸。如果端脑发生大面积损伤，即使能活下来，人也会失去意识和知觉。人们普遍认为，在这三个部分当中，端脑对于人类智力是最重要的，它决定了几乎所有心智能力。同时它也是这三部分中最大的，占了全脑体积的 85%。[12]

在端脑的大部分表面上，覆盖着一层几毫米厚的组织，称为**大脑皮层**，一般简称皮层。皮层展开后，有一条毛巾那么大，所以它要折叠起来才能装进颅骨，这些折叠使端脑表面看起来有很多褶皱。从皮层的上方俯视，可以看到非常明显的一条界线。它是从前到后的一条凹槽（图 1-4 中的左图），称为纵裂。纵裂将端脑分成了左右两个半球，也就是流行心理学所说的"左脑"和"右脑"。

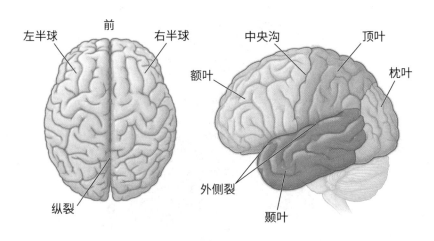

图 1-4　端脑分为两个半球（左），每个半球又分成四个叶（右）

对每个半球再进行划分，就不那么明显了，但还有一个合理的办法，仍是通过皮层上的那些凹槽。明显程度仅次于纵裂的的凹槽叫作外侧裂（图 1-4 中的右图），再次是中央沟，它从外侧裂出发，横向穿过皮层，通向大脑的顶端。这两条主要的凹槽将每个半球分成四叶[13]：额叶、顶叶、枕叶和颞叶（提醒一下，希望你能记住这些叶的名称和位置，因为我会经常提到它们）。

除此之外，大脑表面还有许多其他稍小的凹槽，有些凹槽在不同人的大脑上位于差不多一样的位置。它们都有自己的名称，而且直到今天我们还利用它们定位。但是，用这些凹槽来给皮层划分区域真的有道理吗？它们是真正有意义的某种界线，还是只是皮层为了塞进颅骨而折叠起来所造成的无意义的副产物？

给皮层划分区域这个问题，最早出现于 19 世纪。在此之前，人们普遍认为皮层只用来包裹大脑的其他部分（**皮层**这个词源于拉丁语的"树皮"）。1819 年，德国医生弗朗兹·约瑟夫·高尔（Franz Joseph Gall）发表了他的"器官学"理论。他认为，人体的每一个器官都有一个不同的功能：胃负责消化，肺负责呼吸，等等。但高尔认为，大脑过于复杂，不能算是一个器官，心智也过于复杂，不能算是一种功能。于是他提议，将大脑和心智都划成更小的单位。他特别重视皮层的重要性，并把它划分成不同的区域，将这些区域视为负责不同心智功能的"器官"。

高尔的学生约翰·斯普茨海姆（Johann Spurzheim）随后给这种理论起了一个新名称，叫作**颅相学**。相比于高尔本人当初起的名称，我们现在更熟悉的是这个新名称。在图 1-5 所示的颅相图中，每个区域都标注了与它相对应的功能，比如"贪婪""坚定"和"文艺"等。现在看来，这些对应关系基本上是依靠捕风捉影的观察和想象，但是总体来看，颅相学的积极意义大于其错误。他们非常重视皮层的作用，这一点直到现在仍然被广泛认可，而且他们定位每个皮层区域对应的功能的这种思路，现在也仍然在沿用。这种思路现在被称为脑区（或大脑）**定位论**。

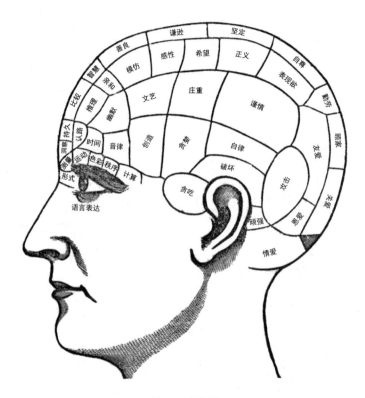

图 1-5　颅相图

　　同样是在 19 世纪，学者们对脑损伤患者的观察，使定位论首次获得了实证。在那个时期，很多法国神经科学家在巴黎的两家医院开展工作。一家是萨伯里医院，位于塞纳河的左岸，专门收治女性患者；另一家是比塞特医院，距离市中心比较远，专门收治男性患者。这两家医院都始建于 17 世纪，而且都曾兼作监狱和精神病院（传奇的萨德侯爵正是在比塞特被监禁）。[14] 这两家医院都先驱性地使用人道方法对待精神病患者，比如不把患者五花大绑。[15] 不过即使这样，我仍然觉得那里会是很阴森的地方。

　　1861 年，法国医生保罗·布洛卡（Paul Broca）在比塞特的一间手术室里，诊察了一位 51 岁的感染患者。根据记录显示，这位患者在 30 岁时入院，入院时就已经丧失了说话能力，唯一能发出的声音就是一个"叹"字，所以这成了他的绰号。虽然不能说话，但他可以通过手势与人交流，所以他似乎还能够理解语言。

在诊察之后过了几天，"叹"死于感染，布洛卡对他进行了尸体解剖。他锯开了"叹"的颅骨，将大脑取出，保存在酒精中。"叹"的大脑上最明显的损伤，是位于左额叶的一个大洞，请看图1-6。

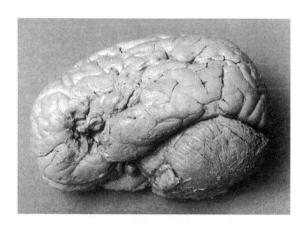

图1-6　"叹"的大脑，布洛卡区域明显损伤[16]

第二天，布洛卡向人类学学会报告了他的发现。他断言，"叹"的大脑上的损伤区域是负责说话的，而且说话与语言理解是分开的。在今天，失去说话能力被称为**失语症**，有些被特别称为布洛卡失语症，而且"叹"的那块受损的脑区，现在被叫作布洛卡区。随着这项发现，布洛卡解决了一场持续长达几十年的争议。早在19世纪初，颅相学家高尔就曾经断言，负责语言功能的区域位于额叶，但是这种说法遭到了怀疑。布洛卡最终为此提供了有力的证据，而且还在额叶上找到了这个特定的区域。

随着时间的推移，布洛卡又遇到了一些与"叹"类似的病例，并且发现这些病例都与左半球额叶的损伤有关。两个半球看起来这么相似[17]，但它们的功能竟然是不同的。这个发现令人难以置信，但是证据表明就是如此。布洛卡于1865年发表了一篇论文，其结论称语言功能就是专门由左半球来支配的。[18]

后来的研究者们确认，对大多数人来说确实如此。因此，布洛卡的发现不仅支持脑区定位论，而且支持**大脑侧化**理论，这个理论认为，每种心智功能要么由左半球支配，要么由右半球支配，而不是对称的。

1874 年，德国神经科学家卡尔·韦尼克（Carl Wernicke）记载了一种不同的失语症。他的患者与"叹"不同，能够非常流利地说出词语，但这些词语组成的句子却是毫无意义的。此外，这位患者无法理解人们问他的问题。尸体解剖表明，他的大脑损伤位于左半球的颞叶。韦尼克总结称，该区域损伤的主要后果是失去理解能力，胡言乱语只是其衍生后果，因为一个人如果要正常地表达自己的意思，首先需要理解自己在说什么。同样，这块损伤区域现在被称为韦尼克区，而由该区域损伤而导致的症状则被称为韦尼克失语症。

布洛卡和韦尼克共同表明，语音和语言理解是**双重分离**的。布洛卡区受损伤，会导致无法说话，但仍然能够正常地理解；韦尼克区受损伤会导致无法理解语言，但还能说出话来。这是一个非常重要的证据，表明心智功能确实是"模块化"的。很显然，语言与其他心智功能不同，只有人类具有这种功能，而其他动物则没有。但不显然的是——或者说在布洛卡和韦尼克之前，曾经不显然的是——语言功能还能进一步地分解成不同模块，比如语音和理解。

布洛卡和韦尼克展示了一种划分皮层区域的方法，即将大脑损伤的区域与其导致的症状联系起来。通过这种方法，后来的研究者们搞清楚了很多脑区的功能。他们也绘制了像颅相学那样的图谱，但不同的是，他们的根据是实质性的证据。那么，这些在脑区定位方面的发现，能否使我们理解心智的差异呢？

1955 年，阿尔伯特·爱因斯坦逝世，他的身体被火葬，但他的大脑却没有。在尸检过程中，病理学家托马斯·哈维（Thomas Harvey）悄悄地取出了他的大脑，并且据为己有，后来他因此失去了普林斯顿医院的工作。在随后的几十年里，尽管他不停地从一个城市搬到另一个城市，但这 240 片大脑被他装在一个罐子里，始终不离身。到了 20 世纪 80 年代和 90 年代，哈维送了几片样本给几位学者，他们都想研究清楚一个问题，那就是天才的大脑到底有什么特殊的地方。[19]

哈维已经称量过，爱因斯坦大脑的重量很普通，甚至比平均水平还低一点，因此大脑的尺寸并不能解释为什么爱因斯坦是个天才。1999 年，桑德拉·维特森（Sandra Witelson）和她的合作者们提出了一个新的解释。[20] 他们表示，从哈维提供的那些尸检时拍摄的照片来看，皮层上一个称为顶下小叶的区域非常大（这个区域是顶叶的一部分）。也就是说，爱因斯坦成为天才也许是因为他的大脑的某个**部分**格外大。爱因斯坦本人曾经说过，他经常用图形的方式思考，而不是用文字。我们已经知道，大脑的顶叶恰恰与视觉和空间想象有关。

天才的大脑一直令人们着迷，这种传统由来已久。除了阿纳托尔·法郎士和阿尔伯特·爱因斯坦的大脑之外，19 世纪的狂热人士还保存了另外一些杰出人物的大脑[21]，比如著名诗人拜伦爵士和瓦特·惠特曼的，这些大脑至今仍被装在罐子里，放在博物馆的库房。"叹"和保罗·布洛卡，那个不能说话的患者和研究他的医生，在死后成了永垂不朽的伴侣，巴黎的一家博物馆将他们俩的大脑一起保存了下来，这件事总让我产生一种奇怪的兴奋感。神经解剖学家还保存了卡尔·高斯的大脑，就是那位史上最伟大的数学家。他们早在维特森解释爱因斯坦之前就曾经指出，高斯的顶叶比一般人要大，这可能是他成为天才的原因。

所以，研究特定脑区的尺寸，而不是整个大脑的尺寸，这种策略并不是什么新鲜事。事实上，这最早正是由颅相学家提出来的。1819 年，颅相学之父弗朗兹·约瑟夫·高尔发表了《基于观察人与动物的头部构型以研究其智力与道德素质之可能性的普通神经系统及大脑的解剖与生理》[22]，他认为每种心智"素质"都和与它相对应的皮层区域的尺寸有关。更玄的是，高尔提出，颅骨的形状能够反映其内部皮层的形状，因此可以用来判断一个人的素质。从此以后，颅相学家们走向江湖，他们给人预测孩子的命运，评估婚姻是否合适，以及筛选求职者，方法就是摸摸头。

　　高尔和他的学生斯普茨海姆提出了各个脑区所对应的功能，他们的依据是各种道听途说来的极端例子。比如某个天才的额头很大，那么智力就是由大脑的前部支配的。如果某个罪犯的头很宽，那就说颞叶是说谎的重要器官。通过这种不靠谱的方法，他们得到了十分荒唐的脑区功能定位。因此，到了19世纪下半叶，颅相学变成了一个大笑话。

　　今天，我们拥有了很多当初颅相学家梦寐以求的先进技术。我们不再使用摸头这种土办法了，通过磁共振成像，可以精确地测量皮层区域的尺寸。而且通过扫描很多人的大脑，研究者们收集了大量的数据以进行统计，不再依靠维特森研究爱因斯坦的大脑这一类零星的例子。那么，"后颅相学家"们又发现了什么呢？

　　他们发现，智商确实与额叶和顶叶的尺寸有一些关系，其相关性要比智商与全脑尺寸的相关性略大。[23] 这支持了之前的观点，也就是说，这两叶对智力尤其重要。（枕叶和颞叶主要是支配感官功能，比如视觉和听觉。）但令人失望的是，这种相关性仍然很弱。

　　但与颅相学不完全相同的是，这些研究不但把大脑分成不同的区域，而且把智力本身也分成不同的方面。我们身边就有这样的例子，比如某个数学天才的文笔不好，或者反之。现今的很多学者反对智商或者综合智力的叫法，认为这是一种过度简化。他们倾向于使用"多种智能"，而且这些智能分别与不同脑区的尺寸有关。伦敦出租车司机的右后海马体更大，这个脑区被认为与空间导航有关。[24] 音乐家的小脑更大，而且某些皮层区域也更厚。[25]（小脑更大是很有道理的，因为小脑对于精细动作能力非常重要。）双语人士的左顶叶下方皮层比一般人更厚。[26]

　　虽然这些发现很令人兴奋，但别忘了，这些只是统计。如果仔细去看这些研究，你会发现这些脑区只是**平均而言**更大。对于个体而言，用脑区尺寸来预测某些能力仍然是无效的。

　　智力上的差异也许会导致一些困难，但通常来说这并不是特别严重。另外一些心智变化才是真正可怕的苦难，而且对于社会也是巨大的麻烦。在工业化国家，每 100 人中就有 6 个人患有严重的精神障碍[27]，而且在所有人中，有一半的人会在一生中的某些时候患有轻度的精神障碍。大部分精神障碍只能通过行为疗法和药物进行一定程度的治疗，还有很多在目前根本无药可治。为什么精神障碍如此难以战胜？

　　一种疾病的发现者，通常被认定为首先描述该疾病症状的人。1530 年，意大利医生吉罗拉摩·法兰卡斯特罗（Girolamo Fracastoro）不同寻常地通过一首叙事诗的形式，描述了"梅毒"，或者叫"高卢病"（这首诗的标题为 *Syphilis sive morbus Gallicus*）。他给这种病起的这个名字，源于神话传说中的牧羊人西菲利斯（Syphilus），西菲利斯因为遭阿波罗神降罪惩罚，成了第一个患此病的人。在他的 3 本拉丁文六步格诗中，法兰卡斯特罗描述了梅毒的症状，指出该病通过性行为传播，并且提出了一些疗法。

　　梅毒会导致难看的皮肤糜烂和身体损伤，一段时间之后，还会有更可怕的症状——精神错乱——随之而来。法国作家莫泊桑在他 1887 年的恐怖故事《奥尔拉》（*Le Horla*）中，虚构了一个超自然的生物体，故事的主人公饱受此物的折磨，先是身体生病，后来就是发疯："我不行了！有人掠走并控制了我的灵魂！有人在操纵我所有的行为，我所有的动作，我所有的思想。我不再是我自己，对于自己所做的一切，我都只是一个被奴役的恐惧的旁观者！"主人公最终以自杀的方式结束了自己的苦难。这个故事颇有一些自传的色彩，因为莫泊桑本人在 20 多岁时患上了梅毒。1892 年，他试图割喉自尽，未遂，被送至精神病院。次年，莫泊桑逝世，年仅 42 岁。

　　相传，著名画家保罗·高更和诗人查尔斯·波德莱尔也曾患梅毒。但我们没有确凿的证据，因为确诊一种疾病不能只靠症状。两个患有同样疾病的人可能会表现出不同的症状，而两个患有不同疾病的人也有可能表现出很相似的症状。要想诊断和治疗一种疾病，需要知道病因，而不仅是症状。引起梅毒的病菌在 1905 年被发现，随后不久就出现了第一批能杀灭该病菌的药物。这些药物对于早期梅毒有效，但对于已经侵入神经系统的梅毒病菌就无能为力了。1927 年，德国医生朱利叶斯·瓦桥（Julius Wagner-Jauregg）获得了诺贝尔奖，因为他提出了一种奇特的疗法以治疗神经性梅毒。他除了给药之外，还故意使患者感染疟疾，疟疾导致的发烧可以杀死梅毒病菌，然后他再用药物治疗疟疾。在第二次世界大战以后，瓦桥的疗法被青霉素等一些叫作抗生素的抗菌药物取代。从此，梅毒不再是一种主要祸及大脑的疾病。

　　由感染导致的疾病相对比较容易治疗，因为我们有办法知道病因。但是其他疾病呢？比如阿尔茨海默病。它是一种常见的老年病，初期症状是失忆，随后发展成痴呆，各种心智能力全面减退。最后，患者的大脑萎缩，颅骨变成一个空荡荡的壳子。假如那些颅相学家今天还活着，他们肯定会说，阿尔茨海默病是由于大脑的尺寸减小而导致的，但是这个解释并不正确。在失忆并出现其他症状之后很久，大脑才开始发生萎缩，而且萎缩本身就是一种症状，而不是病因。萎缩是由于大脑组织的死亡导致的，那又是什么导致了这种死亡？

　　为了查找线索，科学家们检查了阿尔茨海默病患者的尸体解剖样本。他们在显微镜下发现，患者的大脑中布满了斑块和缠结。一般来说，脑细胞的异常与疾病之间的对应关系被称为**神经病理**。这些斑块和缠结一旦出现在大脑中，细胞将随之死亡，紧接着就会出现阿尔茨海默病的症状。现在一般用这些神经病理来定义阿尔茨海默病的特征，因为像失忆或痴呆等症状也有可能由其他疾病导致。科学家们目前还不知道到底是什么导致斑块和缠结发生积累，但是他们希望能通过减少这些神经病理来治疗阿尔茨海默病。

　　最棘手的精神疾病，就是那些目前还没有明确的神经病理的疾病。这种情况真的把我们难住了。这些疾病现在只能通过生理症状来定义，而且距离能够治愈还很遥远。它们有些会导致焦虑，比如恐慌症或强迫症，还有些会导致心情失控，比如抑郁症或躁郁症。其中最严重的两种，要数精神分裂症和孤独症。

对于孤独症的症状，最清楚的描述方式就是直接的临床记录[28]：

大卫在 3 岁时被诊断为孤独症。当时他无法注视他人，也不怎么说话，完全迷失在自我的世界中。他喜欢在蹦床上连跳几个小时，而且极其擅长玩拼板游戏。10 岁时，他的身体发育正常，但心智仍然很不成熟。他有一张精致的脸庞，样貌很好看……他曾经并且仍然非常固执地坚持自己的喜好或厌恶……他母亲必须不停地满足他的各种突然的要求，稍有耽误，他就会勃然大怒。

大卫在 5 岁时学会说话。他现在在一家专为孤独症儿童开设的特殊学校里，他在那里感觉很快乐。他有一套固定的日程，从不间断……有些事情他能学得又快又好，比如他完全通过自学掌握了阅读。他现在能非常流利地阅读，但是无法理解他读的是什么意思。他还非常喜欢加法。然而，有些事情他学起来极其困难，比如在家庭餐桌上吃饭，或者穿衣服……

大卫现在 12 岁，他仍然不主动跟其他孩子一起玩。他在与不熟悉的人沟通方面存在明显障碍……他对别人的想法或兴趣从不让步，也不能接受别人的观点。像这样，大卫对于社会生活完全漠不关心，他始终生活在自己一个人的世界里。

这份病例提到了定义孤独症所需的三个症状：社交冷漠、交流障碍和行为刻板。这些症状在 3 岁之前出现，一般会随成长而减弱，但是大部分成年孤独症患者完全无法在没有监护的情况下生活。[29] 孤独症目前没有有效的治疗手段，我们更没有办法消灭它。

乌塔·佛莱斯（Uta Frith）用诗意的说法，称孤独症患者是"被囚禁在玻璃壳子里的漂亮孩子"。[30] 因其他疾病导致的残疾儿童可能会有明显的、令人心痛的肢体缺陷，但孤独症的孩子却不是这样，他们的外表看起来没问题，甚至格外漂亮。他们这样的外表可能会蒙蔽父母，使他们难以相信自己的孩子存在严重的问题。于是他们徒劳地努力想要打碎那个"玻璃壳子"——孤独症的社会孤立——把一个正常的孩子解救出来。但是，这些患有孤独症的孩子，其正常的外表之下，却藏着一颗异常的大脑。

被提到最多的一点异常就是尺寸。在 1943 年，美国精神病医生里奥·肯纳（Leo Kanner）在他的代表性的论文中，首次定义了孤独症候群[31]，同时他还轻描淡写地提到，在他的 11 个病例中，有 5 名儿童具有很大的头部。[32]多年来，相关的学者们研究了大量孤独症患儿，发现他们的头部和大脑确实比平均水平更大[33]——尤其是额叶[34]，而额叶包含了很多与社交和语言行为相关的脑区。

这是否意味着大脑尺寸是一个可以用来预测孤独症的指标？如果是，我们就可以自信地说，颅相学的思路至少在解释孤独症方面是靠谱的。但是，要小心，这里有一个很常见的统计谬误，即罕见类别。考虑某种特殊类型的少数人，比如职业橄榄球运动员，他们的体型明显大于平均水平，是否能够预测说，体型明显大于平均水平的人都是职业橄榄球运动员？这种预测规则可能在平衡样本集上是适用的，比如相等数量的橄榄球运动员和普通人组成的样本集，如果你把他们按照体型排序，可以得到比较准确的预测结果。但如果样本集是所有人，这时候你预测说凡是体型大的人都是橄榄球运动员，那么在多数时候你会预测错，这些人很可能是因为其他原因而很高、很壮、肌肉很多。同样，预测说所有大脑较大的儿童都有孤独症，这也是非常不靠谱的。有很多大块头不打橄榄球，也有很多脑袋大的人未患孤独症。

媒体经常在报道中声称有某种方法，能基于一些大脑的特性来准确预测某种罕见的精神障碍。这些研究通常是雷声大雨点小，因为这种预测的准确性只存在于平衡样本集上。然而，如果你知道了一种病的病因，那它就可以被用以进行可靠的诊断，而且对所有人都适用。比如，很多感染性疾病就是这样，可以通过血液检查来找到致病的微生物。

精神分裂症与孤独症一样棘手，它通常在患者 20 多岁时发作，使其产生幻觉（最普遍的是幻听）、妄想（经常是觉得受到迫害），还有其他各种错乱的念头。这些症状一般统称为"精神异常"。这里有一份生动的第一人称叙述[35]：

> 我已经不记得它是怎么开始的，当时我正坐在马桶上，突然感觉有一股肾上腺素涌上来控制了我。我的心跳特别快。不知道从哪里飘来一阵声音，我感觉仿佛置身于一个电视节目中，这个节目正在向全世界播放，一群摇滚歌星和科学家在节目里联合起来，要颠覆世界的统治（通过那些计算机、生物学、心理学，还有巫术仪式之类的东西）。当时就是这样的情况！
>
> 当时那些人正在宣布他们关于世界新秩序的目标和动机。我感觉自己正处于讨论的中心，周围全都是大量的摇滚歌星和科学家，但是我看不见他们，他们似乎隐藏在全世界的每一个角落。

这些精神异常会使患者感到恐惧，也会给周围的人造成惊吓和困扰。这是精神分裂症最明显的信号，但随之而来的，还有其他一些心智障碍。对精神分裂症的准确诊断还需要一些并发症状，比如意志消沉、情绪低落、少言寡语等。相比于之前所说的那些"积极"的精神异常症状，后面这些则可以说是精神分裂症的"消极"症状（这里所说的"积极"和"消极"并不是指价值上的判断，而是分别指异常想法的表达和情绪的缺乏）。我们可以通过药物来控制精神分裂症的精神异常症状，但这些药物并不能治愈这种疾病，因为它们对于那些消极症状没有什么效果。[36] 因此，大多数精神分裂症患者是没办法自主生活的。

与孤独症一样，对于精神分裂症患者的大脑异常情况，被提到最多的一点仍然是尺寸问题。磁共振成像结果表明，他们的全脑体积比平均水平略小，大概只小几个百分点。[37] 其中，他们的海马体要格外小一些，但差距也不是特别明显。研究者们还对他们的脑室系统成像，脑室是大脑内部的一系列充满液体的空洞和通道。结果表明，他们的侧脑室和第三脑室比平均水平要大20%。[38] 这些脑室是大脑内部的空洞，空洞变大，相当于大脑本身的体积减小。然而，尽管这些发现与孤独症有些不同，令人感到些许振奋，但是其统计上的相关性却与孤独症一样弱。如果通过大脑尺寸、海马体尺寸或者脑室的大小来诊断个体的精神分裂症，准确率将非常低。

阿尔茨海默病有明确的神经病理，即那些斑块和缠结。对于孤独症和精神分裂症，如果也能找到这样的神经病理，就会对改进治疗方法大有帮助。但是，在孤独症和精神分裂症患者的大脑中，我们却没有找到类似的"异物"累积，也没找到其他的指示细胞死亡或变质的信号与这两种疾病明确相关。新颅相学认为他们的大脑里面一定有什么异常的东西，但是我们却找不到。神经科学家弗莱德·普拉姆（Fred Plum）在1972年沮丧地写道："精神分裂症就是神经病理学家的坟场。"[39] 虽然研究者们在那之后找到了一些新的线索，但至今仍然没能取得真正的突破。

大多数人接受这个观点：心智的差异是由大脑的差异造成的。然而到目前为止，我们几乎还不能证明这一点。传统颅相学家试图通过检验大脑的尺寸和区域来寻找证据，但直到有了磁共振成像技术后，他们的策略才真正具有可行性。新颅相学确认了心智差异与大脑的尺寸在统计意义上确实有关系，在人群与人群之间表现出弱相关，但这种差异却仍然无法用来预测个体是不是天才，是不是孤独症患者或者精神分裂症患者。

我衷心希望神经科学最终能令人心服口服地赢得这场游戏。这场游戏的奖金太高了。发现孤独症和精神分裂症的神经病理，就有办法开发相应的治疗方法。理解大脑智力的本质，就能更好地改善教学方法，或开发其他的工具，使人们变得更聪明。总之，我们不仅想要了解这颗大脑，还想改造它。

第2章 边界争端

主啊，求你赐我宁静

以接受我不能改变的

赐我勇气以改变能改变的

赐我智慧以分辨它们

上面这段宁静祷词，被戒酒无名会和其他一些组织用来帮助会员戒瘾。从这里其实可以看出为什么大脑如此令人着迷：它正是人们想要改变的东西。如果你去附近书店的心理自助区随便逛逛，就会发现有无数本书的标题是关于如何戒酒、戒毒、节食、理财、教育孩子、经营夫妻关系的。这些事情都是说起来容易，但做起来却很难。

健康的成年人想要提升自己的修为当然是正常的，但是对于那些精神障碍患者，这件事就更为紧迫了。一个年轻的精神分裂症患者能否被治愈？一个得了中风的老人能不能重新学习说话？还有，我们都希望学校和幼儿园能更好地塑造我们的孩子，他们的教学方法能否再改进？

宁静祷词给出的答案是，改变需要勇气和智慧。神经科学对此给出的答案会不会更好？毕竟，改变心智归根结底就是改变大脑。但是，神经科学要想向这一目标进军，就必须首先回答一个更基本的问题：当我们学习一种新的行为方法时，大脑到底发生了什么改变？

父母总是惊讶于婴儿的学习速度，每当孩子学会一个新的动作或词语，他们都会兴奋地庆祝。婴儿大脑的发育速度飞快，到两岁的时候就接近成年人大脑的尺寸。[1]这就提出了一个简单的理论：或许学习只不过是大脑的发育，那么增强这个发育过程，就能使孩子更加聪明？

这个理论又一次把我们带到了颅相学家面前。斯普茨海姆曾经提出，心智锻炼会使皮层组织增大，就像身体锻炼会使肌肉变发达一样。基于这个理论，斯普茨海姆开发了一整套关于儿童和成年人教育的方针。[2]

直到一个多世纪后，他的理论才终于接受科学的检验。在这个时候，心理学家发明了一种方法，能够研究外界刺激对动物心智的影响。他们把实验大鼠分别放在两个不同的环境中：一个贫乏的环境和一个富足的环境。在贫乏的笼子里，只有一只大鼠独自生活，笼子里唯一的东西就是装食物和水的容器。在富足的笼子里，很多只大鼠群居生活，而且每天都能得到新的玩具。然后，他们让这两组大鼠分别跑一个简单的迷宫。他们发现，富足组的大鼠更加聪明。[3]由此不同的智力水平可以推测，它们的大脑是不同的，但是具体哪里不同呢？

在 20 世纪 60 年代，马克·罗森茨维格（Mark Rosenzweig）和他的同事们决心把这件事搞个水落石出。[4]他们的手段极其简单：给皮层称重。随后他们发现，富足组的皮层比平均水平略大。这是史上首次有实验证实，后天经历确实会引起大脑结构的改变。

也许这个结果并不让你惊讶。不过，那些磁共振成像研究还表明，伦敦出租车司机、音乐家和双语使用者的某些脑区更大，这会不会使你惊讶？这里我还要重复说一次，要警惕，不要过分解读统计结果。那些磁共振成像研究只能给出相关性，但并不能证明因果性。

是否真的像斯普茨海姆认为的那样，开出租车、演奏乐器、说第二语言确实**导致了**他们的大脑增大？如果音乐家的大脑与非音乐家的大脑，在前者学习乐器之前是完全相同的，只在他们学习乐器之后才变得不同，那就能说明因果性。但是，那些磁共振成像研究只收集了"之后"的数据，所以无法排除另外一种可能的解释：也许有些人生来就大脑比较大，这使他们更有音乐天赋，于是这些有天赋的人更有可能成为音乐家。这种可能性即意味着，是大脑比较大导致学习音乐，而不是反过来。

音乐家有可能是因为天分，被音乐老师或者比赛选择出来的，也有可能是自己选择出来的，因为人们通常倾向于做那些自己擅长的事情。这一类的问题称为**选择偏向**，它使很多统计学研究变得难以解释。罗森茨维格避免了选择偏向问题，他**随机地**把一些大鼠分别安排到贫乏组或富足组。这能够确保两组大鼠在实验开始时，统计上是完全相同的。于是，如果它们在实验后发生任何差异，都可以断定是由实验过程导致的。

有个更直接的办法能说明因果性，就是用磁共振成像比较人在一种经历之前和之后的大脑。通过这个方法，研究者们发现，学习抛球能使顶叶和颞叶的皮层增厚。[5] 另外，他们还发现医学院的学生在进行一项以考试为目标的学习之后，顶叶皮层和海马体会增大。[6]

虽然这些结果令人振奋，但这仍然不是我们想要的答案。它并不足以证明后天经历能改变大脑，因为我们还需要知道，行为水平的提高，是不是由这些皮层上的变化导致的。我举个例子，你就能明白为什么它不能证明这一点。音乐家为了学习乐器，必须整天坐在那里练习，这种生活方式会导致发胖。但如果你下结论说，发胖导致他们乐器水平提高，那很显然是不对的。同理，已知学习乐器导致大脑增大，并不能证明大脑增大导致他们的水平提高。

罗森茨维格用实验表明，富足组的大鼠更聪明，而且它们的皮层增厚了。但是，他并不能证明这种增厚是导致智力提升的原因。事实上，结合我们所知的各个脑区的功能来看，这个说法很有可能是不成立的。对于走迷宫的能力来说，最重要的是额叶，但是实验发现大鼠额叶的尺寸几乎没有变化。尺寸增大最明显的区域是枕叶，但是这个区域却是负责视觉感知的。

最终，我们还是不能在大脑皮层增厚和学习之间划上等号。可以说，这两种现象是相关的，只是相关性不强，而且还要再说一次，这只是对群体平均情况的统计结果。通过皮层增厚的情况来推断个体的学习情况，是不靠谱的。

研究走迷宫和抛球可能是有问题的，或许我们需要研究更明显的大变化。比如，在得了中风之后，患者会突然变得虚弱或麻痹，可能会失去说话或其他心智能力。而在接下来的几个月里，很多患者的状况会发生明显的好转。那么在这个恢复的过程中，他们的大脑发生了什么？显然，针对这个问题的研究，在实用的角度上也是很重要的，因为它能使我们开发出更好的治疗方法。

中风是由于血管堵塞或泄漏损伤了大脑而导致的。一般来说，通过症状就能判断是哪一侧大脑受到了损伤。在大多数病例中，患者很难控制一侧的身体，这说明他另一侧的大脑受损了，因为每一侧大脑负责控制另一侧身体的肌肉。神经学家有时还能进一步指出受损的脑区，他们通常用特定的叶，或者如果需要更准确，就用特定的叶上特定的褶，来描述皮层受损的位置。每个褶都有一个听起来很炫的名称，比如"颞上回"就是指颞叶上最高的褶。此外，还可以不用名称，而是利用德国神经解剖学家科比尼安·布洛德曼（Korbinian Brodmann）在 1909 年发表的一张分区图（见图 2-1），用一个数来表示一个脑区。[7] 在本书中，我用**脑区**这个词特指布洛德曼分区，**区域**则表示某种分区方式。

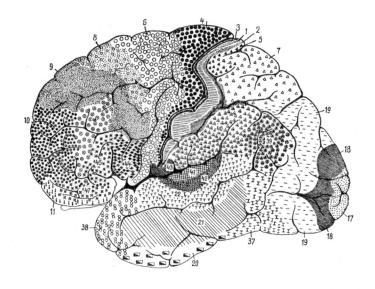

图 2-1　布洛德曼皮层分区图

第 4 脑区和第 6 脑区的损伤，是中风后丧失运动能力的原因。第 4 脑区在中央沟的前方，是额叶最靠后的一个带状脑区，第 6 脑区在第 4 脑区的前方，它们都是参与运动控制的重要脑区。中风一般还会损伤语言功能，这意味着位于左半球的布洛卡区（第 44 和第 45 脑区）或韦尼克区（第 22 脑区的后端）受到了损伤。

患者的家人和朋友都会很急切地想要知道患者能恢复到什么程度。"爷爷以后还能走路吗？还能说话吗？"运动能力是会随着时间逐渐提高，但是在 3 个月之后，提高的幅度就很小了。[8] 语言能力也会在前 3 个月里迅速恢复，不同的是，在随后的几个月甚至几年中，它还会继续提高。神经学家知道 3 个月这个时间点非常关键，但他们还不知道为什么。更本质的问题是，他们不知道在患者恢复的过程中，他们的大脑里到底发生了什么变化。

可以看到，受影响的大脑区域可以恢复部分或全部功能。但是，出故障的血管附近的一些细胞确实是死掉了，这是不可逆的损伤。那么，是不是有空闲的区域替代了受损的区域？想象一下，假如一个足球队里，有位队员受伤了，忍受着剧烈的痛楚，被抬出场，不能踢了。而这时替补席上又没有替补队员，于是这个缺人的队伍就会踢得令人担忧。但是随着比赛的进行，场上其他队员会逐渐适应这种状况。比如那名下场队员踢前锋，那么现在可能会有后卫队员去兼顾前锋的位置。

所以，这就引出一个非常重要的问题：在大脑受损后，皮层脑区能不能获得一个新的功能？中风给我们提供了一些证据 [9]，但是更有力的实证来自早期大脑受损的病例。我们把反复、不由自主地"抽风"或神经活动异常称为"癫痫症"，为了治疗癫痫症频繁发作的小儿癫痫患者，有时不得不切除其端脑的一整个半球。[10] 这是最激进的神经手术之一，但令人惊讶的是，大多数儿童在术后恢复得很好。他们被切半球的对侧手部动作会受些影响，但是他们能够正常行走，甚至奔跑。[11] 他们的智力基本上不受任何影响，如果手术能成功控制癫痫发作，那他们的智力在术后甚至还会提高。

你可能会说，切除一个半球而能够恢复，这没什么好奇怪的，就像切除一个肾也没什么影响。剩下的一个肾也不需要有什么改变，它只要像平常一样运转就可以了。但是你要知道，有些心智功能是侧化的，左脑和右脑并不相同。比如左半球专门支配语言，成年人如果被切除大脑左半球，一定会导致失语症。但是对儿童却不是这样，如果切除儿童的左半球，他的语言功能会迁移到右半球[12]，这就表明皮层脑区的功能确实能改变。

我们已经知道脑区的分布，可以想见，神经学家根据患者的症状就能猜测大脑受损的位置。但是——这里有一个意想不到的"但是"——也许确实能用一张分区图，根据不同的功能把皮层划分成不同的脑区，但是这张图不是固定的，因为受伤的大脑会重新规划皮层。

与新颅相学家们报告的皮层增厚的例子相比，中风或手术后的皮层重新规划是非常显著的。那么，健康的大脑是否也会发生重新规划？对于这个问题，我们再次从严重受伤的病例中得到了启发——但这次不是大脑受伤，而是身体受伤。下面这段文字，出自神经科学家米古尔·尼古雷里斯（Miguel Nicolelis）[13]：

> 我在医学院读四年级时的一个上午，巴西圣保罗大学医院的一位血管外科医生邀请我去一位矫形患者的病房。医生对我说："今天我们要去和鬼说话，你要做好心理准备。尽量保持冷静，患者还不能接受现实，他非常害怕。"
>
> 走进病房，坐在我面前的是一个大约12岁的男孩，他有一双仿佛被薄雾笼罩的蓝色眼睛和一头金色的卷发。他汗流满面，脸上露出扭曲、恐惧的表情。我仔细观察了他的身体，他的症状是不明原因的剧痛。"真的很疼，医生，就像着火一样，我感觉有什么东西在碾压我的腿。"他说。我听完后，就像是被什么东西扼住喉咙，感到窒息。"哪里疼？"我问他。他回答说："我的左脚，小腿，整条腿，膝盖

以下到处都疼！"

　　我掀开盖在男孩身上的被单，猛地发现他的半条腿不见了。他经历了一场车祸，失去了膝盖以下的半条腿。我突然意识到，他的疼痛来自他的身体已经不存在了的那部分。走出病房，我听到医生说："那不是他本身的疼痛，那是幻肢疼痛。"

　　现代截肢术是由安布鲁瓦兹·帕雷（Ambroise Paré）在 16 世纪发明的，他是法国军队里一位技艺精湛的外科医生。在帕雷出生的时代，手术是由理发师负责执行的，因为内科医生们不屑于做这种看起来很残忍的屠宰行为。[14]帕雷后来在战场上工作，学会了如何扎紧大动脉，以避免截肢患者流血而死。[15]后来他陆续服务于几任法国国王，并且作为"现代手术之父"而永垂青史。

　　帕雷最先报告称，据截肢患者反映，在他们被截掉的断肢处，他们感觉到一个虚幻的肢体仍然存在。几个世纪后，美国医生塞拉斯·维尔·米切尔（Silas Weir Mitchell）使用**幻肢**这个术语来描述在内战伤员身上发生的这种现象。他通过观察大量的病例发现，幻肢是一种普遍现象，而不是偶然。那么，这种现象为什么过了如此之久才被人们注意到？[16]这是因为在帕雷发明现代截肢术之前，极少有截肢患者能够活下来，而活下来的极少人即使提出这个问题也会被无视，大家都以为那只是他们的错觉。然而，截肢患者足够理性，他们清楚地知道，幻肢并不是真实存在的[17]，而且因为幻肢通常会带来疼痛感，所以他们很希望医生能把幻肢除掉。

　　除了命名之外，米切尔还提出了一种理论以解释这种现象。他认为，残肢里保留的神经末端会向大脑发送信号，而大脑会将这些信号理解成已离体的断肢发来的感觉信号。[18]受这个理论的启发，一些医生尝试将残肢也一并截掉，但是这并无作用。[19]如今，很多神经科学家相信另一个不同的理论：幻肢现象是由于皮层的重新规划而导致的。

　　这种重组并不是发生在整个皮层上，而是只发生在特定的脑区。我们之前已经学过了第 4 脑区，就是那个紧挨着中央沟的前方、控制运动的脑区。
而在紧挨着中央沟的后方，是第 3 脑区，它负责支配身体的触觉、温觉和痛觉。
20 世纪 30 年代，加拿大神经外科医生怀尔德·潘菲德（Wilder Penfield）在他
的患者身上通过电刺激的方法，对这两个脑区的具体功能做了测绘。[20] 在癫痫
手术过程中，潘菲德打开患者的颅骨，暴露出大脑，然后用电极刺激第 4 脑
区的不同位置。每一次刺激都会导致患者身体的某一部位做出动作，于是潘
菲德绘制出了第 4 脑区与身体各部分的对应关系图（图 2-2 中的右图），这幅
图称为"运动人"。同样，对于第 3 脑区的每一次刺激，都会使患者感受到
来自身体某个部位的感觉，于是潘菲德又绘制出了第 3 脑区的"感官人"对
应关系图（图 2-2 中的左图），该图与运动对应关系图颇为相似，它们平行地
位于中央沟的前后两侧。（你可以把这两张图粗略地看成大脑从耳朵到耳朵
的纵剖面，感官图是中央沟后面的那个剖面，而运动图则是前面的那个。只
有外边的边缘线是皮层，中间的线条是端脑的内部。）

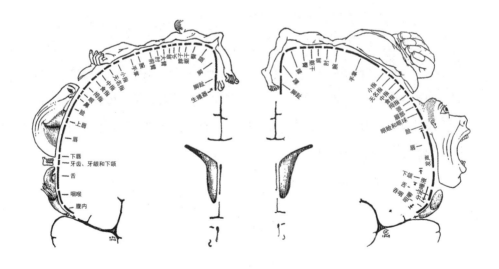

图 2-2　第 3 和第 4 脑区的功能关系图："感官人"（左）和"运动人"（右）

虽然脸和手在外观上只是身体很小的一部分，但是在这幅图上，它们却占据了绝大部分皮层。它们在皮层上被放大，反映了它们在感觉和运动方面具有与实际大小不成比例的重要性。截掉身体的一部分，会导致这部分的重要性一瞬间跌到零，这会导致它在皮层上的领地发生变化吗？基于这种推理，神经学家 V. S. 拉马钱德兰（V. S. Ramachandran）和他的同事们提出了一个观点，他们认为幻肢现象是由于第 3 脑区的重新规划而导致的。[21] 假如一条小臂被截掉，它在感觉区皮层上的领地就会失去功能，于是它的邻居，脸和大臂的领地就会推进边界，扩大自己，入侵这块没有功能的地盘。（你可以在潘菲德的图上看到它们的邻接关系。）这两个入侵者随即不但代表自己本身，还同时代表小臂，这就使截肢患者产生了幻肢的感觉。[22]

根据这个理论，重新规划的脸部领地不仅代表脸，还代表小臂。拉马钱德兰据此预测，如果刺激患者的脸部，就能使他产生幻肢的感觉。当他用棉签划过截肢患者的脸时，患者确实称，他不但脸上有感觉，而且幻手也有感觉。[23]同样，这个理论还预测大臂的领地扩张也使它同时代表小臂。当拉马钱德兰触摸患者残留的大臂时，患者的大臂和幻手上也都产生了感觉。这些巧妙的实验清楚地证实了这个理论，即幻肢现象是由于第 3 脑区的重新规划而导致的。

拉马钱德兰和他的同事们所使用的技术手段只不过是一根棉签，而到了20 世纪 90 年代，一项令人激动的大脑成像技术诞生了。这就是功能磁共振成像（functional Magnetic Resonance Imaging，fMRI），它能够揭示出大脑每个区域的"活动"情况，或者说大脑的某一部分正以何种程度被使用到。[24] 如今，功能磁共振成像已经为人们所熟知，因为它经常出现在媒体报道中。它们经常被叠加在常规磁共振图像上面，黑白的磁共振图像呈现出大脑，而叠在上面的彩色斑点就是 fMRI 图像，指出某些区域是活跃的。你可以把 fMRI + MRI 图像视为"大脑活动热点图"[25]，而常规 MRI 就只是大脑本身。

研究者们把被测试者（下称"被试"）叫到实验室，让他们执行一些心智任务，然后对他们的大脑成像。如果一项任务激活了某个区域，导致该区域在图像上"亮起来"，就为确定该区域的功能提供了线索。在过去，神经学家总是被大脑切片的偶然性搞得焦头烂额，但是有了 fMRI 之后，他们就可以开展一些精准、可重复的区域功能定位实验。研究者们夜以继日地用这种技术研究每个区域的功能，布洛德曼的分区图成了人手一份的东西。学术论文像井喷一样被发表出来，各个大学都投入了巨额经费购置 fMRI 设备，或者叫"大脑扫描仪"。

　　研究者们还重新研究了潘菲德的感官和运动关系图。他们触摸被试身体的某个部位，观测第 3 脑区上哪个位置会被激活，然后又让被试活动身体的某个部位，观测第 4 脑区上的哪个位置会被激活。凭借 fMRI 技术，测绘这样的关系图不再需要打开颅骨这样的残酷手段了。研究者们还研究了重新规划的问题，验证了拉马钱德兰的观点，即截肢患者的脸部区域会向下越界。正如该理论所预测的，在那些产生幻肢疼痛的患者脑中，这种越界确实发生了，而那些没有疼痛的患者，则没有发生越界。[26]

　　虽然截肢不是大脑本身的直接损伤，但它也是一种极其不同寻常的经历。那么在普通形式的学习中，大脑是否会发生重新规划？小提琴家和其他一些种类的弦乐家们，通常用左手按乐器的弦。研究表明，他们第 3 脑区上的左手区域确实更大，这很有可能是由于大量的乐器练习造成的。[27]fMRI 的一个厉害之处，就在于它不仅能看出各个布洛德曼脑区的功能，还能看出一个脑区内部的精细变化。这种尖端的研究手段，与高尔顿当年研究全脑尺寸所用的研究手段相比，已经是天壤之别了。它能告诉我们皮层的重新规划情况，甚至还能告诉我们，过度地练习可能会导致致残性的运动疾病。[28]这种疾病叫作"局限性肌张力障碍"，它会无情地终结一些杰出音乐家的艺术生涯。[29]

　　然而，用皮层脑区或子脑区的扩张来解释学习过程，仍然是颅相学的那一套思路。这与那些皮层增厚的研究没有什么本质区别，而且统计上的相关性仍然很弱。这种技术也许是很强大，但它仍然存在限制。比如，研究盲文阅读者，发现他们的手部感觉区也增大了，这就无法分辨学习小提琴和学习盲文的重新规划过程有什么区别，但它们却是截然不同的技能。[30] 即使这个特定的问题能够解决，也仍然存在着普遍的困难。

研究者们还从另一个角度研究大脑的变化，这次不是基于重新规划的概念。他们尝试通过 fMRI 找出大脑区域活跃程度的差异。比如，他们报告称，精神分裂症患者在执行某个心智任务时，前额叶的活跃程度比较低。[31] 虽然其统计相关性仍然是弱的，但这为我们理解大脑疾病提供了新的线索，或许还能启发我们开发出更好的诊断方法。[32]

除了这些之外，fMRI 研究还存在着一个更为本质的局限性。大脑的活动每时每刻都在变化，基本上与思绪和动作的变化一样快。要想找到精神分裂症的病因，必须捕捉到一些静止的大脑异常状态。想象一下，假如你的车坏了，每当开到每小时 30 英里 [①] 以上，并且向右打方向盘时，车身就会开始摇摆。这种故障并不一直发生，它只是个症状，是由你车上某些更底层的故障导致的，但你很难在快速行驶的车上检查底层故障。注意到症状确实也很重要，但是要想搞清楚它的根本原因，这还只走了第一步而已。

那么，为什么我们还一直用颅相学来解释心智的差异？这并不是因为颅相学很好，而是因为我们现在还无法提出更好的方案。你听没听过一个笑话，说警察遇到了一个趴在路灯下面的醉汉？那个醉汉解释说："我的钥匙丢在墙角了。"警察问他："那你怎么不去墙角找？"醉汉回答："我看不见啊，现在只有路灯下面有亮光啊。"这个醉汉是哪里有亮光就先在哪里找，我们差不多也是一样。我们知道尺寸和功能关系不大，但是仍然研究它，这是因为现有的技术就只能研究这些。

要理解为什么颅相学站不住脚，我们可以拿一个很好的例子来类比一下，也是关于功能和尺寸的关系。先抛开头大的人是否更聪明这个问题，来看另外一个问题：肌肉发达的人是否力气更大？肌肉的尺寸可以通过磁共振成像来测量，力气可以通过一种器械来测量 [33]，很像你在健身房经常能见到的那种

---

① 1 英里约为 1.6 千米。

机器。研究者发现，这两者的相关系数在 0.7 和 0.9 之间 [34]，远远高于大脑尺寸和智商之间的相关性。所以如我们平时的印象一样，根据肌肉的尺寸可以准确地预测力气的大小。

那么，为什么尺寸和功能在肌肉上如此相关，在大脑上却不然？你可以把肌肉想象成一个工厂，这个工厂里的每个工人都在做相同的事。如果每个工人都能独立地完成生产一个产品的所有步骤，那么当工人的人数增加一倍时，产出的产品就会增加一倍。同样，每一条肌肉纤维都做同样的事，这些纤维并列在一起，朝同一个方向用力。它们对于力气的贡献是可以叠加的（你可以简单地把它们加起来得到总量），所以纤维越多的肌肉就会越有力气。

现在，再想象一个更为复杂的工厂。这个工厂里的每个工人做的是不同的工作，比如拧一个螺丝或者焊一个接缝。要想做出一件产品，必须要所有的工人通力合作。经济学认为这种分工协作效率更高，因为专业分工可以使每个工人在特定的技能上更加熟练。然而，对于这种工厂，增加一倍的工人却不能增加一倍产量，因为很难把这些新工人集成到原有的组织中。事实上，增加工人还有可能导致产量下降，因为他们干扰了原来的工作流程。软件工程中有一句格言，称为布鲁克斯定律，说"给一个已经延误的软件项目增加程序员，只会使它进一步延误"，正是这个道理。

大脑就像是这个复杂的工厂，每个神经元在其中只负责一项小任务，它们以错综复杂的方式协作，才能实现一个心智功能。这就是为什么心智水平几乎不依赖于神经元的数量，而是更依赖于它们的组织结构。

这个工厂的比喻解释了颅相学的局限性。那么它是否还能解释重新规划的问题？美国神经心理学家卡尔·拉什利（Karl Lashley）认为，心智功能是广泛地分布在整个皮层上的，布洛德曼分区图上的大部分边界线只是一种虚假的想象。[35] 不过，这位定位论的头号反派人物并不完全否认那些实验证据。1929 年，他提出了他的大脑皮层**等势性**学说。[36] 拉什利认为，每一个皮层脑区确实负责特定的功能，但是它们也保持着同样的**潜力**去负责其他功能。

回到工厂的例子——那个复杂的工厂——我们可以想象，一位工人可以被指派一个新的任务。也许一开始他做得很笨拙，但最终他也会变得很熟练。每个工人都有自己专门的分工，但是他们却有同样的潜力，或者说他们是等势的。当给他们提供新的条件时，他们就会改变自己的功能。

拉什利的学说有一些正确的地方，但是他过于极端了。皮层的适应性不是无限的。否则，中风患者就应该能够完全恢复。我们还需要更深层次的理解，以搞清楚这种适应性的局限，并开发相应的手段来增强它。我们知道皮层确实能重新规划，但是脑区的功能究竟是如何发生变化的？

要想回答这个问题，必须先搞清楚一个更基本的问题：一个皮层脑区的功能，最开始是怎么确定的？布洛卡和韦尼克区域专门负责语言，布洛德曼第 3 和第 4 脑区专门负责身体的感官和动作。但是**为什么**是它们负责这些功能？它们是如何负责的？

要想回答这些问题，单纯研究大脑区域的尺寸和活跃程度是没有希望的。必须在更加精细的尺度上研究大脑的组织结构。一个皮层脑区可能含有超过 1 亿个神经元[37]，它们是以什么样的组织结构，来实现一个心智功能的？在接下来的几章中，我们将探索这个问题。提前给点剧透吧：大脑的功能高度依赖于神经元之间的**连接**。

第二部分

连接主义

CONNECTOME
How the Brain's Wiring Makes Us Who We Are

第 3 章　神经元不孤单

　　神经元是我第二喜欢的细胞，仅次于我最喜欢的细胞——精子。如果你从来没有在显微镜下观赏过波澜壮阔的精子，我建议你马上揪住一位生物学家朋友的衣领，要求他带你去看一看。精子们为不辱君命而风雨兼程，视死如归，你会为此感慨万千。一个精子，就像一位只带了一只小小行囊的使者。那里面有线粒体，为它的尾巴提供微小的力量，鞭策它前行。还有 DNA，这是一种分子，承载着生命的蓝图。它没有头发，没有眼睛，没有心脏，也没有大脑——它们空无一物地漂游。它们只有信息，用 A、C、G、T 四个字母写在 DNA 上。

　　如果这位生物学家朋友还愿意继续陪你玩，那就再请他带你看看神经元。精子引人入胜之处在于它不竭地运动，而神经元则会以它美丽的形态让你叹为观止。如同普通细胞一样，神经元也有一个平凡的圆形部分，里面包裹着细胞核和 DNA。但是**胞体**只是画面的一小部分，你还会看到修长的分支伸展开来，分支又分支，就像一棵树。精子是明快的极简主义，但神经元却是巴洛克式的华丽，如图 3-1 所示。

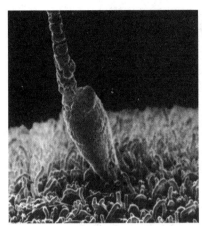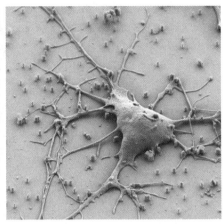

图 3-1 我最喜欢的细胞——精子正在使卵子受精（左）和一个神经元（右）[1]

即使置身于 1 亿规模的队伍中，每个精子也是各自为战。它们当中最多只能有一个胜者完成使命，令卵子受精。这是一场胜者通吃的战争。当一个精子成功时，卵子的表面就会发生变化，形成一层屏障，阻止其他所有的精子再进入。总之，无论双方的主人是美满的爱人还是行苟且之事，精子和卵子都会结成彼此忠贞的一对。

但与精子不同，神经元从不知孤单为何物，它们都是多情种。每个神经元都会同时与其他上千个神经元"拥抱"，它们的分支像意大利面似的纠缠在一起。所有的神经元组成了一个紧密连接的网络。

精子和神经元，象征着世间最大的两个谜：生命和智能。生物学家希望能了解，精子携带的那些宝贵的 DNA 如何编码构造一个人类所需的一半信息。而神经科学家好奇的则是，这个神经元大网络如何能够思考、感觉、记忆和认知，也就是说，大脑如何能够产生美妙的心智现象。

我们的身体精密非凡，但大脑却以如谜的方式，占据着至高无上的君王地位。心脏泵送血液，肺部吸入空气，就像房子的管道一般。它们也都很复杂，但是并不是谜。思维和情绪则不同。我们到底能否理解它们，能否理解大脑的工作原理？

　　千里之行，始于足下。要想了解大脑，何不先了解它的细胞？虽然神经元也是细胞的一种，但它却远远比其他细胞复杂，这从它那些华丽的分支就不难看出来。尽管我已经研究了这么多年神经元，但仍然会为它们的宏伟所震撼。我想到了地球上最壮观的树——加利福尼亚红杉树。如果你想知道自己多么渺小，那就去墨尔红木公园（Muir Woods），或者北美洲西岸的其他红木森林去看一看吧。你会见到那些生长了几个世纪，甚至上千年的大树，它们在如此漫长的岁月里，长成了令人眩晕的高度。

　　我用巨塔般的红杉树来类比神经元，是不是太夸张了？如果从绝对尺寸上来说，确实是的，但如果进一步想想，你会发现它们是完全可以互相媲美的自然奇观。红杉树的小枝，细到只有 1 毫米，与整棵树球场般的高度相比，是十万分之一。而神经元的一个分支，称为**神经突**，可以从大脑的一边延伸到另一边，直径却只有 0.1 微米，是长度的一百万分之一。[2] 如果考虑这个相对比例，红杉树与神经元相比，简直是小巫见大巫了。

　　那么为什么神经元要有神经突？为什么它们要像树一样长很多分支？对于树来说，长枝条的原因是显而易见的：树冠要接收光照，那是它的能量来源。一条光线穿进树冠，就会被某一片树叶接收，而不会照到地面。类似地，神经元长成这样，是为了接收联络。如果一条神经突从另一个神经元的神经突中间穿过，它可能就会接触其中的某一条。就像红杉树"想要"被光照射一样，神经元"想要"与其他神经元接触。

　　每次我们与人握手、爱抚婴儿的时候，可能会意识到，身体接触对于我们的生活是多么重要。但是为什么神经元也要接触呢？想象一下，你看到了一条蛇，于是你要赶紧转身逃跑。你做出这样的反应，是因为你的眼睛发送了一条消息给你的腿：快跑！这条消息是通过神经元传递的，那它是怎么传递的呢？

　　神经突是非常密集地挤在一起的，比森林甚至是热带丛林里的枝条还要密集。你可以想象一盘意大利面——或者是更细的天使细面（capellini）。神经元就像盘子里那团"乱麻"，这使每个神经元都能接触到许多其他神经元。两个神经元接触的地方，可能就会有一种叫作**突触**的结构，神经元就是利用这种连接来通信的。

不是每个触接处都有突触——它通常要传递化学信息。作为发送方的神经元会分泌一种称为**神经递质**的分子，传递给接收方神经元。分泌和发送的过程是由其他种类的分子来执行的。一个接触点必须有这些分子"装置"，才能算是一个突触，否则只能算是有一条神经突从此处路过而已。

在普通的光学显微镜下，我们看不清这些神奇的分子装置，但是用一种更先进的显微镜就能很好地看到它们，这种显微镜利用电子成像，而不是光。图 3-2 展示了一个脑切片经过高倍（10 万倍）放大后的景象。图中有两个又大又圆的东西，那是两条神经突的剖面（标记为 ax 和 sp^3），它们就像是绳子被切开后的断面，或者想象一下用刀切开一团意大利面，你就明白了。图中的箭头所指的就是两个神经突之间的突触，中间有一条窄缝。现在我们可以看到，**接触点**这个词其实是不准确的，因为神经突离得极其近，但并没有真正接触对方。[4]

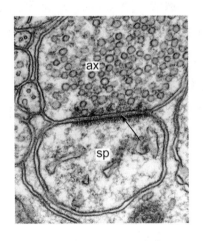

图 3-2 小脑中的一个突触

在这条窄缝的两侧，分别是负责发送和接收信息的分子装置。有一侧分布着很多小圈，这是一些被称为囊泡的小包裹，里面装着准备使用的神经递质分子。另一侧的膜上有一团黑乎乎的东西，叫作**突触后致密物**，里面含有称为**受体**的分子。

那么这些装置是如何传递化学信息的呢？发送方要分泌递质时，就把一个或多个囊泡里面的递质倒入中间的窄缝，窄缝中间是盐水，神经递质就在那里扩散，当遇到突触后致密物中的受体时，就会被感知到。

很多种不同的分子都可以被用作神经递质，每一种都是由若干原子接在一起组成的，图 3-3 展示了两个例子。（在"球棍模型"中，一个小球表示一个原子，中间的小棍表示化学键。）你可以看到，每种神经递质都有特定的分子结构，并因此而具有独特的形状，很快你就会知道这一点非常重要。

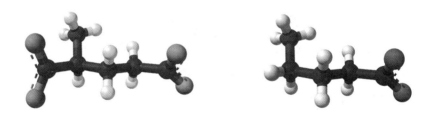

图 3-3　两种神经递质的"球棍模型"：谷氨酸（左）和 GABA（右）

左图是最常见的神经递质——谷氨酸。公众最熟悉它的形式是谷氨酸钠（味精），这是中餐和其他亚洲料理中常用的调味料，但是很少有人知道，谷氨酸还在大脑功能中扮演着重要的角色。右图是第二常见的神经递质——γ-氨基丁酸，简称 GABA。

迄今为止，我们已经发现了 100 多种神经递质，听起来很多吧？不知道你有没有过在酒馆里，面对架子上琳琅满目的各种牌子的酒而不知所措的感觉？如果你是个遵从习惯的人，你可能每次都买同样的一两种，并且每次聚会时都用它来招待朋友们。神经元也是这样的。除了极少数情况之外，一个神经元在它所有的突触上，都总是分泌同样的几种递质[5]——通常就只是一种递质（这里说的突触是指那些传递到其他神经元的突触，而不是接收自其他神经元的那些）。

再来看受体分子，它们比递质分子更大，也更复杂。受体分子从神经元的表面上露出一小部分，有点像一个用游泳圈游泳的小孩，只有头和胳膊露出水面。这个突出的小部分，是用来感知神经递质的。

谷氨酸受体感知谷氨酸，同时无视 GABA 和其他神经递质分子。同样，GABA 受体感知 GABA 并无视其他的分子。为什么会有这种特异性？你可以把受体想象成锁，把神经递质想象成钥匙。前面已经告诉你了，每一种神经递质都有不同的分子结构，这就像是每把钥匙都有不同的凹凸模式。每种受体都有一个位置称为结合位点，它也具有特定的形状，就像是锁孔里面的锁芯。如果一个神经递质的形状与一个结合位点的形状刚好吻合，它就能激活那个受体，就像是在门锁上使用正确的钥匙就能打开那扇门。

当知道了大脑使用化学信号，你就不会奇怪为什么毒品会改变心智。毒品也是一种分子，而且具有与递质分子很像的结构。一旦它伪装得足够像，就能激活受体，就像是复制了一把钥匙，从而也能打开同样的锁。比如尼古丁，这是香烟中的致瘾物质，它能激活一种叫作乙酰胆碱的神经递质的受体。还有一些毒品可以抑制受体，这就像是一把复制得不太准确的钥匙，转到一半拔不出来，反而把锁孔给堵了。比如苯环利定，缩写作 PCP，它因致幻作用又俗称"天使粉"，能抑制谷氨酸受体。

说到这里，不妨想想我们平时对分泌——吐痰、流汗、小便——的看法。我们出于礼貌，不得不遏制吐痰的冲动，使用止汗贴，还要悄悄地把马桶冲干净。分泌是我们身体的本能，但它却令我们感到尴尬。当然，分泌的世界并非空灵清澈，也不像我们的思想那样精致优雅。但是有一个惊人的事实：我们大脑的运转，是基于无数次微观的分泌，而正是这个过程，产生了思想！[6]

神经元通过化学物质来交流，这种交流看起来也许有点陌生，但实际上人类之间也有这样的交流。虽然我们人类通常使用语言和表情来交流，但有时也会通过气味来传达信息。比如须后水或者香水，可能会向别人传递"我很性感"或者"快过来"的信号。其他动物则不需要去买瓶装的香水。一只发情的母狗，本身就会分泌一种称为"信息素"的化学信号，它们随风飘散，很快就会有一群公狗闻风而至。

这些化学信息，比莎翁的爱情十四行诗更加原始地表达了欲望，还有那些以"玫瑰是红的，紫罗兰是蓝的"开头的诗歌。信息是信息，而载体是载体。化学信号作为一种交流的载体，有什么本质上的原始性吗？它们确实存在着一些局限，但是我们的大脑却有办法绕过这些局限。

化学信号通常是很慢的。如果一位女士走进房间，你可能首先会听到她的脚步，看到她的衣装，之后才能闻到她的香水。也许屋里恰好有一阵风，让你能够更快地闻到香水的气味，但那也比声和光要慢得多。然而，神经系统的反应速度却是极快的。当一个莽汉开着车朝你冲过来时，你会立即跳开，在这个过程中，你的神经元以极快的速度通信。它们如何以化学方式达到这么快的速度呢？你可以这样想：如果跑道只有几步长，那么哪怕是最慢的人，也能一眨眼就跑到终点。虽然化学信号的速度很慢，但是它们要穿过的距离极其短，就是突触中间的那条窄缝。

另外，化学信号还不太准确，因为它们无法以指定的方式传递给特定的目标[7]，就像坐在一位女士附近的每个人都能闻到她的香水。如果只有她心爱的人才能感受到她的芬芳，会不会更浪漫呢？唉，可惜没人能散发出这样专一的气味。那么突触如何确保它的化学信息不像香水那样传得到处都是呢？答案是，突触有办法"回收"神经递质，比如把它们吸收回来，或者是把它们变成失活状态，总之是让神经递质几乎没有机会乱跑。对于神经系统来说，把串扰（工程师们如此称呼那种乱传现象）尽可能降至最低[8]，可不是一件小事，因为突触之间离得非常非常近。曼哈顿的人口太密，当地居民经常抱怨，说能听见别人家说话（还有很多其他内容），但是大脑比曼哈顿要拥挤得多，在 1 立方毫米的空间中，就有 10 亿个突触。

　　最后，化学信号传递的时机不好控制。也许一位女士已经离开聚会很久了，但是她的香水味仍在房间里弥漫着。用来消除串扰的回收和失活机制，同样也能控制神经递质，避免这种"瞎溜达"，这使神经元之间的化学信息能够在精确的时刻传递。

　　你身体里的其他化学通信，并不具备突触通信的这些性质——速度快、专一性和时间精度。当你在街上惊险地从一辆车前面跳开后，你的心跳会加速，呼吸会变急促，血压会像火箭一样蹿高。这是因为你的肾上腺向你的血液循环分泌了肾上腺素，而你的心脏、肺和血管的细胞感知到了它。这种"肾上腺素激发"也许看起来很迅速，但实际上它很慢。这些反应之所以都发生在你从车前面跳开**之后**，正是因为肾上腺素在血液中传播的速度，远远慢于神经元之间的信号。

　　向血液中分泌激素，是最不具有方向性的通信方式，这称为"广播"。就像一个电视节目能被千家万户收看到，或者香水味能被屋子里的每个人闻到一样，激素能被很多器官的很多细胞感知到。但与此相反，突触之间的通信被严格限制在两个神经元之间，就像两个人在打电话。这种点对点通信的专一性远远高于广播。

　　除了神经元之间的化学信号之外，大脑里还有电信号。它们在神经元**内部**传递。神经突装的是盐水，不是金属，然而无论是在形式上还是功能上，它们都很像那些绕满整个星球的电信线缆。电信号能够通过神经突传播非常远的距离，就像它们在线缆中传播一样。（有趣的是，做神经突建模时所用的数学公式，正是由开尔文爵士在 19 世纪提出的、用以描述海底电缆的电信号的那些公式。）

　　1976 年，传奇的工程师西摩·克雷（Seymour Cray）造出了历史上最著名的超级计算机之一——克雷一号（见图 3-4）。有人把它称为"世界上最贵的沙发"[9]，它的外形简洁时尚，如果把它摆在 20 世纪 70 年代某位公子的客厅里，确实显得很有档次。但是它的内部，却丝毫不简洁时尚，而是装着一大团从 1 英尺到 4 英尺不等、总长度达到 67 英里的电线。[10] 在业余人士看来，这就是一团乱麻，但实际上它是非常有秩序的。每条电线都负责在特定的两个点之间传递信息，这两个点是由克雷和他的设计团队设计好的，位于成千块承载着硅芯片的"电路板"上。和通常所见的电子设备一样，这些电线都包裹着绝缘材料，以防止串扰。[11]

图 3-4　克雷一号超级计算机的外形（左）和内部（右）

你可能觉得克雷一号实在太复杂了，但是与你的大脑相比，它就简单到可笑了。你想想，有总长度达到几百万英里的纤细的神经突装在你的颅骨里 [12]，而且它们不是像电线那样直连，而是分成无数条分支。你的大脑里面远远比克雷一号更加乱成一团。然而，不同的神经突（哪怕是挨在一起）之间的电信号很少发生串扰，就像绝缘线一样。神经突之间的信号传递，只能发生在特定的位置，这些连接点就是突触。与此类似，在克雷一号里面，只有在两条电线中没有绝缘皮、金属直接接触的位置上，信号才会从一条电线传到另一条电线。

到目前为止，我一直在使用神经突这个统称词，但实际上很多神经元有两种神经突——树突和轴突。树突又短又粗，从胞体散发出多条，又分成很多分支，延伸到周围。轴突只有一条，又长又细 [13]，也是从胞体出发，以分支的形式延伸到目的地。

树突和轴突不仅看起来不同，而且在传递化学信号时扮演的角色也不同。树突是突触的接收端，它们的膜上含有受体分子。轴突则是发送端，它们分泌神经递质，向其他神经元传递信号。概括来说，一般的突触是从轴突传向树突。[14]

树突和轴突的电信号也不相同。轴突的电信号是一种称为**动作电位**的短暂脉冲，每个脉冲持续大约 1 毫秒（见图 3-5）。动作电位的通俗叫法是"神经脉冲"。在下文中，为了方便，我们就使用这个"昵称"。神经科学家经常会说"神经元产生一个神经脉冲"，很像财经记者说的"股市因银行利好产生一个波峰"。当神经元产生一个神经脉冲，意思就是它被"激活"了。

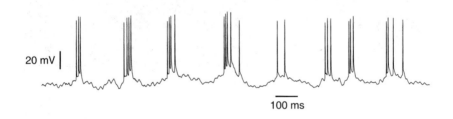

图 3-5　动作电位，又叫"神经脉冲"[15]

神经脉冲信号使人想起摩尔斯电码，你可能在过去的电影里见过它们，它们是一串嘀嘀嗒嗒的脉冲，由电报操作员在一个像杠杆似的东西上面按出来。在早期的电信系统中，脉冲是唯一能够被清晰接收的信号形式。[16] 信号传得越远，就会在噪声的作用下变得越模糊。这就是为什么在电话作为本地通信方式普及了几十年后，远程通信仍然要借助摩尔斯电码。大自然"发明"动作电位很大程度上也是出于同样的理由：确保信息能在大脑中进行远距离传输。因此，神经脉冲信号主要出现在轴突中，这是最长距离的神经突。在一些小型神经系统中，比如线虫或者果蝇的，因为神经突比较短，所以很多神经元不会产生神经脉冲。

那么，化学和电这两种类型的神经通信有什么联系呢？简单地说，一个神经脉冲信号传到突触的一侧，触发神经递质的分泌，激活这个突触。[17]在突触的另一侧，受体感知到神经递质，然后产生一个电流。抽象来说，突触就是把一个电信号转换成化学信号，然后再把它转换回电信号。[18]

在我们日常使用的技术中，这种信号类型转换是很常见的。比如两个人在电话里聊天，电信号会在他们俩之间的电话线中传递（先忽略现代电话网络中有时会使用光纤和光信号），但是在电话听筒和耳朵之间的空气窄缝处，传递的并不是电信号，而是转换出的声音信号。这些信号以电的形式从千里之外传来，最终是以声音的形式传进听者的耳内。类似地，电信号可以通过轴突在大脑上传递很远，但是它并不能直接传到下一个神经元。它要先被转换成化学信号，然后才能穿过突触的窄缝，到达下一个神经元。

如果一个神经元能通过突触传递信号给第二个神经元，第二个神经元又能传递信号给第三个，以此类推，这样的一串神经元序列，就称为一条**通路**。有了通路，神经元就能与那些不直接与它有突触连接的神经元通信。

与我们远足时那些山间小路不同，神经通路是有方向性的。这是因为突触是个单向的设备。当一个突触连接了两个神经元，我们就说这两个神经元是互相连接的，就像两个朋友在打电话。但实际上这个比喻是不恰当的，因为电话可以双向传递信息。而任何一个突触，都只能向一个方向传递信息：一端的神经元总是发送者，另一端总是接收者。这不是因为一个神经元"话痨"而另一个"深沉"，这是由突触的结构造成的。突触的一侧是分泌神经递质的装置，而另一侧是感知神经递质的装置。

理论上说，神经突本应该是一种双向设备，因为电信号是可以向任何方向传递的。但是实际上，神经脉冲总是沿着轴突向远离胞体方向传递，而树突的电信号则总是朝向胞体传递。[19]神经突的这种方向性是由突触造成的。在你的循环系统中，静脉中的血液总是朝向心脏流动。如果静脉只是一条管子，那么血液就具有朝任意方向流动的能力。但是静脉还带有很多瓣膜，这些瓣膜会阻止血液往回流。瓣膜使静脉具有了方向性，而突触正是以同样的方式使神经通路具有了方向性。

　　所以，神经系统中的一条通路，就是在神经元和神经元之间，按照途中各突触的方向，而对突触的一系列跨越（见图3-6）。在一个神经元内部，电信号从树突流向胞体，进而流向轴突。化学信号则从这个神经元的轴突跨到下一个神经元的树突。然后在下一个神经元内部，又是电信号从树突流向胞体，再流向轴突。接下来它又被转换成化学信号，跨到再下一个神经元，以此类推。因为突触中的窄缝极其狭窄，所以这条通路上的几乎全部路程实际上在神经元内部，而不是在神经元之间。更进一步说，大部分路程在轴突上，因为轴突远远长于树突。

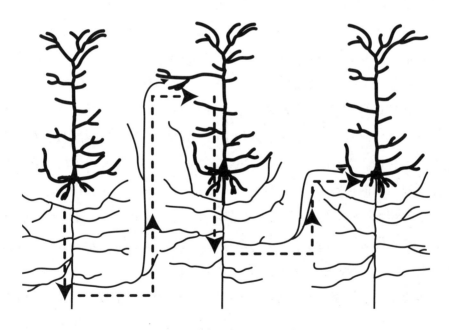

图 3-6　神经系统中由多个神经元组成的通路

　　如果你吃过禽类，也许能在盘子里找到一捆轴突。它们就是所谓的神经，看起来就像是一些很软的白丝，不像肌腱那么硬，又不像血管颜色那么深。

如果用一个非常锋利的东西，把生的神经切开，它会散开，就像一根绳子如果被切开就会散成很多股。神经的每一"股"就是轴突。

这些神经扎根于大脑和脊髓表面，大脑和脊髓统称为中枢神经系统（Central Nervous System，CNS）。大部分神经会分叉，并延伸至身体表面，它们称为周围神经系统（Peripheral Nervous System，PNS）。神经中的轴突，是从中枢神经系统或个别周围神经节中的胞体出发的。中枢神经系统和周围神经系统共同组成了整个神经系统，这也是所有的神经元和支撑它们的细胞的总称。[20] 神经系统中的"神经"这个词可能在印象上会造成一点误导，因为实际上大脑和脊髓才是神经系统的绝对主要部分。

现在让我们回到之前提出的那个问题：为什么当你看到一条蛇时，能马上转身逃跑？粗略的答案就是，你的眼睛发送信号给大脑，接着大脑发送信号给脊髓，然后脊髓又发送信号给你的腿。第一步由视神经完成，那是一捆上百万条的轴突，从眼睛伸到大脑。第二步是通过锥体束发生的，那是一捆从大脑到脊髓的轴突。（中枢神经系统中的一捆轴突称为一束，而不是一条神经。）第三步通过坐骨神经和一些其他神经完成，它们连接着你的脊髓和腿上的肌肉。

再来看看这条由轴突承载的通路的始端和末端的神经元。在你的眼睛后面，有一个由大量神经组织组成的薄膜，称为视网膜。来自蛇的光线，投射到视网膜上的一种特殊的神经元上，它们叫作感光细胞，然后感光细胞分泌化学信息，被其他神经元感知到。更广泛地说，在你的每一种感觉器官里面，都含有能被某种物理刺激激活的神经元。从刺激到反应的这条通路，正是从感觉神经元起始的。

神经通路最后终结于神经中的轴突将突触连到肌肉纤维上 [21]，肌肉纤维对神经递质的分泌做出反应而收缩。很多纤维同时收缩将导致该条肌肉缩短，并产生一个动作。广泛地说，你的每一条肌肉，都是由运动神经元的轴突控制的。1932 年诺贝尔生理学或医学奖得主、**突触**这个词的创造者、英国科学家查尔斯·谢灵顿（Charles Sherrington）曾经强调说，肌肉纤维是所有神经通路的终点："人类所能做的一切就是移动物体……而这唯一的执行者就是肌肉，无论是哼出一个音节还是砍倒一棵树。"[22]

从感觉神经元到运动神经元之间，有很多神经通路。在本书接下来的章节中，我们还会仔细地考察其中一些通路的细节。很显然，这些通路确实是存在的，否则你就不能对任何刺激做出反应。但是这些通路到底是如何传递信号的呢？

1850年，加利福尼亚州刚刚加入美国时，与东部的通信是非常困难的。1860年，小马快递公司成立，加快了邮件的传递。他们在加利福尼亚州和密苏里州之间2000英里的路程中，有190个驿站。[23]邮差带着邮件昼夜兼程，在每个驿站换马，并且每6或7个驿站换一次邮差。抵达密苏里州之后，邮件将通过电报，发给更往东的各州。从太平洋发一封邮件到大西洋的总时间，由23天缩短到了10天。然而小马快递只运行了16个月，就被洲际电报彻底取代了，而后者在后来又被电话取代，再后来是计算机网络。技术日新月异，但是其中的原理却是不变的：一个通信网络，必须有某种方法，能够沿着通路在逐个站点之间对信息进行中继。

把神经系统想象成一个通信网络是很有意思的，神经脉冲就在神经元和神经元之间逐个地进行中继。一条神经通路就像一套多米诺骨牌，一个神经脉冲激发出下一个神经脉冲，就像一块骨牌推倒下一块骨牌。这看起来也许能解释当看到蛇时，你的眼睛如何通知你的腿移动。但事实并非如此简单。虽然轴突把神经脉冲从胞体中继到突触是对的，但是突触并不只是简单地把神经脉冲中继到下一个神经元。

几乎所有的突触都是很弱的。[24]神经递质的分泌，只能在下一个神经元上引起很小的电作用，远远小于激发一个神经脉冲所需的水平。可以想象，如果两块骨牌离得太远，一块倒下就不会对另一块有任何作用。类似地，一条神经通路并不能靠它自身对神经脉冲简单地进行中继[25]——不过我接下来会解释，这其实是件好事。

"黄色的树林里分出两条路 / 可惜我不能同时涉足 / 我一个人在路口久久伫立"，这是罗伯特·弗罗斯特的《未选择的路》中的诗句。然而，当一个神经脉冲面对轴突中的岔路时，它并不会陷入弗罗斯特的困境。这是因为神经脉冲不是"一个人"，它可以分身，变成两个神经脉冲，同时向两个分支传递。通过不断地重复这个过程，从胞体附近出发的一个神经脉冲，将变成很多个神经脉冲，抵达轴突的每一条分支，而幅度并不会降低。这条轴突连接到的其他神经元的每一个突触，都会得到刺激而分泌神经递质。[26]

通过这些向外传递的突触，神经通路也会像诗中所说的那样分成多条路。这就是为什么刺激一个感觉器官可以导致多种反应。你看到蛇的时候就想要跑，这得益于从你的眼睛到腿的通路；而当你看到美味的牛排时就会流口水，则是因为从你的眼睛到唾液腺的通路。这两种通路都从你的眼睛出发，分成了不同的路，所以当你看到什么东西的时候，既有可能逃跑也有可能流口水，这没有什么奇怪的。但相反，真正奇怪的是：为什么只有一个反应会发生？如果信号是沿着所有的通路传递[27]，那么任何一种刺激，都应该导致所有的肌肉和腺体被激活，而这显然没有发生。

原因是信号在通路上传递并不是那么容易的。我们已经说过了，单个突触和单条通路本身并不能中继神经脉冲。那么信号是如何传播的呢？尽管树突的分支看起来与轴突很相像，但它们的工作方式却截然不同。轴突分出岔路，但树突却是**聚合**。当树突上的两个分支相遇时，其中的电流也随之会合，因为它们的目标都是胞体，就像两条河交汇时，其中的水就会聚到一起。同样，就像一个湖泊汇聚来自许多河流的水，一个胞体也汇聚来自许多突触的电流，而这些电流正是在树突上不断地聚合。

聚合为什么重要呢？这是因为单个突触通常很弱，不足以使一个神经元产生神经脉冲，但是**多个**突触聚合起来就能够做到。如果同时被激活，它们就能联合起来"说服"神经元产生一个神经脉冲。因为神经脉冲是一种"非有即无"的东西，所以可以把它看成一种"神经决定"。这个比喻并不是说神经元有意识或者能像人一样思考，我的意思只是说，神经元从不模棱两可。完全不存在半个神经脉冲这种东西。

当我们做决定时，可能会听取朋友和家人的建议。相似地，一个神经元也会通过突触的聚合来"听取"其他神经元的建议。胞体把电流叠加起来，相当于对那些"建议者"的投票进行计票。如果总票数超过一个阈值，轴突就会产生一个神经脉冲。这个阈值的高低，就决定了这个神经元是更容易做出决定，还是更难以做出决定，就好比在政治表决中，有半数就能通过的，有三分之二才能通过的，也有必须全票才能通过的。

对多数神经元而言，树突中的电信号是连续梯度的，并不像轴突中的神经脉冲信号那样非有即无。这样的连续量，很适合用来表示投票过程中的分数范围。树突中如果出现神经脉冲信号，则是不合适的——就好像投票还没结束就有人当选了。只有在胞体统计完所有的投票之后，神经脉冲才会出现在轴突中。因为树突中没有神经脉冲[28]，所以它们无法远距离传送信息，这正是树突远远短于轴突的原因。

有一句基本的民主格言叫作"一人一票"，即每一票都有相同的权重。上文中的神经模型也是这样的。然而我们在听取朋友和家人的意见时，可能并不是那么民主，我们会赋予某些人更高一些的权重。与此类似，真正的神经元也会赋予它的"建议者"们不平等的权重。电流是有大有小的。强突触会在树突中造成大电流，而弱突触则在树突中造成小电流。一个突触的"强度"，就意味着它在神经元决策过程中的投票权重。[29]而且还有种可能，一个神经元还可以接收来自另一个神经元的多个突触，就像允许它投多张选票——这是更进一步的偏向。

我们现在已经前进至神经元的"加权投票模型"了。[30]任何一种投票都会存在某种对于同时性的要求。政治投票的做法，就是要求每个人都在事先规定好的日子去投票。因为突触随时都可以投票，所以大脑里面每天都是选举日。

（实际上这个比喻可能会有一点误导——突触投票的记票周期远远短于一天，大概是在几毫秒到几秒的范围内。[31]）两个突触如果想参与同一次投票，它们的电流就必须在时间上足够接近，达到重叠才可以。

在前面解释这个神经投票的过程中，我出于简化的目的，还没提到一个重要特性。实际上，神经元在计票时，并不是只有"赞同"一种票，有些突触是会投反对票的。之所以存在这两种票，是因为突触的激活会产生电流，而电流的方向是正反皆有可能的。**兴奋性**的突触投"赞同"，因为它们会使电流**流进**接收方的神经元，意在"激发"一个神经脉冲；而**抑制性**的突触则投"反对"[32]，因为它们会使电流**流出**神经元，企图"阻止"它产生神经脉冲。[33]

抑制作用对于神经系统的正常运转是至关重要的。智能行为并不仅仅是对刺激做出合适的反应。有些时候更重要的恰恰是**不**去做某些事——当你减肥的时候，不要去拿油炸糕，或者在办公室聚餐时不要再喝下一杯了。我们现在还无法明确地用突触抑制去解释这些心理上的抑制，但至少这里面貌似是有些关联的。

对抑制的需要，也许正是大脑如此依赖那些传递化学信号的突触的首要原因。实际上还存在另外一种突触[34]，它们直接传递电信号，并不通过神经递质。它们的工作速度非常快，因为省掉了把电信号转成化学信号，然后再转回电信号这个耗时的步骤。但是电突触只有兴奋性的，没有抑制性的。也许正是由于这个或其他局限性[35]，所以电突触远远不如化学突触那么普遍。

考虑到抑制性这个因素，我们的投票模型又会是什么样的呢？[36] 之前我说过，当"赞同"总数超过阈值时，神经元就会产生神经脉冲。有了抑制之后，神经元要想产生神经脉冲，就需要"赞同"超过"反对"一定的数量，这个数量是由阈值决定的。跟赞同的"弟兄们"一样，抑制性突触也是有强有弱的，所以它们的"投票"也是加权的，而不是绝对民主的。有些抑制性突触非常强，甚至强到能够"一票否决"任何兴奋性突触。[37]

关于"神经投票"，还有最后一件事是你需要知道的。神经元也有保守派和反对派，因为它们也能分成兴奋性的和抑制性的。一个兴奋性的神经元，只向其他神经元连接兴奋性的突触[38]，而抑制性的神经元则只连接抑制性的突触。但一个神经元**接收**的突触则不具有这样的统一性[39]，它们可能既有兴奋性的，也有抑制性的。

换句话说，一个兴奋性的神经元，要么产生神经脉冲，向其他所有神经元"投赞成票"，要么保持沉默而"弃权"。同样，一个抑制性的神经元则要么反对，要么弃权。一个神经元不可能向某些神经元"投赞成票"，而向另一些神经元"投反对票"，也不可能有些时候"投赞成票"，有些时候又"投反对票"。

如果一个兴奋性的神经元收到足够的赞同票，它就会"投出赞同票"，顺应群众的意见。而如果一个抑制性的神经元收到了足够的赞同票，它就会"投出反对票"，与潮流对着干。在大脑的大部分区域，包括皮层中，多数神经元是兴奋性的。[40] 可以把大脑想象成我们的社会，大多数人是保守派，但我们也允许有唱反调的人存在。

某些镇静剂的原理就是增强抑制作用，使抑制性的神经元能更有效地阻止其他神经元活动。而某些降低抑制作用的药物，则是给兴奋性的神经元助力，而这有可能使它们失控，并导致癫痫症状。在这里你也可以把兴奋性的神经元想象成一群想要激起民众暴动的煽动者，而抑制性的神经元则是警察，任务是使群众保持克制。

突触还有很多其他性质，神经科学家们正在研究。但是有一点已经很明确了：两个神经元是"有连接的"这一点，只是它们交互作用的冰山一角。连接可以发生在一个或多个突触上——化学的，或电的，或两者都有。化学突触是有方向的，可以是兴奋性的或是抑制性的，而且有的强，有的弱。它产生的电流可能持续一段时间，也可能稍纵即逝。当突触想要使神经元"发锋"时，这些因素都很关键。

我前面解释了从眼睛出发的通路会分岔，既通到腿也通到唾液腺。为了搞清楚为什么特定的刺激会激活某些通路，而不激活其他通路，我又讲解了突触的聚合，这是锋电位的投票模型中的关键。如果一个神经元没有产生神经脉冲，那么对于所有聚合到它的通路来说，它就是个死胡同。由这些无锋神经元构成的无数个死胡同，是大脑运转的必需要素。它们使你看到蛇的时候**不会**触发唾液腺，而在看到牛排时**不会**撒腿就跑。

对于神经功能来说，不产生神经脉冲与产生神经脉冲是同样重要的。这就是为什么单个突触和单条通路不能中继神经脉冲。在投票模型中，有两种机制可以使神经元在判断是否要产生神经脉冲时更加谨慎。前面说过，只有当胞体收到的总电流超过某个阈值时，轴突才会产生一个神经脉冲。如果提高这个阈值，就能使该神经元变得更谨慎。如果神经元收到一个抑制性突触投来的反对票，它的摇摆程度也会增加[41]，从而需要更多的赞同票才能使它产生神经脉冲。换句话说，有两种机制可以阻止神经元胡乱产生神经脉冲：出锋阈值和突触抑制。

神经脉冲有两个功能。神经脉冲在胞体附近产生，意味着一个决策。而神经脉冲在轴突中的传播，则是与其他神经元交流这个决策结果。交流和决策有不同的目的。交流的目的是维持信息，把它原样传递出去，而决策的本质则是丢弃信息。想象一下，你的一位朋友在服装店里看好一件外套，无法下决心买不买。这个时候他会接收到很多信息，比如颜色、尺寸、设计师的品牌、商店的氛围，等等。你可能会听到你的朋友不停地絮叨这些信息。终于你忍无可忍地问："那么你到底买还是不买？"到最后，只有那个决定是重要的，而不是那些理由。

同样，发出一个神经脉冲，就意味着神经元计到的票数超过了它的阈值，但并不携带它的投票者们的每一票的细节。所以神经元在传递一些信息的同时，抛弃了更多的信息。（我想起了我的父亲，他经常自豪地说："你知道我为什么聪明吗？因为我非常擅长忘掉该忘掉的事。"）这正是大脑远比电信网络更高级的地方所在。与其说神经元在通信，不如说它们在**计算**更合适。

一说起计算，我们就只会联想到我们的台式和手提计算机，但它们其实只是计算设备的一种而已。而大脑是另一种——尽管是非常不同的一种。[42]

虽然不能随便拿大脑和计算机作类比，但是它们至少在一个重要的方面是非常相似的：它们都比组成它们的材料本身更"聪明"。从加权投票模型来看，神经元做的事情很简单，这不需要什么智能，很简单的机器就能取代它。

既然神经元如此简单，为什么由它们组成的大脑却如此高级？——也许神经元没有那么简单，而且真正的神经元跟投票模型也多少有些差别。[43]然而，单个神经元仍然远远达不到具有智能或者意识的水平，不过神经元网络可以。

在几个世纪前，这个观点令人非常难以接受，但是如今我们对此已经习以为常：简单零件的组合可以很聪明。计算机的任何一个零件都不会下国际象棋，但是大量的零件以正确的方式组合在一起，就能联合起来击败世界冠军。类似地，你的上千亿个简单的神经元组织在一起就使你聪明。这是神经科学中最深的一个问题：大脑中的神经元是如何组织，以实现感知、思维及其他心智功能的？答案就在连接组里。

第4章　一路向下，全是神经元

　　神经脉冲和分泌——我们的心灵，除了大脑里的这些生理反应，难道就再没有别的了？神经科学家的意见的确如此，但我遇到的大多数人反对这个观点。甚至有一些神经科学的爱好者兴致勃勃地问我一些关于大脑的问题，但说到最后也会表示，他们相信心灵归根结底还是基于某种非物质的东西，比如灵魂。

　　我却不知道任何能证实灵魂存在的客观而科学的证据。为什么人们会相信灵魂？我怀疑宗教并不是唯一原因。每一个人，无论是否信仰宗教，都会感觉自己是一个独立、统一的个体，在感知、决策和行动。"**我**看到一条蛇，**我**跑掉了"这样的说法，正体现了这个个体的存在。你——也包括我——的主观的感觉是"我是整体"。但是与此相反，神经科学的主张是，心灵的整体性只是在大量神经元的神经脉冲和分泌中所蕴含的一种幻象，自我的概念应该总结为"我是群体"。

　　到底哪个是终极的答案？是很多神经元，还是一个灵魂？1695年，德国哲学家和数学家戈特弗里德·威廉·莱布尼茨（Gottfried Wilhelm Leibniz）认为是后者：

> 另外，由于有灵魂（soul）或形式（form），于是有一种与我们
> 称之为**我**的东西相应的真正的统一性。这种东西不会产生在人工的机
> 器上，也不会产生在一堆简单的物质上，无论这种物质是如何组织的。

他在人生的最后几年，又进一步推进了这个观点，主张机器在本质上不
具有感知能力：

> 人们不得不承认，感知以及基于感知的东西是**无法用机械原理解**
> **释的**，也就是说，无法用形状和运动来解释。想象有一部机器具有思想、
> 感觉和感知能力，我们可以设想，把它按原有比例放大，大到人能走
> 进去，就像走进一座磨房。这样的话，当人观察它的内部，就只会看
> 到各个零件在彼此推动，而找不到任何东西能够解释感知。

莱布尼茨只能凭想象去观察一台感知和思维机器的零件——他天真地认为
这样的机器是不可能存在的。然而，他的想象本身却原封不动地成了现实——
如果你把大脑看成一台由神经零件组成的机器。神经科学家们可以很容易地在
活体、运转的大脑中测量神经元的神经脉冲。（测量分泌的技术则更简单。）

这样的测量通常是利用动物完成的，但偶尔也会对人进行。伊扎克·弗里
德（Itzhak Fried）是一位为严重癫痫患者做手术的神经外科医生。像潘菲德
一样，他在每次手术之前，也要用电极测绘患者的大脑，并同时进行一些科
学观察（当然必须经过患者的许可）。[1]在一次与神经科学家克里斯托夫·柯
赫（Christof Koch）等人合作的实验中，弗里德给几位患者看一组照片，并记
录患者颞叶内侧部分（MTL）的神经活动（**内侧**的意思是靠近分开左右半球
的平面的一侧）。他们研究了很多神经元，但是有一个特殊的神经元由此成

名。每当患者看到女明星詹妮弗·安妮斯顿的照片时，有一个神经元就会产生很多神经脉冲，这令弗里德感到不解。当患者看其他明星、普通人、著名地点、动物或其他物体的照片时，这个神经元几乎或完全不产生神经脉冲。甚至另一位女明星朱莉亚·罗伯茨的照片也无法引起它的任何反应。[2]

记者们纷纷拿这个故事开玩笑，说科学家们终于搞清楚了我们大脑中一个存储无用信息的神经元。他们还讽刺说："安吉丽娜·茱丽也许拥有了布拉德·皮特，而詹妮弗·安妮斯顿却拥有了自己专属的神经元。"他们还兴致勃勃地添枝加叶说，当展示詹妮弗·安妮斯顿与布拉德·皮特这对明星夫妇的合影时，这个神经元保持了沉默。（弗雷德与合作者的论文发表于 2005 年，而正是在这一年，这对明星夫妇离婚了。[3]）

玩笑归玩笑，这个神经元告诉了我们什么呢？在下结论之前，我得先告诉你其他被研究的神经元的情况。有一个"朱莉亚·罗伯茨神经元"，只对朱莉亚·罗伯茨的照片产生神经脉冲，还有一个"哈莉·贝瑞神经元"，还有"科比·布莱恩特神经元"，等等。基于这些，可以冒险地提出一个理论：对于你知道的每个明星，都会有一个"明星神经元"[4]存在于你的内侧颞叶——这个神经元只对特定的明星产生神经脉冲。

再冒进一些，我们还可以认为，这是整个感知系统普遍的运作原理。感知能力如此复杂，不可能由一个神经元承担。于是，它被分解成很多专门的小功能，每个小功能就是检测某些特定的人或物体，而且由专门与之对应的神经元负责。你可以把大脑想象成一群不良跟拍者，专门搜集和发布明星的爆炸性照片。其中有一个人专门跟踪詹妮弗·安妮斯顿，另一个人专门盯着哈莉·贝瑞，等等。每个星期，他们的活动将决定哪位明星出现在杂志上，就像一个人内侧颞叶神经元的神经脉冲将决定他感知到哪位明星。

我们推翻了莱布尼茨吗？似乎我们正是走进了一台机器内部，然后发现感知可以还原为神经脉冲。然而为谨慎起见，我们在这里暂停一下。虽然弗里德的实验十分吸引人，但它却有一个很大的缺陷：他只研究了寥寥几位明星。

总体上，每位患者只看了 10 到 20 位明星的照片。我们无法排除一种可能性，即在观看其他明星照片时，"詹妮弗·安妮斯顿神经元"也能被激活。

所以，需要修正一下我们的理论。在这个不成熟的理论中，我们在神经元和明星之间假设了一种一一对应的关系。现在换一个假设，让一个神经元对应一小部分明星[5]，而让一个明星对应一小部分神经元，而不只是一个。这**一组**神经元产生神经脉冲，即是大脑中的一个事件，表示感知到了这个明星。（不同明星激活的组之间可以有部分重叠，但不能完全重叠。你可以想象不良跟拍团的每个人被指派拍摄不止一位明星，而每位明星也会被一群跟拍者盯着。）

你可能会反驳说，感知如此复杂，不能还原成像神经脉冲这么简单的东西。但是你要知道，一个神经元**群体**可以定义一个活动模式，在这个模式中一些神经元产生神经脉冲，而另一些不产生。而可能的模式数则是一个巨大的数[6]——大到足以唯一地代表每一位明星，实际上还足以代表你可能感知到的每一样东西。

所以，莱布尼茨错了。[7]观察这些神经机器的零件确实能告诉我们很多关于感知的信息，虽然神经科学家往往受限于每次只能测量一个神经元的神经脉冲。有些实验能同时测量几十个神经元的神经脉冲，但与大脑中天文数字量级的神经元相比，这也不过是沧海一粟。基于迄今为止所做的实验，我们可以推断：如果能观察到你**所有**神经元的活动，我就能够解码出你正在感知或思考着什么。这种读心术[8]需要知道"神经编码"，你可以把它想象成一本巨大的词典。词典中的每个条目是一种不同的感知，以及与之对应的神经活动模式，我们可以通过给予大量不同的刺激，并记录由它们产生的活动模式，来编撰这本词典。

物理学家、数学家、天文学家、炼金家、神学家、皇家铸币厂厂长——艾萨克·牛顿爵士一生中从事了很多事业：他发明的微积分，作为数学的一个分支，是物理学和工程学的基石；他通过应用他传世的运动三定律和万有引力定律，解释了行星如何围绕恒星运转；他提出光是由粒子组成的，并用数学原理描述了这些粒子的路径如何被水或玻璃弯曲，以产生彩虹的颜色。在活着的时候，他就已经被认为是不世出的天才。1727 年，当牛顿逝世时，英国诗人亚历山大·蒲柏（Alexander Pope）写下了这样的碑文："自然和自然法则隐于暗夜之中 / 上帝说'要有牛顿'，于是万物皆被照亮。"2005 年，在英国皇家学会的票选中，艾萨克·牛顿获得高票，被认为比阿尔伯特·爱因斯坦更伟大。

我们借着这些比较和诸如诺贝尔奖之类的荣耀，来赞赏这些呼风唤雨的天才。但是另一种科学观，则不这样强调个体的力量。牛顿自己也曾写过这样的话来表明自己的知识传承："如果说我看得更远，那只是因为我站在巨人的肩膀上。"[9]

牛顿真的很特殊吗？还是他只是碰巧在正确的时间、正确的地方，把两样东西正确地拼在了一起？莱布尼茨与牛顿同时独立发明了微积分，像这样的故事——几乎同时的发现——在科学史上非常普遍，因为新想法总是通过把旧想法组合起来而得到的。在任何特定的历史节点，都有不止一位科学家有机会找到这种正确组合。没有哪个想法是真正全新的，也没有哪位科学家是真正特殊的。要理解一个人的成就，必须知道他是如何利用他人想法的。

从这个角度来看，神经元很像科学家。如果一个神经元只对詹妮弗·安妮斯顿有反应，对其他明星没有反应，那也许可以说，这个神经元的功能就是检测詹妮弗。但是这个神经元是嵌在一个由很多神经元组成的网络中的。如果认为这个神经元是一位天才，只要有它就能检测詹妮弗，那是不对的。牛顿的那句话，用来形容神经元比用来形容他自己更合适："如果说一个神经元看得更远，那只是因为它站在其他神经元的肩膀上。"要想理解一个神经元如何能够检测詹妮弗，需要了解这个神经元的信息提供者。

前面我们讲过的加权投票模型，是这个过程的一个基础。我们把詹妮弗看作许多简单局部的一个组合，她有蓝色的眼睛、金色的头发、有棱角的下颏，等等（可以像这样一直写下去）。如果这个列表足够长，它就能与其他明星区别开来，唯一地描述詹妮弗。现在，假设对于列表中的每一项，大脑中都有检测它的神经元。有"蓝眼睛神经元"，有"金发神经元"，还有"棱角下颏神经元"。现在我们给出这个理论的核心："詹妮弗·安妮斯顿神经元"接收来自所有这些"局部神经元"的兴奋性突触。"詹妮弗·安妮斯顿神经元"的阈值很高，它只有在所有的局部神经元都产生神经脉冲时，自身才会产生神经脉冲，而只有詹妮弗才能造成这样的全票通过的情况。简单地说，一个神经元检测詹妮弗的过程，是把她视作一系列局部的组合，而这些局部则由其他神经元负责检测。

这个理论听起来是合理的，但它却带来了更多的问题。比如"蓝眼睛神经元"又是如何检测蓝眼睛的，"金发神经元"又是如何检测金发的？写到这里，我忽然想起一个好笑的故事，来自物理学家斯蒂芬·霍金的《时间简史》：

> 一位著名的科学家……有一次在做一场公开的天文学讲座。他描述了地球如何围绕太阳运转，以及太阳如何围绕银河系的中心运转。在讲座的最后，坐在房间后排的一位老妇人站起来说："你讲的完全是胡扯。世界其实是一个大盘子，由一只巨大的乌龟驮在背上。"那位科学家优雅地笑了一下，然后回应她："那乌龟下面又是什么驮着它呢？""你非常聪明，年轻人，非常聪明，"老妇人说，"一路向下，全都是乌龟！"

同样，我的答案是"一路向下，全都是神经元"。一只蓝眼睛本身也是由一系列局部组成的：黑色瞳孔、蓝色虹膜、虹膜四周的白色区域等。因此，"蓝眼睛神经元"的工作方式就是连接所有这些检测蓝眼睛局部的神经元。但与那位老妇人不同的是，我能避免这个问题陷入无穷循环。如果我们不断地把这些刺激分解成一系列局部的组合，最终会得到无法再分解的刺激：一些光点。眼睛中的每个光感受器，负责检测视网膜上一个特定位置的光点。这没有什么神秘的。光感受器就像你平时使用的数码相机里的很多微小的传感器，每个小传感器负责检测图像上一个特定像素的曝光。

根据这个感知理论，神经元是以一种分层的组织结构连接到网络中的。最下层的神经元检测最简单的刺激，比如光点。沿着层级越向上，神经元依次检测越复杂的刺激。最顶层的神经元检测最复杂的刺激，比如詹妮弗·安妮斯顿。这个网络中的连线，遵守这条规则：

检测整体的神经元，从检测其局部的神经元那里接收兴奋性突触。[10]

1980 年，日本计算机科学家福岛邦彦（Kunihiko Fukushima）用一个人工神经网络模拟了视觉感知，这个网络就是根据上述规则连接而成的分层组织结构。[11] 这个神经认知器网络的前身，是由美国计算机科学家弗兰克·罗森布拉特（Frank Rosenblatt）在 20 世纪 50 年代提出的**感知机**（perceptron）。[12] 一个感知机如图 4-1 所示，包含多层神经元，这些神经元则"站在其他神经元的肩膀上"。每个神经元都接受且仅接受来自相邻的下一层神经元的连接。[13]

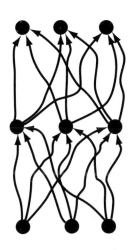

图 4-1　一个神经网络的多层感知机模型

福岛邦彦的神经认知器能够识别手写字符。它的后继者则具有更强的视觉能力，比如能够从照片中识别物体。尽管这些人工神经网络的正确率尚不及人类，但它们的性能却在逐年提高。这项工程上的成功，使大脑的**分层感知**模型看起来是有道理的。

在上面介绍的连接规则中，我们集中于一个神经元如何从下层神经元处接受连接。我们再来看相反方向，即一个神经元如何向上层神经元输送连接：

检测局部的神经元，向检测其整体的神经元那里输送兴奋性突触。

该规则的这两个陈述是等同的，因为位于中层的一个刺激，既可以被视作一个包含若干局部的整体，也可以被视作一个复杂整体的某个局部。比如前面讲的蓝眼睛，作为一种刺激，既可以把它看成包含局部（瞳孔、虹膜、眼白）的整体，也可以把它看成一个复杂整体（詹妮弗·安妮斯顿、莱昂纳多·迪卡普里奥，以及其他很多有蓝眼睛的人）的局部。[14]

所以，一个神经元的功能不仅取决于输入它的连接，还取决于它输出的连接。为了解释这种对位，我们再来说说牛顿和莱布尼茨的故事。也许你读过那个新闻，说人们发现一些旧档案，其中记载了某位不知名的数学家，比牛顿和莱布尼茨早五十年发明了微积分。因为没能引起别人的注意，她最终默默无闻地死去，孤独地带着微积分进了坟墓。既然这样，现在是否应该修改历史书，把功绩记给这位无名的学者，而不是牛顿和莱布尼茨？

这种历史修正论也许听起来更公平，但其实它没有认识到科学的社会性。前面我说过，科学发现并不是一个独立天才的个人创造活动，因为任何新想法都建立在从别人那里借来的旧想法上。同样，也可以说，科学发现活动不仅是创造一个新想法，还包括让其他人接受这个新想法。一个人要想领受一项发现的功绩，就必须对其他人造成影响。

而牛顿的历史地位，正是取决于他如何利用前人的想法，以及如何影响后人的想法。与此类似，我认为：

> 一个神经元的功能，主要取决于它与其他神经元的连接。

　　这句话定义了一套学说，即**连接主义**。[15] 这里所指的连接，既包括输入，也包括输出。要想知道一个神经元是做什么的，必须看它的输入。而要想知道它能产生什么作用，则要看它的输出。这两种认识，在我们之前通过感知而引入的对于"局部－整体"连接规则的两种陈述中，都得到了体现。接下来，随着对连接主义理论的深入探索，除了感知之外，我们还将看到对记忆等其他心智现象的相对合理的解释。

　　这听起来很美妙，但是否有实在的证据，能证明真正的大脑确实体现了这些理论？很不幸，过去缺乏合适的实验手段来证明这一点。在感知的例子中，神经科学家们没有找到连接到詹妮弗·安妮斯顿神经元的神经元，也没有看到它们是否真的检测詹妮弗的局部。也就是说，如果接受了连接主义的那句定义，那么随之而来的问题就是，要想真正地理解大脑，就必须先找到神经元的连接关系，换句话说，就是找到连接组。

　　大脑有一个神奇的地方：即使是没有正在电视或杂志上看着詹妮弗·安妮斯顿的时候，你也可以在脑海中想着她。想到詹妮弗并不是必须要**感知**她。当你回忆她在 2003 年的影片《冒牌天神》中的表演时，当你幻想与她邂逅，或者仔细品味她最近的爱情故事时，你都在想她。那么"想"是否也如同感知一样，可以被还原成神经脉冲和分泌呢？

　　让我们再次回到伊扎克·弗里德和同事们的实验，看看能不能找到些许线索。他们的"哈莉·贝瑞神经元"会被哈莉·贝瑞的图片激活，这意味着这个神经元作用于对她的感知。然而这个神经元还会被写出来的"哈莉·贝瑞"这几个字激活，这表明该神经元还参与了"想"她的过程。所以，"哈莉·贝瑞神经元"似乎是代表着对哈莉·贝瑞的一种抽象的**想法**，这种想法既可以来自感知，也可以来自想的过程。[16]

我们可以将这两个现象看成一种更普遍的运作方式的具体例子：联想。感知是从一个刺激到一个想法之间的联想，而想的过程则是从一个想法到另一个想法之间的联想。那么当你回忆某个记忆的时候，感知和想法是如何协作的呢？让我们来考虑这样一个场景：

> 这是一个美妙的春日清晨，你走在上班的路上。你闻到花朵的一缕清香，几步之后更是芬芳四溢。你并没有注意到路边绽开的木兰，而是忽然间来到了一个遥远的地方。你想起你曾经站在一棵木兰树下，旁边是一座红砖砌成的房子，那是你初恋爱人的家。他轻轻拥你入怀，你脸红得仿佛朝霞一样。一架飞机从头顶飞过，这时你听到他的母亲喊你进屋喝杯柠檬茶。

好了，这一次回忆完成了，你想到了很多：木兰树、红砖房子、你的初恋爱人、飞机等。假设你的大脑对于这其中每个事物 / 人，都有一个神经元与之对应。一个"木兰神经元"、一个"红砖房子神经元"、一个"初恋爱人神经元"、一个"飞机神经元"——当你回忆你的初吻时，它们都在发放神经脉冲。

那么，一阵木兰香味，怎么就触发了这一切？"木兰神经元"的神经脉冲，当然是由来自鼻子的神经通路激发的。但是如何解释，为什么天空没有飞机，"飞机神经元"却也激活了？为什么没有看到红砖房子，"红砖房子神经元"却也激活了？所以，这一定是由"想"导致的，而不是感知。

为了解释这一系列活动，我们假设这些神经元都是兴奋性的，并且通过突触互相连接成一种叫作**细胞集群**（cell assembly）的结构。图 4-2 展示了一个细胞集群的小型示例，可以想象一个更大的结集，里面有很多神经元，而且彼此之间都有连接。图中省略了来自或通往大脑中其他神经元的连接，那些连接会带来来自感官的信号，或向肌肉发送信号。在这里我们只关注这个细胞集群内部的连接，这些连接代表着思考过程中涉及的联想。

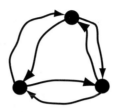

图 4-2　一个细胞集群

　　这些连接如何触发你对初吻的回忆？我们之前已经假设这些神经元都是兴奋性的，所以当"木兰神经元"被激活时，它就会进一步地激活这个细胞集群中的其他神经元。你可以想象这就像一场森林大火，一棵树引燃另一棵树，或者是交错纵横的荒芜溪谷中突然暴发的一场山洪。神经活动以类似的方式传播，使得木兰的香味最终触发了一系列回忆，包含着你对初吻的整个记忆中涉及的所有想法。

　　记忆在顺利运作的时候是很美妙的，但是我们也都曾感受过、抱怨过记忆的故障。事实上，我们对于记忆的体验，经常是伴随着困难的，而感知却是很容易的。如果大脑只在一个细胞集群中存储一个记忆，那么回忆或许也会是个很容易的过程。但实际上大脑却是在很多结集中存储着很多记忆。如果细胞集群像许多孤岛一样彼此独立，那么即使数量很多，或许也不成问题。可实际上它们却需要互相重叠，而这种重叠导致了记忆故障的频发。

　　在你对初吻的回忆中，包括的一件事是你恋人的母亲喊你进屋喝柠檬茶。假如你还有另一个记忆也涉及柠檬茶，那是在酷热的夏天，你坐在你家屋前向路人叫卖纸杯装的冰爽柠檬茶，那么虽然这是一个与初吻完全不同的记忆，但它们都涉及柠檬茶，所以它们的细胞集群就重叠于"柠檬茶神经元"，如图 4-3 所示（双向箭头表示两个不同方向的突触）。重叠带来的隐患是显而易见的：当一个细胞集群被激活时，有可能会同时激活另一个。所以木兰的香味有可能会激活这两个记忆的某种组合，把你初吻的场景和卖柠檬茶的场景结合起来。这种情况会导致记错事情，这是经常出现的记忆故障之一。

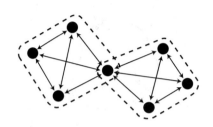

图 4-3　有重叠的细胞集群

要避免神经活动的无差别传播，大脑可以给每个神经元设置一个高激活阈值。假设一个神经元必须得到两张"赞成票"才能激活。因为图 4-3 中细胞集群只在一个神经元处重叠，所以神经活动就不会从一个结集传播到另一个了。

但是这种高阈值保护机制本身，也带来了新的麻烦。它使回忆一段记忆的难度加大了。必须激活至少两个神经元，才能回忆出整个记忆，所以光有木兰的香味就不能使你回忆起你的初吻了，还必须配合飞机飞过头顶的声音，或者其他某种出现在初吻场景中的刺激才可以。

大脑对于回忆过程是否应该具有如此高的选择性呢？这需要针对具体情况具体分析。但可以肯定的一点是，神经活动有时在应该传播时，却不能顺利传播。或许正是这一点，导致了另外一种常见的记忆故障，就是完全想不起来一件事（这并不能解释那种"话在嘴边却说不出来"的干着急的感觉，但可以解释导致这种感觉的记忆故障）。所以，我觉得大脑的记忆系统就像是在钢丝上寻找平衡。神经活动传播过头就会导致错误的回忆，而传播不到位又会导致回忆不出来。因此，无论我们多么希望记忆系统能够完美运转，实际上它都不可能做到。[17]

重叠的数量取决于我们把这个网络堵塞到什么程度。很显然，当我们试图存储过多的记忆时，重叠就会变得非常严重。当重叠达到某一程度时，就不再存在任何合适的阈值，能使回忆正常进行而不发生混淆。这种信息过载的灾难[18]，就限制了这个网络的最大记忆存储容量。

在前面示例的细胞集群中，所有的神经元都有突触连接到其他所有的神经元，所以记忆的任何一部分都可以触发对其他部分的回忆。一张初恋爱人的照片可能会使你回忆起他的房子，看到他的房子也会使你想起他。在这个例子中，回忆是双向的，但是在另外一些情况下，回忆也可能会有特定的方向，比如对一个故事的记忆，这是一系列按照特定的时间顺序展开的事件。那么如何对待这种情况呢？答案显然是通过组织突触，使得神经活动只能向一个方向流动。在图 4-4 所示的**突触链**中，神经活动就只能从左边流向右边。[19]

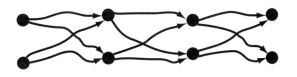

图 4-4　一个突触链

我们来总结一下关于回忆的理论。想法是由神经元表示的，想法之间的联想是由神经元之间的连接表示的，记忆是由细胞集群或突触链表示的。在一个片段刺激之后，神经活动开始传播，这时候就发生了回忆。细胞集群或突触链中的连接，相对于时间是稳定的，这就是为什么我们童年的记忆可以一直保存到成年。

这个理论中的心理学成分被称为**联想主义**，这套学说最早可以追溯到亚里士多德，后来又被约翰·洛克和大卫·休谟等英国哲学家复兴。到了 19 世纪后期，神经科学家注意到大脑中存在纤维，观察到了通路和连接。唯一合理的解释就是，假设这些生理上的连接正是心理上的联想的物质基础。

在 20 世纪后半叶，几代学者创立了连接主义理论。[20] 几十年来，连接主义总是伴随着接连不断的质疑。早在 1951 年，皮层等势性的提出者卡尔·拉什利就曾经发表了一篇著名的论文《行为的序列顺序问题》[21]，对连接主义发起了攻击。他的第一项批评是显而易见的：大脑可以产生看起来无限种不同的序列。突触链也许对于背诵诗歌是适用的，因为那每次都会产生相同的词语序列，但是它对自然语言却是不适用的，因为在正常的语言中，很少会重复一模一样的句子。

拉什利的第一个忧虑是比较容易回答的。想象一条突触链分岔成两条，就像一条路分成两条那样。这两条链还可以再分成四条，等等。如果网络中存在着大量的分岔点，它就有能力产生海量的不同的活动序列。[22] 这里的关键就是要确定神经活动总是"选择"去走一条或另一条岔路，而不是两条都走。理论学家已经表明，这一点可以由抑制性神经元做到，它们接入到网络中，使不同的岔路之间产生"竞争"。

拉什利的第二项更加本质的批评，是关于语法的问题。突触链通过其中的连接，按顺序表达从一个想法到另一个想法之间的联想。拉什利指出，产生一个符合语法的句子并不是这么简单，因为"序列中的每个成分，并不是只与相邻的词语之间存在联想，而是还与远处的词语之间存在联想"。一个句子的结尾词语是否正确，可能还取决于这个句子最开头的单词是什么。拉什利的想法，预见了后来的语言学家诺姆·乔姆斯基及其众多追随者所指出的语法问题。[23]

连接主义者们同样回答了拉什利的第二项批评 [24]，但是关于这个问题的讨论超出了本书的范畴。不管怎么说，研究者们已经表明，连接主义并不像它在初期遇到的批评所认为的那么鸡肋。我认为，要想从纯理论的层面上驳倒连接主义是不可能的，因为这需要通过实证来检验，而连接组学则可以用来做到这一点，我会在后面解释。

但是首先让我们把这个理论说完。我们刚才假设了突触是联想的物质基础，以及回忆的过程是由细胞集群和突触链产生的，这只是故事的一半。现在，我终于可以提出这个我故意拖到现在才提的问题：记忆一开始是怎么存进去的？

第 5 章　记忆的形成

离开罗不远的吉萨大金字塔，迄今已经矗立了四千五百年，成了斗转星移的茫茫沙海中一座不朽的岛屿。它巨大的体量令人敬畏，哪怕只看它的一块石砖，也足以让人望而却步。没有人知道，这些重达两吨半的石砖[1]到底是如何在采石场切割，又是如何运输到现场并抬升到距地面 140 米的高度的。如果按照古希腊历史学家希罗多德（Herodotus）的估计，建造大金字塔总共耗时 20 年，那么这 230 万块石砖[2]，就是以每分钟一块的惊人效率堆砌起来的。

埃及法老胡夫建造大金字塔是为了用作他的坟墓。如果我们站在那段久远历史中十万劳工[3]的立场上想一想，或许该谴责这座大金塔是自负的暴力统治的一种残忍宣告。但我想，或许不妨原谅胡夫，就单纯地赞叹这些无名劳工们创造了多么惊人的成就吧。我们可以把大金字塔看成人类的杰作，而不是胡夫的纪念碑。

胡夫的策略非常简单粗暴：要想被永远铭记，就要用持久而足以抵抗时代变迁的材料来建造一个巨大结构。出于同一目的，大脑的记忆能力也是基于它的材料结构的持久性。否则还有什么能使那些不可磨灭的记忆跟随人一生呢？不过，我们有时会忘掉或记错某些事，而且每天又会有新的记忆添加进来。正因为如此，柏拉图把记忆比作一种不同的、比金字塔的石砖更加灵活的材料：

> 人人心中有一块蜡……这个记事工具是由司记忆之神——缪斯的
> 母亲摩涅莫绪涅所赐。当想要记住什么东西时……我们就把这块蜡置
> 于感知和思想中，蜡上就会如刻印一般，留下这些东西的印象。[4]

在古代世界，覆蜡的木板是一种很常见的东西，功能类似于我们今天的记事本。一种尖锐的笔被用来在上面写字或画图。[5]如果需要擦除以备后用，就用一种直边的工具把蜡层刮掉。覆蜡木板这种人工的记忆工具，很自然地就成了人类记忆的比喻。

柏拉图当然不是真的认为你的颅骨里确实装满了蜡。他是在想象一种类比——某种可以保持形状但又允许改变形状的材料。匠人和工程师们塑造"塑性"材料[6]，打造或压制"锻性"材料。同样，我们说父母或老师塑造年轻的心灵。这仅仅是个比喻吗？教育和经历，会不会真的改变了大脑中材料结构的形状？人们常说大脑是可塑的或可锻炼的，这到底意味着什么呢？

神经科学家们早先就曾猜想，连接组正是柏拉图所类比的记事工具。我们已经通过电子显微镜成像看到，神经连接就是这样的材料结构。像蜡一样，它们能够稳定地在很长一段时间内保持形状，但又具有足够的可塑性以供改变。

突触的一个重要属性是强度，也就是它在一个神经元"决定"是否出锋时的投票权值。已经知道的是，突触可以增强，也可以减弱。你可以把这种改变看作**重新赋权**。当一个突触增强时，它究竟发生了什么？神经科学家们关于这个问题的诸多发现，足以再另外写一本书了。在这里我们只给出一个简略的答案，颅相学家们或许会喜欢这个答案：突触通过变大而增强。回忆一下，突触裂隙的一边是神经递质囊泡，另一边是神经递质受体。突触增强的方法就是使这两者增多。为了在每次分泌中释放更多的神经递质，它要积累更多的囊泡；为了对一定量的神经递质更加敏感，它要配备更多的受体。

　　突触本身也可以新生或消失，我把这个现象称为**重新连接**。[7] 在年轻的大脑中，突触会纷纷生长，神经元就是这样把自己接入网络中，这是一个久已知晓的事实。突触的生长，发生于两个神经元的接触点处。出于某种我们还尚未理解的原因，囊泡、受体和其他突触所需的组件都会聚集在这一点。年轻的大脑中也有突触会消失，具体方式就是将这些分子组件从接触点处移除。

　　在 20 世纪 60 年代，大多数神经科学家认为，到了成年之后，突触的新生和消失现象就终止了。[8] 他们这个观点更多的是基于理论认识，而不是实践证据。或许他们把大脑的发育过程当成了某种电子设备的制造装配：我们需要连接很多线缆以制造这个设备，但是一旦完成，投入使用，就不再需要重新连接这些线缆了。又或者他们认为突触的强度非常容易改变，就像计算机的软件，而突触本身则是固定不变的，就像硬件。

　　然而在过去的 10 年里，神经科学家们的认识发生了 180 度的大转变。现在人们已经广泛地接受，即使在成年人的大脑中，突触也会新生或消失。通过一种被称为双光子显微成像的新技术来观察活体大脑中的突触，人们终于直接获得了有力的证据。图 5-1 展示了小鼠大脑皮层上一个树突在两个星期内的变化（每幅图像左下角的数标记了实验经历的天数）。

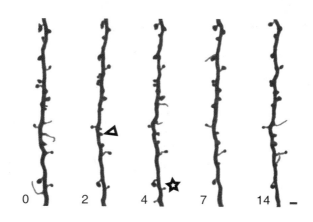

图 5-1　重新连接的证据：小鼠大脑皮层树突上树突棘的出现与消失[9]

树突上那些刺状的隆起物叫作树突棘。大多数兴奋性神经元之间的突触建立于树突棘上，而不是建立在树突的杆上。在这幅图中，有些树突棘在整个两周时间内保持稳定，但是还有一些新出现了（例如箭头指向的树突棘）或消失了（例如打着星标的树突棘）。这是一个很好的证据，证明了突触的新生和消失。[10] 对于重新连接的发生频率，学者们之间仍然存在争议，但对于该现象的可能性，大家却是一致同意。

为什么重新赋权和重新连接如此重要？这两种类型的连接组变化是持续发生的，贯穿我们的整个生命。人的改变也是终生在进行的，如果要理解这种改变，就必须研究这两个"重新"。无论我们多老，都仍然在存储新的记忆，除非患有脑部疾病。随着年龄的增长，我们会抱怨学习越来越困难，但即使是老年人，也能够习得新的技能。看上去，这些改变都涉及重新赋权和重新连接。

如何证明这一点呢？关于重新赋权对记忆存储作用的证据，来自埃里克·坎德尔（Eric Kandel）和他的同事，他们研究海兔（Aplysia californica）的神经系统，这是一种生活在加利福尼亚海岸边小水洼里的软体动物。受到刺激时，它的鳃和吸管会做出反应，而且它对刺激的敏感程度可以增强或减弱——这就是一种简单的记忆。我们之前学习了，这样的行为是基于从感觉器官到肌肉的神经通路。坎德尔在相关的通路中找到了一条连接，并发现它的强度正与刚才提到的记忆有关。

那么记忆存储是否涉及重新连接呢？先前我提到过，颅相学认为学习就是皮层增厚。在 20 世纪七八十年代，威廉·格里诺（William Greenough）及其他一些学者发现了一个证据，证明皮层增厚是由于突触增多导致的。大鼠在富足的环境成长，皮层会变得更厚，学者们数了增厚皮层中的突触数量[11]，从而提出了这个发现。这使某些人提出了一个新颅相学理论：记忆是通过新生突触来存储的。[12]

然而，这些方法都还不能够彻底解释记忆的存储。坎德尔的方法过于低等，在像人类这样的大脑中，很难把记忆定位到单一的突触上。看起来，记忆更像是以许多突触组成的模式来存储的。格里诺的方法也是不充分的，因为突触的数量并不能告诉我们它们组织成了什么样的模式。另外，突触数量的增加，正如皮层的增厚一样，只是与学习具有相关性，目前还不清楚它们是否具有因果关系。

要想解决记忆的问题，必须搞清楚记忆有没有涉及重新赋权和重新连接，如果涉及了，那么还要搞清楚它们究竟如何运作。之前我已解释过，与记忆有关的连接模式是细胞集群和突触链。现在我要更进一步地提出，这些模式正是通过重新赋权和重新连接而形成的，我还将探索这其中引出的一系列问题。这两个过程是独立的，还是相互协作的？为什么大脑要使用这两种方式，而不只是其中一种？能否用这些存储过程的故障，来解释记忆系统的一些局限？

除了满足我们关于记忆系统的好奇之外，对重新赋权和重新连接的研究还具有很多实践意义。假如说你的目标是开发一种药物来提高记忆力，如果你相信新颅相学，或许会尝试开发一种药物，去促进突触形成过程中涉及的分子过程；但如果新颅相学是错误的——很可能是这样——那么你创建新突触的后果可能就会与你的预期截然不同。更广泛地说，无论是想要提高记忆力，还是想避免记忆出错，都必须知道它的基本机制。

我们已经看到了细胞集群如何通过神经元之间的连接来保持想法之间的联想。但是大脑在一开始是如何创建一个细胞集群的？这其实是一个古老哲学问题的连接主义版本：想法及其联想从何而来？虽然其中一些是天生的，但很显然有另外一些是从后天经历中学习得到的。

关于联想如何习得，一代又一代的哲学家们提出了一大堆理论。首先是巧合，有时候称为时间邻近或地点邻近。比如看到一张某位流行歌手与她的球员男友的合影，你就会学到在他们之间的一个联想。第二个因素是重复。只看这两位明星一次，可能还不足以在你脑中形成联想，但如果你日复一日地在各种铺天盖地的杂志和报纸上看到他俩，你想不建立联想都不行了。对于某些联想来说，时间上的顺序似乎也是重要的。你小时候反反复复地按顺序背诵字母表，直到你真正记住它们。你学到的是一个字母到下一个字母之间的联想，因为字母总是按照固定的顺序、一个跟在一个后面出现的。与此相反，流行歌手和她的男友之间的联想是双向的，因为他们总是同时出现。

所以哲学家们提出，当一个想法反复地与另一个想法同时出现，或相继出现时，我们就会在这两个想法之间习得联想。这启发了一个连接主义的推测：

> 如果两个神经元反复地同时被激活，它们之间的连接就会双方向增强。

这条可塑性规则，对于学习两个反复地同时出现的想法是适用的，比如流行歌手和她的男友。对于序列性的想法之间的联想习得，连接主义者们提出了另一条类似的规则：

> 如果两个神经元反复地相继被激活，从先被激活的那个神经元通向后被激活的那个神经元的连接就会单方向增强。

顺便说一下，这两条规则都假设增强是永久性的或者至少是会保持很久的，所以联想可以保存在记忆中。

关于序列的那条规则，是由唐纳德·赫布（Donald Hebb）提出的[13]，细胞集群也是他在 1949 年的《论行为的组织》一书中提出的。关于同时和关于序列的这两条规则，都被人们广泛地称为突触可塑性的"赫布规则"。这两者都被认为是"基于活动的"，因为可塑性是由与该突触有关的神经元的活动所触发的。（还存在其他方式，能在不涉及活动的情况下引发突触可塑性，比如利用某些特定的药物。）特别要指出的是，赫布可塑性只针对兴奋性神经元之间的突触。[14]

相对于他的时代来说，赫布过于超前了。神经科学家们没有办法检测突触可塑性。事实上，他们甚至根本没办法测量出突触的强度。几十年来，测量神经脉冲的方法一直是利用插入神经系统的金属导线。因为导线的端点仍在神经元外部，所以这种方法被称为"胞外"记录。从导线传来的信号，承载了多个神经元的神经脉冲，它们被混合在一起，就像是一间拥挤酒吧里的喧闹声。这种方法至今仍在应用，伊扎克·弗里德和他的同事就是用这种方法找到了"詹妮弗·安妮斯顿神经元"。通过仔细地调整导线的端点，可以记录到一个单独的神经元的神经脉冲[15]，就像在一间酒吧，你把耳朵贴到一个朋友的嘴边。

虽然胞外记录足以检测神经脉冲，但它却不能测量单个突触的微弱的电效应。后者是直到 20 世纪 50 年代才做到的，方法是把一个极其尖锐的玻璃电极的尖部插入一个神经元内。这种"胞内"记录的方法非常精准，因此可以检测到远远弱于神经脉冲的信号，相当于你在酒吧里把耳朵**伸进了**说话者的嘴里。[16] 胞内电极还可以通过向神经元注入电流，来刺激神经元产生神经脉冲。[17]

当需要测量从神经元 A 连接到神经元 B 的突触的强度时，我们就在这两个神经元中分别插入电极，然后刺激神经元 A，使它发出神经脉冲，这使被测的突触分泌神经递质，同时测量神经元 B 的电压，可以看到一个小响应。这个响应的幅度就是被测突触的强度。[18]

只要能测量突触的强度，就能测量强度的**变化**了。为了引发赫布可塑性，我们刺激一对神经元，使它们发放神经脉冲。随着反复刺激，无论是在序列还是同时的情况下，突触的强度都按照我们之前给出的两条赫布规则发生了相应的变化。[19]

一个突触的强度发生变化后，这个变化可以一直保持到实验结束——最多几个小时，因为很难保持被电极刺穿的神经元一直活着。但是在 20 世纪 70 年代，有一些相对粗暴、对大量神经元和突触进行操作的实验指出，突触强度的变化可以保持几个星期甚至更长。如果赫布可塑性真的是记忆存储的机制，那么这个持久性问题是非常重要的，因为有些记忆会伴随终生。

从 20 世纪 70 年代以来开展的这些实验为突触增强提供了最早的证据。当时人们基于赫布的原始想法，提出了一套关于记忆存储的理论。这个理论简单地说就是，在一个网络开始形成时，其中的每一对神经元之间都存在双向的弱突触。这个假设很快就会引来麻烦，不过为了介绍这套理论，不妨先暂时接受它。

再回到那个初吻的场面，那是一件铭记在你记忆中的事情。你的"木兰神经元""红砖房子神经元""恋人神经元""飞机神经元"等，在围绕着你的刺激的作用下——我猜那可是相当不一般的刺激——都纷纷被激活并发放神经脉冲。根据同时情况下的赫布规则来看，这些神经脉冲会使这些神经元之间的突触增强。

这些增强的突触，会共同形成一个细胞集群，在这里要重新定义一下细胞集群这个概念，它是两两之间均由**强**突触相连接的一组兴奋性神经元。我们之前的定义中没有这个约束，现在必须加上这一点，因为现在的网络中有了不属于细胞集群的弱突触。这些弱突触在你接吻之前就已经存在了，随后也没有发生什么变化。

弱突触对于回忆没有作用。神经活动在细胞集群内传至每个神经元，但不会传到结集之外，因为从结集到外面的神经元之间的突触是很弱的，不足以激活外面的神经元。因此，对细胞集群的新定义，并没有改变它的功能。

对于突触链，也有一个类似的理论。假设一连串刺激依次激活了一连串想法。每个想法都是由一组神经元的神经脉冲表示的。如果这些神经元组的神经脉冲总是按照这个次序发放，序列版本的赫布规则就会使每一组神经元连接到下一组神经元之间的突触增强。这就是突触链的情况，当然我们也要把它重新定义成**强**连接的模式。

如果连接足够强，神经脉冲就能沿着这条链传播，不需要任何外来的后续刺激。只要一个刺激激活了第一组神经元,就会触发对这一连串想法的回忆,就像第 4 章中描述的那样。对这个序列的每一次后续回忆,又将进一步根据赫布规则增强这条链中的突触。这就像是一条小河中的水,它的流动会慢慢使河床变深,从而使以后的流动更容易。

记住事情固然重要,然而忘记也很重要。曾经,你的詹妮弗·安妮斯顿神经元和布拉德·皮特神经元被连接成了一个细胞集群。但是后来有一天,你突然发现布拉德和安吉莉娜在一起了。(我知道这有些让人难受,希望你不要**过于**崩溃。)这时,赫布规则又会增强你的布拉德神经元和安吉莉娜神经元之间的突触,创建一个新的细胞集群。那么布拉德神经元和詹妮弗神经元之间的连接怎么样了呢?[20]

可以设想一种具有忘记功能的赫布规则。当一个神经元反复被激活,而另一个神经元却不被激活时,它们之间的连接将被削弱。[21]每当你看到布拉德,却没有看到詹妮弗时,代表他们的两个神经元之间的连接就会按这条规则减弱。

另外,还可以设想这种减弱是由突触之间直接竞争而导致的。[22]或许布拉德与安吉莉娜之间的突触,与布拉德与詹妮弗之间的突触,会直接地竞争某种类似食物的资源,突触需要这种资源才能存活。如果某些突触增强了,它们就会消耗更多资源,其他突触能得到的资源就会变少,于是就会减弱。目前还不知道突触中是否存在这样的资源机制,但已知的是神经元中确实存在"营养因子"。[23]神经生长因子就是一个例子,它的发现者丽塔·莱维–蒙塔尔奇尼(Rita Levi-Montalcini)和斯坦利·科恩(Stanley Cohen)为此荣获了1986 年的诺贝尔奖。

罗马人把柏拉图所说的那种蜡板称为 tabula rasa。这个词组在传统上被翻译作"白板",因为蜡板在 18 世纪 ~ 19 世纪被黑板取代了。联想主义者、哲学家约翰·洛克(John Locke)在他的《人类理解论》中,提出了另外一种比喻:

不妨假设心灵是一张白纸，没有任何符号，没有任何想法。那么心灵是如何丰富起来的？人类无限的想象力在其中描绘出了无尽的可能性，这是从哪里来的？知识和推理，又是从哪里来的？我的答案只有一句话：从经历中来的。

一张白纸，没有任何信息，却有无穷的潜力。洛克认为新生婴儿的心灵就像一张白纸，准备着被其经历书写。在我们的记忆理论中，我们假设所有的神经元都准备着与其他神经元发生连接。突触起初都很弱，准备着被赫布增强规则"书写"。因为所有的可能的连接都是存在的，所以任何细胞集群都有可能形成。这个网络具有无穷的潜力，就像洛克所说的白纸。

这个理论假设所有的连接都是存在的，然而十分不幸，这是一个彻头彻尾的错误。大脑的实际情况恰恰是另一个极端——**稀疏**连接。在所有可能的连接中，只有极少一部分是真的存在的。根据估计，一个典型的神经元会有几万个突触，相比于大脑中约 1000 亿个神经元的总量来说，这个数太渺小了。大脑这样做是很有道理的：突触需要空间，它两端的神经突也需要空间。如果每个神经元与其他所有的神经元之间都有连接，那么你的大脑将会膨胀到一个惊天动地的尺寸。

所以，大脑必须要对连接数量有所限制。在你学习联想时，这一点会带来一个严重的问题。如果你的布拉德神经元和安吉莉娜神经元之间压根就没有连接怎么办？当你看到他们俩在一起时，赫布规则却无法起作用，这个细胞集群就无法形成。如果一个连接是不存在的，那么学习与之对应的联想的潜力就是不存在的。

然而，如果你仔细考虑布拉德和安吉莉娜这个例子，你会发现他们并不是只由一个单独的神经元表示的，而是分别由大脑中的许多神经元表示的。（在第 4 章中我已讲过，这个"群体模型"比"独个模型"更有可能是正确的。）在许多神经元的情况下，布拉德神经元的其中几个，与安吉莉娜神经元的其中几个之间有连接，这还是很有可能的。这几个连接可能足以使它们形成一个细胞集群，从而在回忆过程中，使神经活动能够从布拉德神经元传递到安吉莉娜神经元，或者反之。换句话来说，如果每个想法都有许多神经元作为冗余代表[24]，那么即使在稀疏连接的情况下，赫布规则也是可以运转的。

类似地，在某些连接缺失的情况下，突触链也仍然能依靠赫布规则而形成。图 5-2 中的虚线箭头，就表示一个缺失的连接。这会导致某些通路被破坏，但是仍然有其他通路能从头走到尾，所以这条突触链仍然好使。在这个示例中，每个想法仅仅是由两个神经元表示的，如果增加更多的神经元，这条突触链就能更容易地对付连接缺失。总结来说，冗余代表可以使学习和建立联想在稀疏连接的情况下仍然成立。

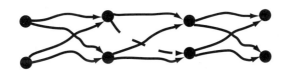

图 5-2　在一个突触链中去掉一条冗余连接

古人在很早的时候就发现了一个奇怪的现象：记住**更多**信息有时反而比记住少量信息更容易。演说家和诗人所用的一种助记方法叫作位置法[25]，正是利用了这个现象。当他们要记住一堆物品时，他们会想象自己在一个房子里，依次走过一排房间，每个物品都放在一个不同的房间里。这种方法之所以好用，也许就是因为它增加了每个物品的冗余代表。

总之，连接的稀疏性恐怕正是我们觉得记忆有难度的一个主要原因。因为当需要的连接不存在时，赫布规则就无法存储信息了。冗余能在某种程度上解决这个问题，但是除此之外还有没有别的办法呢？

为什么不能在需要存储一个新的记忆时，"按需"生成新的突触呢？可以想象一个赫布可塑性规则的变种："如果两个神经元反复地同时被激活，就在它们之间创建新的连接。"[26] 这个规则确实能够用来创建细胞集群，但是它却与神经元的一个基本事实相矛盾：不同神经突之间的电信号，是无法有效交流的。假设一对神经元互相接触，但却没有突触连接。它们是有机会创建突触的，但这不太可能是由于同时被激活所触发。因为它们之间没有突触，神经元就"听"不到对方，也无法"知道"对方是否与它同时被激活。类似地，对于突触链来说，"按需"生成新突触的理论看起来也是不太行得通的。

那么，让我们考虑另一种可能：也许突触的形成是一个**随机的**过程。回忆一下，一个神经元只会连接到与它接触的神经元中的很少一部分。也许一个神经元每时每刻都会从邻居中随机地给自己选择一个新伙伴，然后创建一个新突触。也许这听起来有点反常，但是你想想你平时是怎么交朋友的。在你与一个人说话之前，你不可能知道你们是否有可能成为朋友。第一次互动往往是随机的——在聚会上，在健身房，甚至在大街上。当你开始说话，才能开始逐渐认识你们的关系能否发展成友谊。这个过程就不是随机的了，它取决于你们是否有共同语言。根据我的经验，那些朋友很多的人，不但对随机的相遇持开放态度，而且还非常擅于识别哪些人与他"气味相投"。友谊的这种随机、不可预测的特性，正是它的很大一部分魅力之所在。

类似地，随机创建的新生突触，可以使它两端的神经元开始"对话"。有些神经元会发现彼此有"共同语言"，比如它们同时被激活，或者相继被激活，这都是大脑试图存储记忆的时候。根据赫布可塑性，它们之间的突触会增强，最终它们会形成细胞集群或突触链。用这种方式，在学习一个联想时，即使相关的突触本来不存在，也有可能被创建出来。我们有时候学习一样东西，刚开始学不会，但最终却能学会，这就是因为我们的大脑在不断地获得新的潜力。

然而，如果突触只能被不停地创建，那最终就会导致一个网络有很多浪费。出于经济的目的，大脑还需要一个机制来消灭那些对学习没有用的突触。也许这些突触首先会因为我们之前说过的机制而减弱（想想你是怎么丢掉布拉德和詹妮弗之间的连接的），然后这个减弱过程到最后会导致这个突触被消灭。

　　你可以把这个过程理解成突触世界的"适者生存"。那些对记忆有用的就是"适者"，会变得更强，而那些没用的则会变弱，最终被淘汰。新的突触会前赴后继地生长出来，投入竞争，所以它们的总量是保持稳定的。这套理论被称为神经达尔文主义，它是由许多学者共同提出的，比如杰拉德·爱德曼（Gerald Edelman）和让 - 皮埃尔·尚热（Jean-Pierre Changeux）。[27]

　　这个理论认为，学习就像一种进化。物种会随时间发生演变，就像是全知的上帝的设计。但是达尔文提出，这种变化实际上是随机发生的。我们最终只能看到那些好的变化，是因为那些坏的变化都被自然选择淘汰了，这就是"适者生存"。类似地，如果神经达尔文主义是正确的，那么虽然突触的创建看起来是"智慧的"，即它们是在被细胞集群或突触链所需要的时候"按需"生成的[28]，但是它们实际上却是随机形成的，只是那些不被需要的都被消灭了。

　　换句话说，突触的形成过程是"无脑"而随机的，它只是给大脑提供了学习的**潜力**。这个过程本身并不是学习，并不是像新颅相学理论之前所认为的那样。这就是为什么促进突触生长的药物并不能增强记忆力，除非大脑还能成功地消灭那些大量的无用突触才行。

　　神经达尔文主义仍处于探索当中。杰夫·里奇曼（Jeff Lichtman）在突触消灭方面做了大量的研究工作[29]，他关注的是从神经到肌肉之间的突触。在发育的早期，连接是无选择性的，肌肉的每条纤维都会从许多轴突处接受突触连接。随着时间的进行，这些突触会逐渐被消灭，最终每条纤维只从一个轴突那里接受突触连接。在这个例子中，突触的消灭过程改善了连接，使连接更加具有针对性。为了更清楚地看到这个现象，里奇曼成了一项更先进的成像技术的主要支持者——我将在后面的章节中回头再说这项技术。

　　通过之前展示的图 5-1 中的树突棘图像，我们看到了对皮层中重新连接现象的研究。学者们发现，大部分新生的树突棘会在几天之内消失，但如果把大鼠放在之前罗森茨维格用过的那种富足环境的笼子中，那么很大一部分树突棘就能够存活下来。这些观察都与"适者生存"的想法相符，即一个新的突触只有在对记忆有用的情况下才能存活。然而，仅靠这些证据还远远不能下结论。连接组学肩负着一个很重要的挑战，就是去揭示究竟哪些条件决定了一个新突触会活下来还是会被消灭。

我们已经看到，大脑在存储记忆时，如果所需的连接缺失，就可能会不顺利。这说明，在连接状态固定而且稀疏的情况下，重新赋权的能力是有限的。神经达尔文主义认为，大脑能不断地随机创建新的突触，更新自身的学习潜力，并消除那些无用的突触，从而解决上述问题。重新连接和重新赋权并不是两个独立的过程，它们是相辅相成的。新生的突触为赫布增强过程提供生产资料，而突触的消除又是由于逐步减弱而引起的。相比于单纯的重新赋权，重新连接又进一步地提供了信息存储能力。

重新连接的另一个优势是可以使记忆更稳定。为了更清晰地理解稳定性，我们不妨将讨论延展一下。到目前为止，我们一直只关注利用突触来维持记忆。然而我要告诉你，有证据表明，还有另外一种利用神经脉冲维持记忆的机制。假设詹妮弗·安妮斯顿不是由一个单独的神经元表示的，而是由一组神经元组成的细胞集群表示。一旦某个关于詹妮弗的刺激引起这些神经元发出神经脉冲，它们就会通过突触不停地互相激发。这个细胞集群内部的神经脉冲可以自给自足地维持，即使是在刺激消失之后。西班牙神经科学家拉菲尔·洛伦特·德诺（Rafael Lorente de Nó）将此称为回响活动，因为它很像峡谷中或大教堂里因回声而绵延不绝的声音现象。持续的神经脉冲可以解释你是如何记住刚刚看到的东西的。

从诸多实验来看，这种持续的神经脉冲可以将信息维持几秒钟的时间。然而，有证据表明，长期的记忆存储并不需要神经活动。某些不慎掉入冰水的人，在"死亡"几十分钟后还能复苏。虽然他们的心脏已经停止泵血，但是冰水的低温能使他们的大脑免于毁坏。当他们的大脑处于冰冻状态时，其神经系统完全没有活动，但他们醒来后却幸运地发现，记忆只有很少的损失或根本没有损失。[30] 可见，在这样的可怕经历后仍然能够得以维持的那些记忆，必然不是依靠神经活动来存储的。

令人吃惊的是，神经外科医生有时候会有意地将人的身体和大脑冰冻起来。这种不同寻常的医疗手段叫作深低温停循环（Deep Hypothermic Circulatory Arrest，DHCA），这时心跳会停止，体温降至 18 摄氏度以下，生命过程会变得极其缓慢。[31] 因为 DHCA 非常危险，所以它仅限被用于万不得已的救命手术。不过，这种手术的成功率颇高，并且虽然患者的大脑在手术过程中相当于被关掉了，但他们的记忆通常不会有损失。

DHCA 的成功支持了一个学说，称为"双层"记忆理论。该学说认为，持续的神经脉冲是短期记忆层，而持久的连接则是长期记忆层。当需要存储长期记忆时，大脑就把信息从神经活动转为连接；当需要回忆信息时，大脑就把信息从连接读回神经活动。

双层理论能够解释为什么长期记忆在没有神经活动时仍然能保存。当神经活动引发赫布突触可塑性时，信息就被细胞集群或突触链中神经元之间的连接保持住了。以后再次回忆时，这些神经元会被激活。而在存储之后、回忆之前这段时间，这些神经活动模式就隐藏在连接当中，而不需要不停地表达。

看起来，这样的双重信息存储系统不够精巧。如果大脑统一地使用其中一种方式，难道不是更高效吗？计算机或许能回答这个问题，它也常被用来存储信息。计算机也有两套存储系统：随机访问存储器（内存）和硬盘。[32] 一个长期存储的文档，会被保存在硬盘上。当你打开这个文档时，你的文本编辑程序就把它的信息从硬盘调到内存；当你编辑这个文档时，内存中的信息就发生了改变；当你保存这个文档时，计算机就再把信息从内存送回硬盘。

因为计算机完全是由人类工程师设计出来的，所以我们可以知道为什么它要有两套存储系统。硬盘和内存分别具有不同的优势。硬盘的优势在于持久性，即使在电源关闭的情况下，它们也可以不受影响地维持信息存储。而内存中的信息则是可变的、易失的。想象一下，如果在编辑过程中突然断电，计算机中的电信号活动就会突然停止。当你重新开机（重启）并再次打开这个文档时，会发现它原封未动——因为它被稳定地保存在硬盘上。但是你再仔细看，就会发现这个文档还是原来的旧版本，你刚才所做的编辑全都没有了，因为这些信息是存储在内存的。

　　既然硬盘如此稳定，那还要内存干什么呢？答案是，内存的优势在于速度。内存中的信息可以非常高速地被修改，远远快于硬盘。这就是为什么我们在编辑文档时要先把它从硬盘载入内存，完成后又要把它重新送回硬盘以便稳定地保存。这是一个比较普遍的规律，越是稳定的信息，往往在修改时就越困难。

　　这种妥协被理论神经科学家斯蒂芬·格劳斯伯格（Stephen Grossberg）称为"稳定性－可塑性困境"。柏拉图在他的对话录《泰阿泰德篇》中也认识到了这个问题。他解释说，记忆失灵是由于"蜡块"太软或太硬而导致的。有些人在存储记忆时很困难，这是因为他们的蜡块太硬，难以刻印。而另一些人很难维持住记忆，这是因为他们的蜡块太软，导致印迹很容易被抹掉。只有当蜡块软硬适宜时，它才既能被刻印又能维持住印迹。

　　稳定性和可塑性的这种妥协，或许也能够解释为什么大脑要使用两套记忆系统。神经脉冲模式就像内存中的信息一样，变化很快，适宜在感知或思考过程中，用于当前的信息操作。因为它们很容易被新的感知或思考所干扰，所以神经脉冲模式只能将信息维持很短的一段时间。与此相反，连接就像是硬盘。因为连接的变化远远慢于神经脉冲模式[33]，所以它不适合用于当前的信息操作。然而它既具有一定的可塑性以存储信息，又具有足够的稳定性以维持信息很长时间。低温使神经活动停止，就像计算机断电一样，由于连接能保持不变，所以长期记忆不会受损，但是最近的信息会丢失，因为它们还没有来得及从神经活动变成连接。

　　那么这种稳定性和可塑性的妥协，是否还能帮助我们理解为什么大脑在重新赋权的基础上，还要再加上重新连接来作为信息存储的方式？一方面，根据赫布可塑性，神经神经脉冲会不断地改变突触的强度。因此，突触的强度是不稳定的，通过重新赋权而存储的记忆也是不稳定的。这或许能解释为什么我们很容易就会忘掉昨天晚餐吃了什么。另一方面，突触的存在性，则要比它的强度稳定得多。一个由重新赋权来存储的记忆，可能会被进一步固化，改由连接来存储。这就是为什么有些记忆能够伴随终生，比如你的名字。那些难忘的记忆，也许并不是依赖于将突触强度维持在一个固定值，而是依赖于突触是否存在。作为一种更稳定但相对不可塑的存储方式，连接是重新赋权的一个重要的补充。

在这一章中，我们看到了经验事实与理论探索的结合，不讨相对要更偏向后者一些。我们知道，重新赋权和重新连接在大脑中肯定都发生了。然而，细胞集群和突触链究竟是不是由于这些现象而形成的，目前却还不清楚。更广泛地说，记忆存储是否真的与这些现象有关，目前都还很难证明。

一种有希望的方法是在动物身上利用药物或基因操作，干扰突触上相应的分子，使突触不再具有赫布可塑性，然后做行为实验，观察动物的记忆功能是否受损，以及受损的程度。这样的实验已经在进行，并为连接主义提供了很多有力的证据。但不幸的是，这些证据还都只是间接和推断性的。而且对这些证据的解读非常复杂，因为目前还没有一种完美的方法，能够在关闭突触的赫布可塑性的同时不引起其他的副作用。

接下来我要讲一个寓言，让你体会一下神经科学家们在检测记忆系统时所面临的困难。假设你是一个从其他星球来的外星人。你发现人类又丑又矬，但不管怎么说你还是对他们有些好奇。作为研究的一部分，你跟踪并窥视某个人。这个人的兜里有个小本子，他时不时就拿出来，用笔在上面写些符号。有时候，他打开本子只是看一眼，就又放回去。

你会觉得这个行为很难理解，因为你从来没见过或听说过写字这回事。你的祖先在几千万年前还是会写字的，但是进化到你这一代就已经完全忘了。经过大量的思考，你提出了一个猜想：这个小本子是这个人的记忆设备。

为了检验你的猜想，你在一天夜晚把这个小本子藏了起来。第二天天亮，他不遗余力地把家里翻了个底朝天，床底下、橱柜里，全都翻遍了。在接下来的时间里，他的行为多少有些不同，但也没有什么大的不同。你觉得有些失望，于是打算再做一系列其他实验来检验你的猜想：把他的小本子撕去几页，把它泡在水里抹掉字符，与其他人的小本子交换一下……

最直接的检验方法，很显然是去阅读本子上的字。通过解码纸上那些墨水符号，你就可以预测，这个人在接下来的一天会做哪些事。如果事实表明你的预测正确，那这就是一个非常有力的证据，证明这个小本子确实用于存储信息。但是很不幸，你已经两万多岁了，而且有严重的老花眼。虽然你的监视设备使你能看到那书，却不能使你看清上面的字。（这多少有点强词夺理，不过就让我们假设你的外星文明没有发明老花镜吧。）

正像你这个老花眼的外星人一样，神经科学家们也在试图检验一个关于记忆系统的猜想。他们认为记忆是通过改变神经元之间的连接来存储的。为了检验这个猜想，他们把含有这些连接的大脑区域破坏掉，正如你把那个带字的小本子藏起来。他们测量在执行与记忆有关的任务时，这个大脑区域是否会被激活，正如你观察那个人在需要想起某件事时，是否会将小本子掏出来。

有一种既直接又一步到位的策略：从连接组中把记忆读出来，寻找细胞集群和突触链，看看它们是否真的存在。但是很不幸，就像你的老花眼看不清楚那个人小本子上的字一样（更别提解码了），神经科学家们也看不清楚连接组。这就是为什么我们还需要更先进的技术，才能揭开记忆的奥秘。

在我介绍这些先进的技术以及它们的潜在应用之前，我需要先讲一讲塑造连接组的一个更重要的因素。经历能够对神经元重新赋权或重新连接，然而基因也同样能够塑造连接组。事实上，连接组学最令人兴奋的前景，就是它很有希望能够最终揭示这两者的互动关系。连接组，就是先天与后天相遇的地方。

第三部分
先天与后天

CONNECTOME
How the Brain's Wiring Makes Us Who We Are

第 6 章　基因森林

古希腊人把人的生命比作细线，由三位命运女神纺出、丈量、切断。今天，生物学家在另一种细线中，寻找人类命运的秘密。这是一种名为 DNA 的分子，它是由两条链卷绕而成的双螺旋。每条链由一串名为核苷酸的分子组成，核苷酸有 4 种，分别由字母 A、C、G、T 来表示。你的 DNA 中排列了几十亿个这样的字母，它们排成的序列就是你的基因组。这个序列可以划分出几万个小片段，这些小片段叫作基因。

无论哪个时代的人，都很容易看到，孩子总是长得像父母。当一个婴儿降生后，围观者们马上就开始评论——"她的眼睛真像你！""他的卷发跟你一样！"DNA 能对此做出解释。孩子从父亲那里继承一半基因，从母亲那里继承另一半，所以孩子会继承双亲的特征。对于身体，每个人都能接受这个解释，但是对于心灵，这个问题则饱受争议。

也许，人的心灵的可塑性真的很强，受经历的影响比受基因的影响更大，就像洛克认为的那样，心灵就像白纸一样等待被书写。然而，孩子无疑会在某些方面反映出父母的一面，不仅仅是外貌。当有人对你说"龙生龙，凤生凤""有其父必有其子"时，你大可以拒绝承认，但是有一天你会发现，你所做的正与你父亲三十年前所做的**一模一样**。当然，这种"小道"观察尽管具有启发性，却什么也证明不了，因为这种相似性还有可能是由于教养导致的，而不是基因。

这两种不同的解释——基因和教养——被法兰西斯·高尔顿称为"先天"和"后天"。直到 20 世纪，关于先天和后天的争论才终于提升到超越哲学主张和小道观察的层面。有说服力的证据来自同卵双胞胎（Monozygotic Twins，MZ），因为他们是同卵（受精卵）的，所以他们拥有相同的基因组。研究者们找到同卵的（或者说"同样的"）却在不同的收养家庭中成长起来的双胞胎进行研究。[1] 正如身高、体重这些生理特征一样，他们的智商也非常相似。他们智商的相似性，要远远高于随机挑选的两个人。这个高相似性就不能用环境来解释了，因为他们是在不同的收养家庭中成长起来的。更合理的解释就是他们拥有同样的基因组。这个结果表明，正如对生理特征的影响一样，基因也强力地影响着智商。

除了智商之外，研究者们也对其他心智特征作了类似的比较。性格测试是由一系列问题组成的，例如"我认为我是一个倾向于发现别人的错误的人"，被试需要在 1（"完全不同意"）到 5（"完全同意"）之间选择一个答案。在性格测试中，双胞胎的相似性没有智商测试那么高，但也仍然高于随机挑选的两个人，即使他们不在一起长大。[2] 这说明性格的可塑性强于智商，但基因仍然是它的一个重要因素。

在很长一段时间里，双胞胎研究招致了那些信奉后天力量的人们的强烈反对。但是到现在，这些研究已经被重复了很多次，所以可供质疑的余地已经非常小了。[3] 心理学家埃里克·特克海默（Eric Turkheimer）曾经宣扬过"行为遗传学第一定律"[4]：人类的一切行为特征都是可遗传的。

这条定律不仅针对正常人之间的心智差异，而且包括精神疾病。早期精神分析领域认为孤独症儿童是由于"冰冷的母亲"导致的。1960 年，《时代》杂志在对孤独症的提出者、心理学家里奥·肯纳的一段介绍中写道："这些孩子往往有着高度严格而从事专业职务的父母，他们冷酷而理性——用肯纳博士的话说：'他们只是刚好感性到能生孩子而已。'"但是，对于孤独症的成因，肯纳自己也有些矛盾。他在 1943 年的论文中提出孤独症这个概念，并在结论部分注解中提到，大部分患者有一对情感冷酷的父母，但他却又进一步认为这种情况是先天的。

这使我们想到了另一种可能的孤独症成因：错误的基因。还是通过双胞胎，研究者们探索了这个问题。如果孤独症完全是由基因的因素决定的，那么可以推断，同卵双胞胎要么都是孤独症，要么都是正常的。但事实上，这个假设并不能完美地成立。如果双胞胎之一患有孤独症，那么另一个患孤独症的概率是 60% ~ 90%。[5] 因为这个一致率并没有达到 100%，所以孤独症不**完全**是由基因决定的。不过，这个概率仍然非常高，这表明基因确实是孤独症的一个重要因素。

当然，从这个统计本身并不能得出结论。因为双胞胎往往是在同一个环境里成长的，他们也比较容易具有相似的经历。假如真的如肯纳所说，"冰冷的母亲"会导致孤独症，那么这个一致率也会很高。在智商测试中，基因和环境的影响是独立的，因为被试的同卵双胞胎都是被不同家庭领养和培养的。这样的双胞胎已经很难找了，再加上孤独症这个条件，那就是难上加难，所以遗传学家们换了一种方法。他们还是研究共同成长的双胞胎，但为了把基因的重要程度体现出来，他们把同卵双胞胎与异卵（Dizygous Twins，DZ）——或者说"不一样的"——双胞胎作对比。他们发现，异卵双胞胎患孤独症的一致率相对比较低，只有 10% ~ 40%。[6] 如果基因对孤独症有影响，那么这个较低的一致率就很容易解释，因为异卵双胞胎的基因，没有同卵双胞胎那么相似。（异卵双胞胎有 50% 的基因是相同的，而同卵双胞胎则是 100%。）

那么精神分裂症的情况如何？[7] 异卵双胞胎的一致率（0 ~ 30%）仍然低于同卵双胞胎（40% ~ 65%）。这个数据指出了基因也是精神分裂症的重要因素。

对双胞胎的研究表明，基因在这里面起了作用，但它们并不能回答为什么。在给出这个答案（或者是很多答案）之前，我先解释一些关于基因的事情。

　　你可以把细胞想象成一个由许多种类的分子零件组成的精密机器。其中最主要的一类分子叫作蛋白质。有些蛋白质分子可以作为结构元件，支撑细胞，就像是木屋框架的立柱和横梁。还有一些蛋白分子可以对其他分子执行某些功能，就像是工厂里的工人加工零件。很多蛋白质身兼二职，既起结构作用，又能执行功能。另外，细胞比大多数人造的机器都具有更高的动态性，因为有很多蛋白会不断地移动。

　　人们常说 DNA 是生命的蓝图，这是因为它含有告诉细胞如何合成蛋白质的说明书。[8] 就像 DNA 是核苷酸链一样，蛋白质分子也是由小分子组成的链，这种小分子叫作氨基酸，总共有 20 种。每一种蛋白质也可以用一串字母序列来表示，但是这个序列中会有 20 种字母，而不是 DNA 中的 4 个。这个氨基酸序列，是由基因组中（几乎）邻接的一段字母序列决定的，这段字母序列就是一个基因。当细胞要制造一个蛋白质分子时，它就读出一个基因的核苷酸序列，把它"翻译"成氨基酸序列，然后合成蛋白质。（翻译所使用的字典叫作基因编码。）如果一个细胞读出一个基因并构造了一个蛋白质，我们就说它"表达"了这个基因。

　　你的生命是从一个单细胞开始的，这个细胞就是受精卵。它会分裂成两个，两个再分裂成四个，以此类推，在分裂很多次之后，就会产生大量的细胞，形成你的身体。每个分裂的细胞都会复制自己的 DNA，然后把它原封不动地传给下一代细胞。这就是为什么你身体里面每一个细胞都拥有同样的基因组。[9]那么为什么肝的细胞和心脏的细胞看起来不一样，而且具有不同的功能？答案就是不同类型的细胞表达了不同的基因。你的基因组里包含几万个基因，每个基因都对应着一种不同的蛋白质。每种不同类型的细胞，都只表达其中的一部分基因。神经元可以说是身体中最复杂的一种细胞，所以很自然地，有很多基因编码的蛋白质是专门或兼职用来支持神经元的功能的。这是回答"为什么基因会影响大脑"这个问题的第一步。

　　你的基因组，和我的几乎是一样的，与人类基因组计划中找到的序列也几乎是完全一样的。但是，它们之间仍然有一些小差异，基因组学领域开发了快速而低成本的技术，来检测这些差异。有些时候，差异可能只是一个字母，而也有些时候，会有一长段字母缺失或重复。如果基因组的一个差异改变了一个基因，那么假如我们知道这个基因编码的蛋白质有什么功能，就可以猜测这个基因的改变会导致什么后果。

心智活动是基于神经脉冲和分泌的，现在你对这个说法已经很熟悉了。这两种过程都涉及很多种蛋白质。你已经遇到了其中很重要的一种，即那些感受神经递质的受体分子。它们位于神经元的细胞膜上，部分伸出到细胞外。（前面说过，就像是用游泳圈游泳的小孩，还记得吗？）之前我用拿钥匙开锁描述了神经递质分子与受体的结合，而对于某些受体来说，这个比喻还可以更进一步，它们本身既是锁，又是门。有一个小通道从这些受体分子中穿过，连接神经元的内部和外部，在多数时间里，通道会被像门一样的结构堵住。当神经递质与受体结合时，门会打开一瞬间，使电流立刻通过通道流动。换句话说，神经递质就像钥匙一样打开一扇门，使电流可以在神经元内部和外部之间流动。[10]

通常，我们用**离子通道**来称呼所有带有通道、能使电流穿过膜的蛋白质。（离子是水溶液中能导电的带电粒子。）有很多离子通道并不是受体，它们有些负责使神经元产生神经脉冲，还有些对神经元里传递的电信号具有更精细的调节作用。如果基因组中的一段 DNA 序列发生异常，而这个序列恰恰是用来编码受体或离子通道的，那这对大脑的运转来说就是个坏消息。由离子通道的 DNA 序列缺陷而导致的疾病叫作离子通道病。[11]功能失常的离子通道会造成失常的神经脉冲发放，其表现出的症状叫作癫痫发作。

还有其他种类的蛋白，有的负责把神经递质装进囊泡，还有的负责在被神经脉冲触发时把囊泡中的东西释放到突触裂隙中。还有一些蛋白负责降解或回收突触裂隙中的神经递质，避免它们作用时间过长，或者漂到其他突触去。为神经脉冲和分泌服务的蛋白质还有很多，这里举例的不过是九牛一毛。

这些蛋白中的任何一种失常，都会导致大脑功能异常。

然而，不正常的可能性还不止这些。缺隐的基因除了这些现场的捣乱之外，还有可能在早期就造成了影响，使年幼的大脑在发育过程中就已经跑偏。

粗略地说，大脑的发育分成四个步骤。神经元首先是形成，或者说"诞生"——由它的源祖细胞分裂而来，然后是移动到合适的位置，再伸展出分支，最后是建立连接。这些步骤中的任何一步受到干扰，都会造成大脑发育异常。

如果神经元的形成过程不能成功完成，会怎么样呢？在巴基斯坦的古杰拉特市有一座神庙，供奉着一位 17 世纪的名为舒阿·杜拉（Shua Dulah）的圣人。在几个世纪里，出生时头特别小的婴儿都会被送到这座神庙。在巴基斯坦，这些婴儿被叫作 chuas，意思是"鼠人"，这可能是因为他们的面部凸出，有点像老鼠。鼠人有时会被鼠老大利用，鼠老大让他们乞讨并以此敛财。对于鼠人的来历，民间流传着许多传说。有一个令人毛骨悚然的说法是，鼠人是因为有坏人把泥土或金属扣在婴儿头上，使他们的大脑不能正常发育。[12]

事实上，鼠人是因为出生时患有先天性小头畸形（microcephaly）。纯粹的真性小头畸形似乎只有唯一症状，就是出生时头部很小。[13] 虽然皮层小，但是其折叠模式和其他结构特性基本上是正常的。[14] 但不难想象，因为皮层小，所以真性小头畸形总是还伴随有智力迟钝。

研究者们已经发现，某些基因缺陷（比如小头症基因，或者叫 ASPM）会导致真性小头畸形。这些基因编码的蛋白质，负责控制皮层神经元的诞生。这些基因的缺陷会造成神经元的数量减少，并导致小头畸形。因为每个基因都有两份，携带一份有缺陷的基因可能不会表现出任何症状，只要有一份正确的基因，就足以使大脑正常发育。但是，如果双亲都携带有缺陷基因，而且分别把它传给孩子，那么孩子就会在出生时患有小头畸形。这种情况一般是比较罕见的，但是在巴基斯坦却相对经常发生，因为那里的近亲结婚率很高。[15]（近亲的基因是有关联的，所以两人同时携带某一基因的概率要高于随机选择的两个人。）

　　大脑发育的第二步，是神经元移动到合适的位置，这个过程也有可能被干扰。无脑回畸形（lissencephaly，这个词的希腊词根意为"平滑的大脑"）表现为皮层没有折叠，没有正常的褶皱表面，并且在显微镜下还能看到其他一些结构异常。这种情况往往伴随着严重的智力迟钝和癫痫。[16] 无脑回畸形是由于在妊娠过程中，控制神经元迁移的基因发生突变而导致的。[17]

　　大脑发育的这两个步骤是发生在母亲怀孕期间的。到婴儿降生的时候，神经元的形成和迁移就已经基本上完成了。你可能听过这种说法：当你出生的时候，你就已经拥有了你所有的神经元。（只有个别脑区的神经元会在出生后继续形成。）但是，这并不意味着大脑的发育已经完成了。在出生后，神经元还要继续伸展出分支，这个过程叫作大脑的"连接"，因为树突和轴突将要形成连接。轴突伸展得快，因为它们远远长于树突。轴突不断生长的顶端，叫作生长锥，因其大概是个锥体而得名。如果把生长锥放大到一个人的尺寸，那么它走过的距离差不多就是从城市的一边到另一边。在这么远的距离里，生长锥怎么知道它该往哪里走？有很多神经科学家研究了这个问题，他们发现，生长锥的行为就像一只依靠嗅觉回家的狗。[18] 神经元表面覆有一种特殊的向导分子，它们就像是地上的气味。神经元之间的空隙中还有漂浮的向导分子，它们就像是空气中的气味。生长锥带有分子传感器，能"闻"到这些向导分子，从而找到目的地。这些向导分子和传感器分子的产生，是受基因控制的。基因就是这样引导大脑的连线的。

　　如果轴突生长得不对，就会导致"搭错线"。想想胼胝体，它是一大捆、两亿根轴突[19]，连接端脑的左半球和右半球。有极少数人的胼胝体发生了全部或部分的缺失，幸运的是，这种情况导致的后果，没有头小畸形那么严重。[20] 这种连错线的情况可以由很多种基因缺陷导致，包括控制引导轴突的那些基因。

　　在穿越大脑的大部分旅程中，轴突是走直线的，就像树干那样。在生长锥抵达目的地后，轴突就开始伸出分支。科学家们推断认为，这个最终的分支过程并不那么严格地受基因控制。如果真的是这样，那么虽然最终的整体形态是由基因决定的，但是具体的分支模式将在很大程度上是随机的。这就像是森林里的树，大概看起来都长得差不多，因为它们都有同样的基因。然而，没有两颗树的树枝是完全一模一样的，因为生长过程中还存在着随机性，而且还受到环境条件的影响。

在大脑的连线完成之后，神经元就开始生成突触，连接到其他神经元。我在前文提出了一个猜想，突触的生成是随机的，它们在神经元与其他神经元接触时，按照一定的概率生成。但是这里也有基因控制在起作用，因为不同类型的神经元，可以通过一种分子标记来识别对方，并据此来"决定"是否要连接。（我会在后面讨论神经元的类型。）

所以，在发育最早期形成的初始的连接组，看起来主要是基因和随机性的产物。科学家们仍在研究它们的相对贡献比例。一种理论认为，基因的主要影响在于控制大脑的连线。基因大致地决定了神经元的形态，即它的分支伸展到哪个区域。如果两个神经元的伸展区域有重叠，它们就具有了连接的潜力。但是，它们究竟是否会连接，就不是由基因决定的了。首先，分支会在基因规划的区域里随机地相遇，然后这些相遇的地方又会随机地形成突触。不过，在发育过程中，经历也开始参与塑造连接组了。那这到底又是怎么进行的呢？

在婴儿的大脑中，突触是以惊人的速度生长的。在第二个月到第四个月期间，仅仅在布洛德曼分区的第 17 区这一个脑区，每秒钟就会新生出 50 万个突触。[21] 为了容纳这些突触，神经突的数量和长度都会增长。图 6-1 展示了从出生到两岁期间，树突惊人地生长。

在第 5 章中我曾经提醒过，不要把成年人的学习过程理解成单纯的突触生长。这对于年轻的大脑来说也是成立的，大脑在发育过程中也会**破坏**连接。你两岁时拥有的突触，要比你现在拥有的多得多。一个成年人的突触数量，只有他小时候最多时的 60%。[22] 神经元的分支数量也有类似的升降过程。树突和轴突在一开始会肆无忌惮地大量生长，但某些分支到后来就会被修剪掉（比较一下图 6-1 中的后两幅图便可知）。

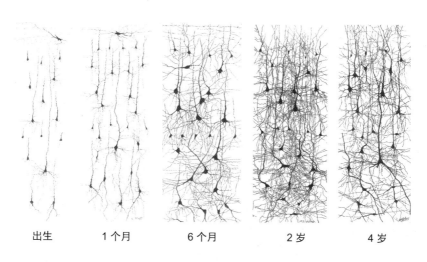

| 出生 | 1 个月 | 6 个月 | 2 岁 | 4 岁 |

图 6-1　出生到两岁期间的树突生长，以及随后的修剪

为什么大脑要创造这么多突触，后来却又把它们毁掉？事实上，所谓"创造行为"这个说法，在很多情况下是不恰当的，因为这些行为都包含着创造和毁掉两部分。当我要写一篇文章时，我首先会把所有的想法一股脑地全部写出来，哪怕写得很糟糕。在这个阶段，字数是不断增加的。在完成了粗略的草稿之后，接下来的写作和编辑过程往往就是在删减。最终文章的字数会比草稿少。就像人们常说的，完美并不是指没有什么可加的，而是没有什么能减的。

也许早期的连接组就像是一个草稿。我前面说了，初始的连线不仅受基因控制，而且是随机性的产物。在更前面我还说过，成人大脑中的突触被消灭是由于它不断地减弱，而这是由经历驱动的。基于同样的理由，在发育的大脑中，突触被消灭的主要驱动力可能也是经历。如果一个分支上面的很多突触被消灭，那么这个分支可能就会被修剪掉。这个破坏过程会不断地完善草稿，产生出一个成熟的连接组。

不过这个说法多少有点误导性，因为它暗示着创造和毁掉是完全在两个不同的阶段进行的。我们还回到写作的类比上，就会发现这是不现实的。在打草稿时，我既会写下一些字，也会删掉一些字。字数的增长是一种**净**增长，因为写出来的要多于删掉的。在接下来的修改阶段，情况则反之，字数会减少。所以，如果认为两岁之前突触只是生长，过了两岁又变成只是消灭，这是不对的。数量上早期是净增长，后来是净减少，但是这两种过程本身在一生中是始终都在发生的。即使在成年时期，突触的总量大致保持在一个定值，但是其形成和消灭也仍然在持续进行。

如果突触形成是基本随机的，而消灭却是由经历导致的，那么富足笼子的环境是不是应该导致大鼠的突触数量减少？回忆一下威廉·格里诺等研究者们的实验（第 5 章讲过）——突触数量却是增加了。这个问题还有待于探索，但是这里有一种可能的推测。假设富足笼子中的大鼠确实因为学习得更多而使它的突触消灭速度更快，但是为了补充被消灭的突触，大脑也会提高生成新突触的速度。如果生成速度快于补充被消灭的突触所需的速度，那么整体突触数量就会有净增长。在这个推论中，突触数量的增长是学习的**结果**，而不是学习的原因。

在奥地利经济学家约瑟夫·熊彼特（Joseph Schumpeter）关于经济发展和增长的理论中，有一个概念叫作**创造性破坏**。其中的第一个词是指新的公司由创业而产生，第二个词是指低效的公司由破产而毁掉。大脑发育、文章创作、经济发展，都涉及创造和毁掉之间错综复杂的互动。在复杂的组织**模式**的进化过程中，这两个过程都是必需的。认识到这一点就不难想见，单纯通过神经元的数量、文章的字数、公司的数量来衡量它们的进展是没有用的。大脑的关键在于组织结构，而不是突触数量。

现在，你已经体会到了大脑的发育过程是多么错综复杂。在这样复杂的过程中，很多环节都可能出错。如果发育的早期步骤——神经元的形成和迁移——被干扰，就会导致一些明显可见的异常，比如小头畸形或无脑回畸形。但是如果是发育的后期被干扰，则会导致**连接病理**，即神经连接错乱。神经元和突触的数量可能还是正常的，但是它们却没有按照理想的方式连接。[23]

　　还记得克雷 1 号超级计算机的故事吗？它有几十万根、总长度达 67 英里的线缆。了不起的是，当它第一次上电开机时，竟然就正常运转了。建造它的工人们成功地把它的每一根线都连对了。你的大脑要远远比这台计算机更复杂，其中有几百万英里的"线缆"。任何一个发育正常的大脑，都是一个真正的奇迹。

　　之前我讲过，有个别人的胼胝体没有正常发育。因为胼胝体通常比较大，所以这种连接病理在磁共振成像下是可见的。但是，因为我们没有能力清楚地看到大脑具体的连接，所以可能绝大多数连接病理还没有被发现。只有先研究出找到连接组的技术，才能解决这个问题。

　　在前面讲孤独症和精神分裂症时，我省略了它们最令人困惑的一个方面——没找到它们明确、统一的神经病理。早先对于双胞胎的研究表明，孤独症和精神分裂症的一个基础是错误的基因。但是在几万个基因中，到底是哪些出了错？现在大多数研究者推测，这些基因当中有很多与大脑的发育有关。孤独症和精神分裂症被称为**神经发育**疾病，因为大脑从一开始就不能正常成长。它们与神经退化疾病，比如阿尔茨海默病，有本质的不同，后者是因为本来正常的大脑发生解体造成的。

　　这个推测有什么证据呢？孤独症在这方面相对更清楚一些，因为它的症状可以在幼年早期检查出来。无论它的神经病理究竟是什么，都一定是在妊娠或幼年早期就形成了，而这正是大脑发育最快的时期。我在前面曾经提到，孤独症儿童的大脑比平均水平更大。如果从大脑发育的各个时期分别来看，这个情况则更加复杂。在出生时，孤独症的大脑要比平均水平略小一些[24]，在两岁到五岁阶段，则变成了大于平均水平，而到了成年期，则又回到平均水平上。这也就是说，孤独症儿童大脑的发育速度是不正常的。这暗示着孤独症是一种发育疾病，但要更有力地证明，则还需要找到在子宫里或幼年期形成的明确的、统一的神经病理才行。

　　在 20 世纪前半叶，研究者们不相信精神分裂症是一种神经发育疾病。这个假设是基于精神分裂症患者的大脑在幼年时是正常的，到了青春期或青年期才开始退化，并开始表现出精神病迹象。但是，因为他们无法找到伴随着大脑退化的神经病理，所以只好放弃这个假设。

今天，有很多研究者已经相信，精神分裂症就像孤独症一样，是一种神经发育疾病。[25] 他们发现很多精神分裂症患者在学习说话、走路和社会行为时，都比普通人要晚，所以他们的大脑可能在幼年时就已经有些异常了。甚至，他们的大脑发育过程可能在子宫里就已经偏离了正常的方向：从统计来看，那些怀孕时遭受饥饿或病毒感染的母亲，更容易生出发育成精神分裂症的孩子。

所以研究者们相信：孤独症和精神分裂症是由某些神经病理导致的，而神经病理是由异常的大脑发育过程导致的，而这样的发育过程又是由异常的基因和环境影响的共同作用而导致的。神经科学家们已经开始寻找这些基因，这能帮助他们更好地了解相关的发育过程。这听起来令人备受鼓舞，但是在这里我不得不尴尬地承认，这其中最重要的问题，目前还不能回答：到底是什么神经病理？虽然没有数据，但理论却铺天盖地。由于这些理论实在是太多了，无法一一介绍，所以在这里我就集中介绍一个我个人认为最有道理的——孤独症和精神分裂症是连接病理。

回想一下，孤独症患者的大脑在幼年早期要比正常的大脑发育得快。其中，额叶皮层的发育速度尤其要比其他地方更快，这可能是因为额叶的神经元之间形成了过多的连接。另外研究者们还发现，他们的额叶与大脑其他区域之间形成的连接却**过少**。[26]

我意识到这个关于孤独症的理论竟然是基于颅相学证据，而且是用颅相学的术语表达的，这有点令人苦恼。正如我之前所说，孤独症患者的大脑更大，只是一个统计学上的平均情况。通过大脑或其脑区的尺寸来诊断个体儿童的孤独症是非常不可靠的。而前面所说的"过多"和"过少"，与颅相学所说的"过大"和"过小"在粗略程度上没有什么两样。如果孤独症真的是由连接病理导致的，那么就应该在他们的组织结构上找到差异，而不是只发现总量上的差异。但是，我们目前的技术还无法看到连接病理，所以就无法找到孤独症的明确的神经病理。

精神分裂症是否也是由于连接病理导致的？[27] 在这个问题上，最令人心有戚戚的证据来自对突触消亡的研究。我讲过，成年人的突触数量要比婴儿少，但是我当时没有详细介绍这个减少是在什么时候发生的。研究者们发现，突触数量在幼年期达到顶峰后，就开始快速减少，然后在童年时期大致保持稳定，到了青春期又开始快速减少。[28] 精神分裂症患者的大脑，可能就是在第二次减少时出了错。这种缺陷可能并不是突触过多或过少，否则现在就能检测出这样的神经病理。或许是不该被消灭的突触被错误地消灭了，把大脑推向了精神病的境地。[29]

在对孤独症和精神分裂症所做的研究中，找到明确的、统一的神经病理是一个核心目标。如果这些疾病是由连接病理导致的，那么必须在技术上超越颅相学，我们需要连接组学技术。事实上，我认为在没有连接组学的情况下研究孤独症和精神分裂症，就像是在没有显微镜的情况下研究感染。虽然看到微生物本身并不能起到治疗作用，但它能够促使人们更快地找到治疗手段。同样，找到一种精神疾病的真正的神经病理，这本身并不能治疗这种疾病，却是正确方向上的重要一步。

然而，出于客观论证，我们也考虑一下反面意见：可能寻找神经病理只是浪费时间。基因组学的狂热者也许会说，因为孤独症是由基因缺陷导致的，所以应该集中精力去找这些缺陷基因，而不是在连接组上浪费时间。

确实，基因组学的飞速发展是令人震惊的。过去的基因技术周期长、成本高，研究者们只能集中于个别几个历史上有很多成员患病的家庭。但如今，他们已经可以快速地从大规模人群的基因组中寻找异常。研究者们已经在很多不同的基因中找到了与孤独症或精神分裂症有关的异常。这是令人兴奋的进步，但仍然有其局限性。

对于携带某些特定基因缺陷的儿童，基因组学可以预测，他们会发展成孤独症或精神分裂患者，而且有很高的置信度。但是对于所有孤独症病例来说，其中的绝大部分是他们预测不出来的。这是因为任何一种单个的已知缺陷，在所有病例中所占的比例都在 1% ~ 2%，大部分还要占比更低。从这个角度来看，基因组学目前还无法有效地预测一个个体是否会患孤独症或精神分裂症，就像新颅相学不能预测个体的智商一样。[30]

然而，基因检测在预测亨廷顿舞蹈症（Huntington's Disease，HD）方面则要成功得多。亨廷顿舞蹈症是主要在中年时期发病的一种神经退化疾病，其症状起初表现为不知不觉地手舞足蹈，最终会发展成认知衰退和痴呆。它要比孤独症容易预测得多，因为它只涉及一个基因。这个基因的异常，可以通过一种高精度的 DNA 测试技术来检测。阳性结果就表示这个人会发展成亨廷顿舞蹈症，阴性结果则表示不会。[31]

但是，因为孤独症和精神分裂症涉及很多基因[32]，所以要在遗传学的层面上理解它们则要困难得多。有一条思路认为，孤独症其实是一大类孤独疾病的统称，而这些疾病分别是由不同的基因缺陷导致的。可以分别研究其中的每一种孤独症，并针对它们开发不同的疗法。目前有很多研究者在实行这个策略，我也相信在短期内这将是最成功的做法。但是从长远来看，我认为还有一个策略会取得成果。不同的基因缺陷，可能会产生出同样的神经病理。我认为应该致力于找到并治疗这个神经病理。

基因组学的狂热者们也许会反驳说，治疗神经病理不是正确的思路，因为它不是病根，如果精神疾病是由基因缺陷导致的，那么我们就应该用基因疗法，用好的基因替换坏的基因。对于这个策略，实验者们在携带基因缺陷而导致大脑错乱的动物上进行了实验。在某些实验中，他们取得了令人瞩目的成功，通过修复基因缺陷将成年的动物治愈了[33]，这些研究最终将会开发出针对人类患者的疗法。但是这个策略并不总是奏效，或者只是部分有效。如果一个基因缺陷主要是在当前干扰了大脑的功能，那么修复它可能会解决问题，但是如果这个缺陷在过去大脑发育时就已经造成了破坏，那么现在再修复它也是于事无补的。

我举个例子把这个事情说明白。想象一下，假如你现在因为离婚而抑郁了。你找了一个精神分析的老专家，他告诉你，你的问题本质上是由于你在小时候的成长过程中与母亲的关系不好导致的。他说的也有可能是对的，但是这个说法对你现在解决问题有什么用吗？你现在已经长大了，就算现在把你母亲换成一个继母，恐怕也不会有什么作用。

说精神疾病是由基因缺陷导致的，就是上面这个例子的高科技版本：我们无法知道怎么才能利用这个历史原因来进行治疗。针对成年人大脑的基因疗法很难发展，就好比给成年人换个母亲没有什么作用，二者是一个道理。

那么，假设精神疾病是由连接病理导致的，要想真正治愈，就需要修复那些异常的连接。这里就产生了一个显而易见的问题：我们能在多大程度上改变连接组？用什么办法能做到这一点？

第7章 更多潜力

如果生命是一场游戏，基因就是你的牌。你不能改变你的基因组，这是你必须接受的游戏设定。基因组学的世界观是悲观的，一切都是强制的。与此相反，你的连接组是一生都在变化的，而且你对这个变化过程还拥有一定的控制权。连组接是否给我们带来了乐观的消息，比如可能性和潜能？我们到底能在多大程度上改变自己？

第2章开头引用的宁静祷词，与下面这首更早的歌谣反映了同样的感情：

> 日光之下，许多难题
> 有些有解，有些无解
> 如果有解，就解开它
> 如果无解，就忘记它

每个小书店的励志书架上都充满了这些模棱两可的话语，随便看上几分钟，你就会发现很多书没有告诉你如何改变，相反，它们在教你如何顺从。如果接受了"你根本不可能改变你的配偶"的观点，你可能就会停止指责，尝试从婚姻中寻找快乐的一面；如果相信"你的体重是由基因决定的"，你可能就会停止节食，重新大快朵颐。而在书店的另一个区域，像《我能使你瘦》和《操控你的代谢》这样的节食主题的书则传递着对待减肥的乐观态度。心理学家马丁·塞利格曼（Martin Seligman）在他的励志书《你能改变什么，不能改变什么》（*What You Can Change and What You Can't*）中给出了悲观主义的实践证据：只有 5% 到 10% 的人，真正通过节食成功地减了肥。[1] 这个比例低得令人沮丧。

那么，改变真的有可能吗？对双胞胎的研究表明，基因可能会影响人的行为，但不能完全决定。然而，还有另一种决定主义，它是关于大脑的，而且几乎同样悲观。你常会听到诸如"约翰天生就那样　　脑了搭错了弦"的说法。这种**连接组决定主义**认为，一个人在童年之后不可能再发生大的改变了。他们的想法是，连接组一开始是可塑的，但是到成年之后就固定了，正如老话说的那样，"三岁看小，七岁看老"。

连接组决定主义有一个很明显的暗示，那就是在人生最开始的几年，要改变一个人应该是最容易的。大脑的构造过程是长期而复杂的，在构造过程的早期阶段给予干预，当然要比到后来再干预更为有效。在准备盖一座房子的时候，修改本来的结构设计图纸是很容易的，但是每个改造过房屋的人都知道，对已经盖好的房子再要做大的改动，就要困难得多。如果你在成年之后学习外语，会发现这非常艰难，即使你学会了，也不太可能说得像母语那样好。而儿童学习外语则几乎毫不费力，这说明他们的大脑具有更好的可塑性。但是，这个想法对于除了语言之外的其他心智能力是否也成立呢？

1997 年，当时的美国第一夫人希拉里·克林顿在白宫召开了一次会议，主题是"关于我们的孩子，大脑研究新进展"。"零到三岁运动"[2] 的热心者们共聚一堂，期待听到神经科学家们宣布，在人 3 岁以前进行干预的有效性已经得到了证明。演员兼导演罗伯·莱纳（Rob Reiner）参加了会议，他在同一年创立了"我是你的孩子"基金会。他制作了一系列给家长看的关于育儿方法的教育视频。他演讲的题目是《最初几年影响一生》，听起来像是很不幸的决定主义。

但其实，神经科学家们还不能确认或反对这样的说法，因为很难找到到底是大脑里的什么变化导致了学习的发生。那么，"零到三岁运动"能不能把他们的说法建立于新颅相学主义，即学习是由突触的形成导致的呢？（出于讨论，不妨先忽略那些反对该理论的证据。）假如成年人不能形成突触，那么答案就是肯定的。但是威廉·格里诺和其他研究者们已经表明，即使是成年的大鼠，在富足的笼子里，连接数量也会增长。虽然增长率没有幼年大鼠那么高，但仍然是增长的。另外，还记得对学习抛球的人的皮层所做的磁共振成像研究吗？年长者的皮层与年轻的成年人一样，都会增厚。[3]最后，用显微镜观察前面提到的成年大鼠大脑里的突触，结果表明重新连接确实仍在进行。神经科学家们发现，在这些行为中，重新连接并没有像语言学习能力那样衰退。因此，连接组决定主义的第一种形式"重新连接失能"是站不住脚的。

然后，还有第二种形式——重新连线失能。大脑的"连线"阶段发生在人生早期，神经元在这个阶段伸展轴突和树突。分支的萎缩也是发生在发育时期。利用显微成像，研究者们把这些惊奇的过程拍摄成了视频。[4]轴突的尖部会时常形成一个突触，连到树突上，突触就像手一样抓住树突。形成这样一个突触，会刺激轴突继续向前生长，但是如果这个突触被消灭了，轴突就失去了把手并萎缩。通常来说，轴突只有形成突触才能稳定。在幼年大脑中，生长和萎缩都是高度活跃的，但是"重新连线失能"的支持者认为，成年的大脑是不能重新连线的。这些连线可以通过突触而重新连接，突触也可以通过改变强度而重新赋权，但是连线走向本身是固定的。[5]

重新连线之所以成为争论的焦点，是因为它在重新映射过程中扮演着至关重要的角色，而重新映射是在受伤或切除术后的大脑中观察到的一种剧烈的功能变化。为了充分理解重新连线的重要性，我们需要首先回顾一个基础的问题：一个大脑区域的功能是由什么决定的？

具有特定功能的大脑区域这个概念，是隐含地建立在实验事实的基础上的。对神经神经脉冲的测量表明，那些离得近的神经元（胞体相邻）倾向于具有相似的功能。假设有一种不同的大脑，里面的神经元是完全混乱分布的，其位置与其功能完全无关，这样的一个大脑就不可能划分出区域。[6]

那么为什么一个区域里的神经元会有相似的功能？其中一个原因是，大脑中的大部分连接存在于相近的神经元之间。[7]这意味着神经元主要是"倾听"同一个区域的神经元，所以我们认为它们具有相似的功能，就像我们认为一个稳定的小团体里面的人往往意见比较相近。但这只是故事的一部分，不是全部。

大脑中还有一些连接，是位于远距离的神经元之间的。同一个区域里的神经元除了互相"倾听"之外，也会倾听来自其他区域的神经元。那么这些遥远的输入源不会造成分歧吗？假如输入源分布在全脑，到处都是，那确实会，但实际上它们仅仅分布在很有限的几个区域。回到刚才那个比喻，你可以把一个大脑区域想象成一伙人，他们有时也会了解外面的世界，但是他们读的是同样的报纸，看的是同样的电视节目。因为这些外部影响渠道非常狭窄，所以不会导致他们出现意见分歧。

为什么长距离连接会被限制成这样？答案必定与大脑的连线结构有关。大多数区域之间是没有轴突穿过的，所以它们的神经元就没有办法互相连接。换句话说，任何一个给定的区域，都只连接了很有限的几个源区域和目标区域。这些连接区域的集合，叫作连接指纹，因为每个区域的连接集合看起来都是独特的。连接指纹往往能够给出大量关于该区域功能的信息。比如，布洛德曼第 3 脑区的功能之所以被认为是处理身体感觉，是因为这个脑区连线到从脊髓获取触觉、温觉和痛觉信号的通路上。[8]类似地，布洛德曼第 4 脑区的功能被认为是控制身体运动，这是因为它有很多轴突连到脊髓，进而连到身体的肌肉上。

这些例子使人想到，一个区域的功能在很大程度上取决于它与其他区域之间的连线。如果这是真的，那么改变连线就可以改变功能。这一点已经得到了验证，原本属于听觉区的皮层，可以通过"重新连线"而为视觉功能服务。第一步工作是由杰拉德·施耐德（Gerald Schneider）在 1973 年做出的，他设计了一个精妙的方法，可以改变新生的仓鼠大脑中轴突的生长走向。[9] 通过损毁特定的大脑区域，他使视网膜轴突偏离正常的视觉通路中的目标，转而连接到听觉通路中的一个替代目的地。这样就把视觉信号发送给了本来用于听觉的皮层脑区。

20 世纪 90 年代，木里冈卡·索尔（Mriganka Sur）和他的同事们研究了这样的重新连线所导致的功能上的结果。他们用白鼬重复了施耐德的实验，发现听觉皮层上的神经元变得能对视觉刺激做出反应了。更进一步的结果是，这样的白鼬即使在视觉皮层失去能力时，也仍然能看见 [10]，根据推测，这是因为听觉皮层在起作用。这两个证据意味着听觉皮层的功能变成了视觉。在人类中，我们也能观察到类似的"跨感官"可塑性。例如，那些从小就失明的人，在用手指阅读布莱叶盲文时，其视觉皮层就会被激活。[11]

这些发现与拉什利的皮层等势性学说是相符的，但是却提出了一个重要的条件：一个皮层脑区确实具有学习任何功能的潜力，但前提是它与其他脑区之间必须存在必要的连线。如果皮层上的每个脑区与其他所有脑区之间都有连线（而且与皮层外的其他区域也都有连线），那么这种等势性就不会受到任何限制。假如大脑的连线是"所有对所有"的，它会不会更万能、更灵活？也许会，但那也会使它的体积变得巨大。所有这些连线都需要空间，还需要消耗能量。而有证据表明，大脑是朝着经济性的方向进化的，所以，各个区域之间的连线是有选择性的。[12]

施耐德和索尔的实验，都是在幼年的大脑中造成不同的连线。成人的大脑又是什么情况呢？如果成年人大脑各区域之间的连线是固定的，它们改变的潜力就会大受限制。[13] 反过来说，如果成年人的大脑可以重新连线，那么它们就会有更大的潜力从受伤或疾病中恢复。这就是为什么研究者们非常急切地想要知道成年人的大脑究竟能不能重新连线，以及能不能利用这种现象治疗疾病。

1970 年，一名十三岁的女孩引起了洛杉矶社会工作者们的注意。她叫吉妮（化名），语言有障碍，精神也有障碍，而且严重发育不良。她是一起恶性虐童案件的受害者，从出生起就被她的父亲隔离，她被捆绑或用其他方式囚禁在一间小屋里。这起案件引起了公众广泛的注意和同情。医生和科学家们希望能让她从童年的创伤中走出来，并决心帮助她学习语言及其他社会行为。

无独有偶，同样是在 1970 年，弗朗索瓦·特吕弗（François Truffaut）的影片《野孩子》公映，讲述了阿韦龙省一个生活在丛林里的男孩的故事。这个男孩名叫维克托，是在 1800 年前后被发现的，当时他正一丝不挂、独自一人在法国的一个树林里散步。人们努力想使他"文明化"，但他最多却只能学会几个单词。历史上还记载了另外一些所谓野生人的例子，他们在成长过程中没有得到人类的关爱和影响。目前为止还没有野生人最后能学会人类的语言。

维克托这样的案例令人想到，语言和社会行为的学习可能存在一个**黄金期**。如果在黄金期里没有学习机会，那么野生孩子以后就再也无法学会这些行为了。[14] 打个比方来说，学习之门只在黄金期里是敞开的，过后它就关上并锁上了。虽然这个解释听上去很合理，但是对于野孩子的科学、严谨的了解还太少。

当吉妮被发现时，研究者们希望她能推翻这个黄金期理论。他们决心研究她，同时使她重新学会一些能力。她在语言学习方面，确实有一些令人欣慰的进展，但是最终，这个研究项目的经费枯竭了。吉妮的人生发生了悲剧性的转折，她后来被一连串的收养家庭几经转手，好不容易学会的能力似乎也都丧失了。[15]

在这个研究项目行将终止时，研究者们在学术论文中报告称，吉妮仍然能够学习一些单词，但是学习语法时却极其艰难。根据一个广为流传的说法，这些研究者们非常失望，他们预测吉妮无法学会真正的句子结构。[16] 吉妮到底能不能有更多进步，我们现在永远无法知道了。她为语言学习的黄金期提供了一些证据，但是我们还很难据此作出科学上的可靠结论。总而言之，这是一个令人心碎而愤怒的故事。

验光配镜行业会面对一些不那么严重的发育剥夺。如果有一只眼睛视力很好，那么另一只眼睛稍差的状况可能都不会被注意到。虽然佩戴眼镜或去除白内障可以很容易地矫正视力问题，但是患者可能仍然不能看得那么清楚，或者有立体视觉缺陷，这是因为虽然眼睛矫正了，但大脑中还存在一些问题。（你可能在影院里用过 3D 立体眼镜，它会利用两个图像的细微差别来营造景深的感觉。那些戴上这种眼镜却无法看到 3D 效果的人，就是由于立体视觉缺陷。）这种情况的专业术语叫弱视，它不但与眼睛有关，还与大脑有关。

弱视带来了一个启发，我们并不是简单地生来就有看的能力。我们还必须从经历中学习，而且这个过程是有黄金期的。如果在有限的时间窗口内，大脑失去了从一只眼睛接收正常的视觉刺激的机会，那它就会发育不正常。对成年人来说，这种损伤是不可逆转的。然而对于儿童，如果及时发现弱视并及时治疗，是可以恢复正常视力的，因为他们大脑的可塑性还很强。反过来说，如果一个视力正常的成年人的一只眼睛出了问题，是不会影响到大脑的，所以只要矫正这只眼睛，视力就能完全恢复。

弱视似乎为罗伯·莱纳的演讲题目《最初几年影响一生》提供了一个例证。正如"零到三岁运动"所主张的，早期干预有着不可替代的重要性。从弱视的治疗可以看出，在过了黄金期之后，大脑就不再那么可塑了。但是神经科学能直接表明这一点吗？黄金期内的视力下降和矫正，到底使大脑发生了什么变化？为什么这种变化到后来就不能再发生了？

在 20 世纪 60 到 70 年代，大卫·休伯（David Hubel）和托斯顿·威塞尔（Torsten Wiesel）用小猫做实验，研究了这些问题。为了模拟弱视，他们把动物的一只眼睛遮起来，这个条件被他们称为单眼剥夺。几个月后，他们把遮住的眼睛放开，然后测试视力。小猫被剥夺过的那只眼睛看东西就不是很清晰了，很像人类弱视患者的感觉。为了找到大脑中的变化，休伯和威塞尔记录了布洛德曼第 17 区的神经元神经脉冲。这是一个对视觉很重要的皮层脑区，被称为主要视觉区或 V1 区。他们在单独给予左眼刺激的同时，测量每个神经元的反应，然后再单独给予右眼刺激，同样地进行测量。结果发现，只有很少的神经元会对之前被剥夺的那只眼睛受到的刺激做出反应。

V1 区神经元的功能，被单眼剥夺改变了。这会不会是由于连接组的变化导致的？如果我们相信连接主义，相信一个神经元的功能主要取决于它与其他神经元的连接，那么这个猜测就颇有道理。到了 20 世纪 90 年代，安东奈拉·安东尼尼（Antonella Antonini）和迈克尔·斯特莱克（Michael Stryker）提供了证据[17]，指出将信息传至 V1 区的轴突确实发生了重新连线。每条进入该区的轴突都是来自单眼的，这意味着它们只从一只眼睛传来信号。剥夺一只眼睛将导致它的轴突急剧萎缩，而另一只眼睛的轴突则会增长。其结果是，重新连线消除了被剥夺眼到 V1 区之间的通路，而在另一只眼到 V1 区之间创建了新的通路。这比较合理地解释了为什么休伯和威塞尔观察到 V1 区中几乎没有神经元会对被剥夺眼受到的刺激做出反应。

V1 区的重新连线非常重要，它使我们看到一个由连接组变化而导致学习的例子。在重新连线的过程中，突触和通路既有形成也有消除，这就给新颅相学所认为的"学习就是突触的形成"提出了又一个反例。

安东尼尼和斯特莱克还回答了另一个问题：为什么大脑在过了黄金期之后就不那么可塑了？休伯和威塞尔表明，单眼剥夺只会造成幼年小猫的 V1 区变化，在成年猫上却不会。而且在 V1 区产生变化后，趁小猫仍然年幼时，这种变化是可逆的，但到了成年则不再可逆。安东尼尼和斯特莱克对此做出了解释，他们认为单眼剥夺不会导致成年的 V1 区发生重新连线。此外，如果单眼剥夺很快就结束，那么在黄金期内发生的重新连线就是可逆的[18]，如果剥夺结束得太晚了则不行。

安东尼尼和斯特莱克的研究，似乎支持了"零到三岁运动"所主张的早期干预。但是在这一争论中，威廉·格里诺（他就是那个发现富足的环境会使大鼠大脑的神经连接增长的人）提出了一个很重要的问题：和吉妮的遭遇一样，弱视是**剥夺**了儿童的正常经历，如果这意味着剥夺存在黄金期，那么这能同样地意味着，比正常经历更丰富的童年也有黄金期吗？

　　格里诺和他的同事们说：不能。[19] 因为在人类历史上，在正常情况下，像视觉刺激和语言输入这样的经历，对所有的儿童来说都是可以获得的。大脑在发育过程中，"预期"会遇到这些，所以它会进化成在很大程度上依赖这些经历。但是，类似于读书这样的经历，对于我们的古代祖先来说是不存在的。大脑的发育还没有进化成依赖这些经历。这就是为什么在童年时没有机会学习阅读的人，到成年之后仍然可以学会。

　　"零到三岁运动"真正需要的，是一个特殊环境下的学习黄金期的例子，而不仅仅是剥夺。1897 年，美国心理学家乔治·斯特莱顿（George Stratton）先驱性地做了这样的实验。[20] 他把一个自制的像望远镜一样的东西固定在眼睛上，并用遮光材料把目镜四周的缝隙都挡住，使其他光线不会漏到眼睛里。他设计的这个东西不是用来放大图像，而是反转图像。这使他看到的世界是上下颠倒的，而且左右也像镜子一样是反的。斯特莱顿英勇地戴上了这个东西，每天戴 12 小时，在不戴这东西的时候，他会戴上完全遮光的眼罩。

　　可以想见，斯特莱顿在初期完全失去了方向感，甚至会眩晕恶心。他的视觉和他的动作是冲突的。当他试图拿一个放在他旁边的东西时，会伸出错误的手。他要纠正自己使用另一只手，但哪怕是把牛奶倒进杯里这样的简单动作，对他来说也很艰难。他的视觉还与听觉相冲突："我坐在花园里，一位正在跟我聊天的朋友向我实际视野的一侧扔小石头。但别扭的是，石头打到地面的声音，却是从我看到它的反方向传来的，也就是从与我预想的相反的方向传来的。"但是，当第 8 天结束实验时，他的活动变得容易多了，而且视觉和听觉也协调了："当我看到火焰，它的劈啪声正来自我看到的它的方向。铅笔戳在椅子扶手上的哒哒声，也毫无问题地来自我实际看到的铅笔。"

　　斯特莱顿发现，大脑可以重新校准，以解决视觉、听觉和动作之间的冲突。眼外科医生也会为斜视患者进行一种类似的重新校准，斜视这种疾病俗称为交叉眼，有时需要通过眼肌手术治疗，使眼睛偏转。用这种方式偏转眼睛，会改变患者的视觉，从效果来说，就是使他眼中的世界发生偏转。一个简单的实验就能体现这种偏转效果。在实验中，患者被要求用手指出一个可视物体的方向，但却看不见自己的手。[21] 他们指的方向，总是会偏到物体的一侧，因为他们的动作和被改变的视觉发生了冲突。但是在手术过了几天之后再重新实验时，他们的偏差就减小了，说明他们的大脑在重新校准。

　　在接受斜视手术的患者大脑中发生了什么？从 20 世纪 80 年代开始，埃里克·克纳森（Eric Knudsen）和他的同事们用仓鸮做实验，回答了这个问题。他们给仓鸮戴上一种特制的眼镜，这种眼镜能扭曲光线，从而使它们眼中的世界向右偏转 23 度。这模拟了斜视手术导致的视野偏转。（事实上，在一些严重斜视患者的治疗过程中，有时就会用到这种眼镜。）戴着这种眼镜长大的仓鸮，其行为举止在观察者看来就是歪的。当它们听到一个声音时，会把头转到真实音源的偏右侧。它们通过这种歪头的动作就能看到音源，因为这抵消了眼镜导致的偏转。[22]

　　为了研究这种行为改变的神经基础，克纳森和同事们研究了下丘（inferior colliculus）。这是大脑的一个重要部分，它通过对比来自左耳和右耳的信号来计算声音的方向。就像在布洛德曼第 3 和第 4 脑区中分别有一张身体映射图一样（"感觉人"和"运动人"还记得吧？），在下丘中有一张外部世界的映射图。通过记录该结构中的神经神经脉冲，克纳森和他的同事表明，下丘映射图发生了与歪头行为一致的角度偏移。他们还表明，输入映射图的轴突也发生了偏移，这意味着这个重新映射的过程是由于重新连线导致的。

　　克纳森及其同事还实验了在不同的成长时期戴上或移除眼镜的效果，以此体现学习的黄金期。给正常长大的成年仓鸮戴上眼镜，不会导致歪头行为。对于戴着眼镜长大的幼年仓鸮，如果早早摘掉眼镜，其导致的结果是可逆的，但如果等到成年再摘掉，后果则不可逆。

基于下丘和 V1 区的例子，似乎可以否定成年大脑发生重新连线的可能性了。这也许可以解释为什么成年人适应变化更加困难。我曾在第 2 章提到，成年人相比于儿童，更难从半球摘除手术中恢复。对于更普遍的情况，肯纳德原则[23]（Kennard Principle）认为，大脑受损伤的时间越早，其功能就越容易恢复。虽然这个原则被批评为过度简化，因为存在一些众所周知的反例[24]，但是它确实有一些正确的成分。它与重新连线失能学说相符，而重新连线又是重新映射的一个重要机制。

与此同时，重新连线失能学说本身也在遭受攻击。研究者们利用显微镜，在活体大脑内长期监视轴突，并表明，即使是成年人，也会有新的分支生长。[25]这些实验是有争议的，但目前大家越来越一致地认为，至少短距离的生长是有可能的，而长距离还不好说。有些人还怀疑正是这样的重新连线导致了幻肢现象中的皮层重映射，但这一点目前还没有有力的证据。

还有一些研究者质疑黄金期的概念，他们认为早期剥夺的后果要比之前想象的更容易逆转。人们过去认为成年人不可能再习得立体视觉，但是神经科学家苏珊·贝瑞（Susan Barry）在她的《修复我的目光》（*Fixing My Gaze*）一书中讲述了她如何在四十多岁时习得了一定的立体视觉，而在此之前，她因为童年时斜视而一直没有立体视觉。[26]她通过一种特殊的强化训练方法来训练视觉，从而做到了这一点。

贝瑞的成功意味着，逆转黄金期经历的后果，只是困难，但并非不可能。安东尼尼和斯特莱克似乎有力地展示了 V1 区在成年后就失去了变化的潜力，因为重新连线停止了。但是这个看起来干净利索的例证，最近却遭到了挑战，因为人们发现了一些疗法可以恢复成年后 V1 区的可塑性。研究者给被试用 4 周抗抑郁药物氟西汀（大家更熟悉它的商品名"百忧解"），然后分别以 10 天完全黑暗或者罗森茨维格式的富足环境进行预处理。[27]研究发现，在这两种情况下，氟西汀分别可以使黄金期延至成年，或是完全消除限制。

　　克纳森和他的同事们一开始强调成年仓鸮无法对偏转视觉做出调整。然而后来的实验却又带来了乐观的消息。[28] 给仓鸮戴一系列眼镜，逐步加大视觉偏转的角度，经过一段时间，成年仓鸮最终也能适应 23 度偏转了，与幼年仓鸮一次性接受的偏转角度一样。这项发现引出了一个普遍观点，即成年人如果接受正确的训练，也能达到少年人的学习效果。

　　对于成年大脑的可塑性，目前流行的是持乐观态度。20 世纪 90 年代，"零到三岁运动"大力强调成年大脑的僵化和婴儿大脑的灵活性。而现在，这个钟摆却摆到了另一个极端。诺尔曼·道伊奇（Norman Doidge）在他的《重塑大脑，重塑人生》（ The Brain That Changes Itself: Stories of Personal Triumph from the Frontiers of Brain Science ）一书中，讲述了一些成年人从神经障碍中恢复的故事。他认为大脑的可塑性远远超过神经科学家和医生们所认为的那样。

　　当然，真相是在这两者之间的。单纯地认为成年人重新连线失能是不正确的，但是在某些特定的条件下，这种失能也确实是成立的。比如，某些从特定神经元或特定区域出发的特定类型的分支，可能确实会失能。另外，把重新连线视为一个单独的现象也是过分简化了。重新连线实际上包含了大量的神经突生长和衰退所涉及的过程。更完善的重新连线失能学说应该着眼于这些具体过程，而不只是一个笼统的说法。

　　因为失能是有条件的，而不是绝对的，那么也许有办法通过正确的训练过程来绕过它，正如克纳森所表明的那样。另外，轴突生长机制在正常情况下会被某种特定的分子所抑制，而大脑在受伤时，则会放开这种机制，从而激活重新连线。[29] 未来的药物治疗也许可以针对这些分子，从而使大脑以一种目前做不到的方式重新连线。

　　因为我们的实验手段还很粗劣，所以只能观察到一些剧烈的重新连线现象。这就是为什么研究者们总是用一些像单眼剥夺、斯特莱顿眼镜这样的极端经历来做实验。而那些现在看不见、相对温和的重新连线，对于研究普通情况下的学习过程是很重要的。[30] 连接组学可以为这些现象提供更加清晰的认识，从而推进这个领域的研究。

1999年，两位神经科学家之间爆发了一场激烈的"战斗"。一方是卫冕冠军、来自耶鲁大学的帕斯科·拉奇克（Pasko Rakic）。早在20世纪70年代，他就发表了一系列经典论文，坚定地认为，哺乳动物的大脑在出生后，至少是在青春期后，就不可能再有新的神经元增加了。[31] 另一方是后起新秀，来自普林斯顿大学的伊丽沙白·古尔德（Elizabeth Gould），她因报告称在成年猴子的新皮层里发现了新生神经元而震惊业界。[32]（端脑皮层大部分是由新皮层组成的，就是布洛德曼分区的那一部分。）她的这一发现被《纽约时报》誉为十年来"最惊人"的发现。[33]

这两位教授的战斗成了头条新闻，这不难理解。身体的自我修复能力是惊人的。皮肤的伤口会愈合，顶多留下一个疤。在所有的内脏中，肝是自我修复能力的冠军[34]，即使摘除三分之二，它都能再长回来。如果成年的新皮层还能产生新神经元，那就意味着大脑比我们预期的具有更强的愈伤能力。

然而这场战斗到最后，却没有公认的获胜者。"神经元不可再生"的说法在新皮层上更受认可[35]，然而就连拉奇克本人也不得不承认，在成年大脑的两个区域里，神经元是始终不断地生成的，这两个区域是海马体和嗅球。[36]（嗅球相对于鼻子，就像视网膜相对于眼睛；而海马体则是皮层的一个主要的"非新皮层"的部分。）

因为新生神经元通常出现在这两个区域，即使在没受损时也一样，所以可以推测，这些神经元不是用来愈伤的。也许它们是用来增强学习潜力的，就像新生突触被认为是通过增加学习新联想的潜力来增强记忆力。海马体位于内侧颞叶，詹妮弗·安妮斯顿神经元就是在海马体里找到的。一些研究者认为，海马体是记忆的"中转站"。[37]他们的理论是，记忆首先存储在海马体里，再由它转移到其他区域，比如新皮层。如果真的是这样，那么海马体可能就需要极强的可塑性，而新生神经元则可以使它具有额外的可塑性。类似地，嗅球可能会在新生神经元的帮助下存储气味记忆。[38]

　　根据神经达尔文主义，存储记忆是由突触的消亡与新生前后配合来完成的。同样，我们预想神经元的新生，也伴随着一个并行的过程，即神经元的灭亡。这种模式对于很多类型的细胞来说是成立的，全身上下很多细胞会在发育过程中死亡。这种死亡过程是"受控的"，它类似于自杀。细胞往往带有自我解体机制，当遇到相应的刺激时就会触发。

　　你也许以为，你的手长出手指是通过增加细胞。你错了，实际上正是细胞的死亡，在你胚胎的手上"蚀刻"出空间，进而形成了手指。如果这个过程不能正常进行，新生婴儿的手指就会粘连在一起——这是一种可以通过手术矫正的先天缺陷。[39] 所以，细胞的死亡就像雕刻，是把材料挖掉，而不是添加。

　　与身体一样，大脑也是这个情况。在你生活在子宫的时期，有多少神经元活下来，基本上就会有多少神经元死掉。[40] 创造这么多神经元，再把它们杀掉，似乎有点太浪费了。[41] 但是，如果说"适者生存"对于突触是一种高效的方式，那么它也许对神经元也是一样的。或许，神经系统在发育过程中就是用这种方式自我完善的，让那些有"正确"连接的神经元活下来，把其余的干掉。有人提出，这个"达尔文式"的解释不仅对于发育成立，而且还能解释成年的神经元的形成和灭亡，我把这称为**重新生成**。[42]

　　如果重新生成对学习这么有用，为什么新皮层不这么搞？也许是因为这个结构需要更强的稳定性，以保存已经学到的东西，为此不得不牺牲一些可塑性。但是，古尔德的报告并不是孤证，自从 20 世纪 60 年代以来，类似的研究还零星地发表了一些。[43] 说不定这些零散的文献真的抓住了一些真相[44]，而且是与目前神经科学界的看法相反的。

　　可以用这样一种办法来解决争议，即认为新皮层的可塑性取决于动物的生存环境。囚笼会使可塑性大大降低，生活在小笼子里，可以想见，不需要什么学习，所以肯定要比生活在野外笨些。大脑这时候会降低神经元的新生，而且就连那些已经生成的神经元，大部分恐怕也活不了多久就会被干掉。在这种情况下，新生神经元确实存在，但是数量太少且不稳定，很难被观测到，这就能解释研究者们的争论。很有可能，在更自然的生活环境中，学习和可塑性更有意义，新生神经元就会更多。[45]

你也许不相信这个解释，但是它比拉奇克和古尔德的故事有着更广泛的寓意：我们应该小心地对待笼统的重新生成和重新连线失能，以及其他类型的连接组变化。如果认真地考虑失能，它一定是有条件的。此外，在另外一些条件下，也许还能阻止失能。

随着神经科学家们提高对重新生成的认识，简单地计数新生神经元的数量就显得太原始了。我们还要知道为什么特定的神经元能活下来，而其他的却会被消灭。在"达尔文式"的理论中，活下来的那些是因为有正确的连接，集成到了原有神经元形成的网络中。但是我们几乎不知道什么是"正确"，除非我们能看到连接，否则没什么希望能回答这个问题。所以，要想回答重新生成是否对学习有作用、有什么作用，就必须认识到连接组学的重要性。

到这里，我已经讲过了四种类型的连接组变化——重新赋权、重新连接、重新连线和重新生成。这四个"重新"在提高"正常的"大脑和治疗疾病或受损大脑的过程中，扮演着非常重要的角色。认识这四个"重新"的全部潜能，可以说是神经科学最重要的目标。认为它们中的一个或几个会失能，是连接组决定主义的旧说法。我们现在知道，这些说法都太过简单了，如果缺乏必要的条件，就不足以成立。

另外，这四个"重新"的潜能并不是固定的。刚才我提到了，大脑在受伤后，轴突的生长会增强。除此之外，现在已知新皮层受损后会吸引新生的神经元，使它们迁移到伤处，这也是"没有新生神经元"的又一个反例。[46]这些由受伤产生的作用是由某些分子作为媒介的，目前还正在研究。理论上说，应该能通过人工方法，通过操作某些分子来促进这四个"重新"。这是基因向连接组施加影响的方式，也应该是未来药物的作用方式。不过，这四个"重新"还受到经历的引导，所以更好的控制方法是在进行分子操作的同时配合适当的强化训练。

这个神经科学的日程表听起来很振奋人心，但这真的是正确的方向吗？它基于一些特定的重要假设，这些假设看似有理，但却仍未证实。最关键的一个问题是，心智的变化归根结底真的是连接组的变化吗？这显然是一个来自理论的推断，这个理论就是，把感知、思考和其他心智活动还原成由神经连接模式产生的神经脉冲模式。研究这个理论是否成立，就能告诉我们连接主义是否真的有道理。连接组变化的四个"重新"在大脑中是存在的，这是一个事实，但是目前为止，我们还只能推断它们是否与学习有关。在"达尔文式"的观点中，突触、分支和神经元生成出来，是给大脑提供新的学习潜力。有些潜力通过赫布增强变成了实力，这使相应的突触、分支和神经元活了下来。而其余的则会被消灭掉，把无用的潜力腾出来。如果不仔细推敲这些理论，就很难知道如何有效地驾驭四个"重新"的力量。

要想客观地检验连接主义理论，就必须对它们进行实证研究。神经科学家们已经围绕这项挑战瞎转悠了一个多世纪，却还没有真正地接受它。问题就在于，这个学说的核心——连接组——是观测不到的。因为神经解剖学只能粗略地映射大脑区域之间的连接，所以要研究神经元之间的连接是非常困难的，甚至是不可能的。

我们正在努力——但是还要再加把劲儿。找到秀丽隐杆线虫的连接组花了十多年，而要找到那些更接近人类大脑的连接组则更困难。在本书接下来的部分中，我将探索那些不断发明出来的、用以寻找连接组的先进技术，以及思考连接组学这门新学科应该如何利用它们。

第四部分
连接组学

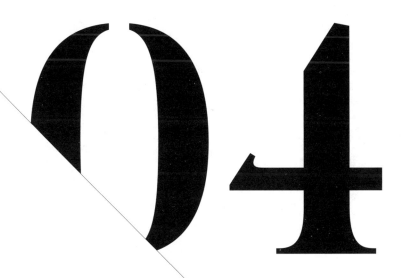

CONNECTOME
How the Brain's Wiring Makes Us Who We Are

第 8 章　眼见为实

耳听为虚，眼见为实。相比于其他感官，我们总是相信眼睛看到的是真实的。这只是一个生物学的偶然，是我们的感官和大脑恰巧进化的结果吗？假如狗有办法与人类交流，它会不会告诉我们鼻闻为实？蝙蝠能利用超声波反射，在黑暗中抓捕昆虫，它会不会认为耳听为实？

或许我们对视觉的偏爱，是基于比生物学更为本质的物理学定律。光线沿直线传播，经过镜片有次序地偏折，保持着物体各部分之间的空间关系。而且图像的信息量非常大，以至于——在计算机发展之前——很难轻易地被修改以造假。

不管是什么原因，"眼见"总是处于我们"相信"的核心地位。在很多基督圣徒的生命中，看到上帝——无论是狂风暴雨般的上帝还是平静慈祥的上帝——常常促成了他们从非基督徒到基督徒的转变。与宗教不同，科学的做法是基于提出假设和实证检验。但即使是科学，也会被视觉发现所推动，也就是那些看到奇怪之物的瞬间。有些时候，科学就是看见。

在这一章中，我将探索那些神经科学家们创造出来的、赖以揭示一个隐秘世界的仪器。这也许看起来有点偏离主题——大脑——但我希望能让你相信其实并没有。在军事史的舞台上，有勇猛的将军巧妙编排，有政治家们报幕开场，有无数士兵浴血起舞。但从宏观上来看，这些传奇都比不上幕后的技术发明更重要。是枪炮、战斗机、原子弹等武器的制造者们，不断地改变着战争的面貌，而这不是任何将军能做到的。

科学史学家们总是把荣耀给予那些思想家及其突破性的概念。很少有人为科学仪器的制造者欢呼，但他们的影响其实更为深远。很多重要的科学发现是紧随新的发明而来的。在 17 世纪，伽利略先驱性地改进了望远镜，从而使放大倍数从 3 倍增加到 30 倍。他用他的望远镜观察木星，发现有卫星绕着它转，这才推翻了所有天体都绕着地球转的传统认知。

1912 年，物理学家劳伦斯·布拉格（Lawrence Bragg）发现了如何利用 X 射线分析晶体的原子结构。3 年后，这位 25 岁的年轻人因为这项工作而获得诺贝尔奖。后来，正是 X 射线晶体学使罗莎琳·富兰克林（Rosalind Franklin）、詹姆斯·沃森（James Watson）和弗朗西斯·克里克（Francis Crick）发现了 DNA 的双螺旋结构。[1]

你听过那个"两位经济学家在街上散步"的笑话吗？"喂，路边有 20 美元钞票！"一位经济学家叫道。"别傻了，"另一位说，"不可能有的，否则早就被别人捡走了。"这个笑话是讽刺有效市场假说（Efficient Markets Hypothesis，EMH）的，这是一个有争议的断言，认为不存在任何公平且可靠的投资方法，能确保其收益高于市场平均水平。（请暂且忍受一下，马上就会回到正题了。）

当然，**不可靠**的击败市场的方法是有的。也许你随意瞅了一眼关于某个公司的新闻报道，随手买了点股票，涨到高点随便一抛就赚钱了。但是，这种事的可靠性，比在拉斯维加斯遇到个美好的夜晚高不了多少。不公平的击败市场的方法也是有的。如果你在一家制药公司工作，也许你能第一个知道某种新药的临床试验很成功。但是，如果根据这样的非公开信息而买入你公司的股票，你可能会受到内幕交易指控。

这些方法都不能同时具备 EMH 要求的"公平"和"可靠"，这个言之凿凿的断言认为这样的方法是不存在的。职业投资人恨这个断言，他们认为自己是靠聪明才智成功的。但 EMH 却说他们的成功要么是靠运气，要么是靠作弊。

支持或反对 EMH 的实践证据是很复杂的，但其理论解释却很简单：如果一只股票有一个新的利好消息，那么第一个知道该消息的投资人就会抬高股价。因此，EMH 认为，好的投资机会是不存在的，正如路边永远不会有（好吧，**几乎**永远不会有）20 美元钞票。

这跟神经科学有什么关系呢？我再讲个笑话。"喂，我想到了一个绝妙的实验！"一位科学家叫道。"别傻了，"另一位科学家说，"这是不可能的，否则早就有人做过这个实验了。"笑话的这个版本，可以说在某种程度上就是事实。科学的世界里，充满了又聪明又勤奋的人。绝妙的实验就像是路边的 20 美元钞票：有这么多科学家整天在路边寻觅，不可能漏掉多少。为了把这个断言形式化，我想提出一个有效科学假说（Efficient Science Hypothesis，ESH）：不存在任何公平且可靠的做科研的方法，能确保超越平均水平。

一个科学家，如何才能做出伟大的发现？亚历山大·弗莱明（Alexander Fleming）发现并命名了青霉素，是因为他的一个菌群偶然被产生抗生素的真菌给污染了。很多重大突破其实是意外收获。如果你期待有更可靠的方法，那或许就该找找"不公平"的优势。观察和测量的技术，就是实现这一点的方法。

伽利略在荷兰道听途说地知道了望远镜，马上就回家自己做了一台。他实验了不同的镜片，学习自己磨制玻璃，最终造出了当时世界上最好的望远镜。这些使他在天文发现领域占据了一个无人能出其右的位置，毕竟他拥有一个能检验天体的设备，而别人都没有。如果你是一个需要买设备的科学家，而且很擅长拉经费，那你有可能得到比竞争对手更好的设备。但是如果你能自己制造用钱买不到的设备，那你就能拥有更具决定性的优势。

假设你想到了一个绝妙的实验。那么它有没有人做过呢？请去查文献，搞清楚。如果没有人做过，你就得好好想想为什么没有。也许是因为这根本不是个好想法，但还有可能是因为缺乏必要的技术手段。如果这时候你有机会得到合适的设备，就有可能抢在所有人之前做这个实验。

我的 ESH 解释了为什么有些科学家终其一生都在开发新技术，而不是依赖于花钱买：他们希望建立自己的不公平优势。弗朗西斯·培根在 1620 年的名著《新工具》（*New Organon*）中写道：

> 有一个不成熟又有点自相矛盾的想法，那就是要想做到从未有人做到的事情，就一定要通过从未有人试过的方法。

我要强化这句格言：

> **要想做到从未有人做到却又值得做的事，就一定要通过还不存在的方法。**

正是在那些新方法诞生的瞬间——新技术被发明出来时——我们见证了一次又一次科学革命。

要想找到连接组，必须创造机器，以获得大视野的神经元和突触的清晰图像。这将是神经科学历史上一个重要的新篇章。与其说神经科学的历史是一系列的伟大思想，倒不如说它其实是一系列的伟大发明，每一项发明都使我们在观察大脑的道路上又跨过一道曾经不可逾越的障碍。现在，说"大脑是由神经元组成的"似乎是一件很容易的事，但是获得这个想法的道路却是异常曲折的。道理很简单，在很长的时间里，我们根本就看不见神经元。

活的精子最早是由安东尼·范·列文虎克（Antonie van Leeuwenhoek）在1677 年观察到的。他本来是一位荷兰纺织商人，后来转行成了科学家。他用自制的显微镜做出了这项发现，但没有充分认识到其重要性。[2] 他没有证明生殖的媒介是精子，而不是精液中的其他成分，也没有觉察到精子和卵子结合时的受精过程。但是他的工作为后续的研究作了铺垫，开创了一个新时代。

　　在此三年前，列文虎克用他的显微镜检验一小滴湖水。他看见了一些动来动去的小东西，并认为它们是有生命的。他称它们为微动物[3]，并写信给伦敦皇家学会报告此事。现在我们已经很熟悉微生物这个概念了，所以很难想象那个时代的人会震惊到那样的程度。在当时，列文虎克的断言简直是太科幻了，以至于他被怀疑是个骗子。为了平息这些怀疑，他向皇家学会寄去了来自八名目击者的证明信，包括三位牧师、一位律师，还有一位医生。[4]过了好几年，他的断言终于被认可了，而且皇家学会还给他授予了会员身份。

　　列文虎克有时被称为微生物学之父。19 世纪，路易·巴斯德（Louis Pasteur）和罗伯特·科赫（Robert Koch）表明很多疾病是由微生物感染引起的，于是这个微生物学在实践角度上成了一个重要的研究领域。微生物学还在细胞理论的发展过程中起了重要作用。细胞理论是现代生物学的奠基石，形成于 19 世纪，它认为所有的生物都是由细胞组成的。微生物则是那些只有一个细胞组成的生物。

　　大部分皇家学会成员是那个时代的富人，因为只有这样他们才能全身心地投入到学术追求中。列文虎克出生时的家境并不富裕，但是他到四十岁时已经积累了足够的钱，可以使他没有后顾之忧地从事科学。他没有上过大学，也不懂拉丁语和希腊语。这个自学成材的人，是如何以低微的出身而取得了如此伟大的成就呢？

　　显微镜不是列文虎克发明的，而是由 16 世纪末的一些配眼镜的老师傅发明的。最早的显微镜像今天的显微镜一样由很多镜片组成，但它们只能达到 20 倍到 50 倍的放大倍数。列文虎克显微镜的放大倍数提高了 10 倍，而且只用了一片非常厉害的镜片。[5]我们无法知道他是怎么做出那么厉害的镜片的，因为他对这个方法始终保密。这就是列文虎克的"不公平"优势：他造出了比竞争者更好用的显微镜。

　　列文虎克逝世时，他的方法也随之失传。后来到了 18 世纪，技术的发展使多镜片（复式）显微镜比列文虎克的更好用了。科学家们可以更清晰地观察植物和动物组织，这导致细胞理论在 19 世纪被广泛接受。但是在某个地方，这个理论仍然陷于麻烦，这个地方就是大脑。显微镜可以看到神经元的胞体以及由它发生的分支，但是分支出去很短一段距离之后，就再看不到了，只能看到密密麻麻的一大团，没人能知道那里发生了什么。

到 19 世纪下半叶，一项新的突破解决了这个问题。一位名叫卡米洛·高尔基的意大利医生发明了一种新的方法给大脑组织染色。高尔基的方法只能染到极少一部分神经元，剩下的绝大多数是不染色的，因此是看不见的。图 8-1 看起来仍然有点拥挤，但是我们已经可以看清每个神经元的形状了。[6]高尔基的学术竞争者、西班牙神经解剖学家圣地亚哥·拉蒙·卡哈尔很可能就是在他的显微镜里看到了这样的场面，于是画出了图 8-1。

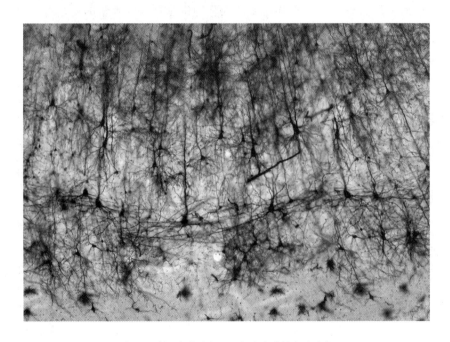

图 8-1　猴子皮层神经元，经高尔基的方法染色

高尔基的新方法具有很了不起的先进之处。为了体会它的先进，我们把神经元的分支想象成纠缠成一大团的意大利面条（我之前用过这个比喻，但是现

在考虑到高尔基的国籍，我觉得这个比喻更加恰当了）。一位视力极差的厨师，只能看到盘子里是黄色的一大团，因为单独一根面条太模糊了，无法分辨出来。但是，现在想象假如只有一根黑面条混杂在其中[7]（图 8-2 中的左图），那么即使是在模糊的图像中，也能看出来这根黑面条的形态（图 8-2 中的右图）。

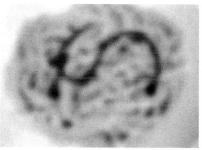

图 8-2　为什么高尔基的方法好：模糊化前（左）和模糊化后（后）的意大利面条

从发明的角度看，一台显微镜似乎要比染色酷炫一些。那些金属和玻璃的零件令人着迷，还可以按照光学定律去设计它们。但是染色就没什么可看的了，可能气味还很糟糕。染色通常不是设计出来的，而是偶然发现的。事实上，我们到现在都不知道为什么高尔基的方法只能染到一小部分神经元。[8] 我们只知道它确实好用。但无论如何，高尔基染色法在神经科学的历史中扮演了重要的角色。"你能从大脑中得到什么，主要就取决于染色。"神经解剖学家常常这样说。高尔基成了当之无愧的科学巨星。

如果缺乏必要的技术，科学就可能会沉寂很久。无论有多少聪明人在一个问题上浇注多少心血，但只要缺乏相应的数据，就不可能做出任何进展。19 世纪的人们为看不见神经元而苦恼，直到高尔基发明了他的染色法。卡哈尔最迫不及待地使用了这个方法，结果也收获最丰。1906 年，高尔基和卡哈尔共同前往斯德哥尔摩，分享了当年的诺贝尔奖——"以表彰他们在神经系统结构方面的贡献"。按照惯例，两位科学家都应邀做了特别演讲，描述各自的研究工作。然而，这两位联名获奖者，不但没有相互祝贺，反而利用这个机会互相攻击了起来。

　　他们之间的争斗已经不是一天两天了。高尔基的染色法终于让世人看到了神经元，但是由于受当时显微镜的分辨率所限，产生了一个无法解决的争议。卡哈尔用他的显微镜看到了那些染色的神经元之间接触的点，但神经元在接触点处仍然是彼此分开的。而高尔基用**他自己的**显微镜看后则认为，神经元在这些地方是融在一起的，组成一个连续的网络，就像是某种超级大细胞。[9]

　　到 1906 年，很多人认可了卡哈尔，认为确实存在一条缝隙，但他们仍然不清楚神经元在物理不连续的情况下是如何彼此通信的。30 年后，奥托·洛伊维（Otto Loewi）和亨利·戴尔爵士（Sir Henry Dale）联合获得了诺贝尔奖——"为他们关于神经脉冲化学传递的发现"。他们提出了足以定论的证据，表明神经元可以分泌神经递质分子来发送信息，并感知这些分子来接收信息。化学突触的想法可以解释两个神经元如何隔着缝隙通信。

　　但是在这个时期，没有人能真正地看见突触。1933 年，德国物理学家恩斯特·鲁斯卡（Ernst Ruska）建造了第一台电子显微镜，利用电子而不是光以产生更锐利的图像。鲁斯卡加入西门子，并以此开发了商业产品。第二次世界大战后，电子显微镜越来越普及。生物学家们开始学会把他们的样品切成极薄的薄片，然后对这些薄片成像。终于，他们看到了清晰的图片。

　　20 世纪 50 年代，第一张突触图像诞生了，表明两个神经元在突触处确实没有融合。两个细胞之间有一条明显的界线，有时甚至还能在其中看到一条极窄的缝。这些特性是光学显微镜所看不到的，这就是为什么高尔基和卡哈尔斗得不可开交，矛盾却仍然无法解决。

　　根据这个新的信息，卡哈尔获得了胜利，或者说是"似乎"获得了胜利。到最后，高尔基也变成对的了。我前面说过，大脑里除了化学突触之外，还有电突触。在这种突触上，有特殊的离子通道，跨越两个神经元细胞膜之间的窄缝，就像一条通道，使离子（带电原子）能从一个神经元内部移动到另一个神经元内。电突触能使电信号直接在两个神经元之间通行，不需要化学信号作为中介，就像高尔基想象的那样，高效地把两个细胞融合成一个连续的超级大细胞。[10]

刚才我把电子显微镜封为使我们看见突触的功臣，但是新的染色法也是很重要的。[11] 配合电子显微镜，我们可以使用"浓密"的染色方法，将所有神经元全部染色。电子显微镜和浓密染色法的组合，使神经科学家们看到了曾经看过、但从未如此清晰的图像——纠缠在一起的很多神经元的分支。高尔基的染色法在显示神经元的形态时，会给人造成一种错误的印象：似乎神经元像一座岛，周围有很宽敞的空间。但实际上，大脑组织被神经元及其分支挤得满满当当，可以看图 8-3 的左图。这张图片展示了把"一团意大利面"快刀斩断时的断面。当你真的切断一根面条时，会看到圆形或椭圆形的断面，在这张图中，神经元的分支亦是如此。

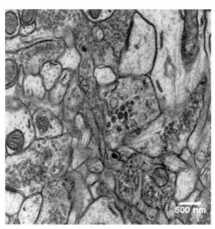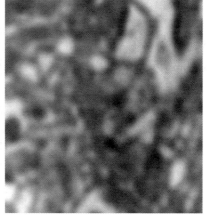

图 8-3　用电子显微镜成像的轴突和树突的断面。左图是原图，右图经过了模糊处理 [12]

根据物理定律，光学显微镜的分辨率受限于光的波长，大概是几分之一微米，比这更小的细节都会变模糊，这个障碍称为衍射极限。[13] 图 8-3 的左图是电子显微镜成像，右图则是左图的另一个版本，通过人工模糊化处理，模拟了左图在光学显微镜下的样子。[14] 那些神经元小分支的断面已经不再清晰可见了。这就是为什么像高尔基那样的稀疏染色，即只染几个神经元的方法，在使用光学显微镜时是必要的。而电子显微镜具有更高的分辨率，允许使用浓密染色以同时看见所有的神经元。

　　然而，电子显微镜图像只能展示出神经元的一个二维断面。要想看到神经元的全貌，需要三维的图像。有一个办法是把大脑组织切成很多片。见过熟食店那种切肉片的机器吗？可以考虑用这种机器的高科技版本，把大脑切成很多片，然后逐个对每一片成像。听起来是不是很简单？但是，成像所需的每一片，厚度都只有你平时吃的火腿片的几万分之一。因此，我们需要一把不同寻常的刀。

　　我始终对刀有种狂热的爱。在当童子军时，我得到了我的第一把小刀，它有两片廉价的刀片，但它们很快就失去了光泽。一个大男孩给我看他锃亮的红色瑞士军刀，那上面除了刀片之外还有各种同样锃亮的工具，我顿时就被羡慕和嫉妒给击倒了。现在我喜欢德国的碳不锈钢制厨刀（我还没有狂热到去选择更锋利但会生锈的刀）。我喜欢刀刃发出的那种锋利的金属声，也喜欢用它切开一个新鲜土豆时的满足感。

　　不过，对于钻石，我就不能理解了。是的，它们很耀眼，但是立方锆，甚至是切割过的玻璃也很耀眼呀。更不用说海蓝宝石那深邃的幽蓝色和红宝石的血红色是多么让人喜爱！这些美丽的色泽，显然比钻石那无聊的透明更能唤起人的激情。

　　直到我遇到一把钻石刀。

　　为了理解这个工具有多不一般，我们先猜个脑筋急转弯：刀和锯有什么不同？你可能会说，锯刃有齿，而刀刃是光滑的，或者说刀刃很锋利，而锯刃是钝的。[15] 但是在显微镜下，这些都不是不同。任何金属刀，即使肉眼看起来又光又锐，如果放大很多倍看，也都是钝的、有齿的。就算是精心磨过的寿司刀，看起来也会像狼牙棒一样粗糙。

　　但是有一种刀，却完美到令人窒息，经得起任何吹毛求疵。磨制好的钻石刀，即使在电子显微镜下看，都是同样完美地锋利而光滑。它的厚度只有 2 纳米 [16]，或者大约 12 个碳原子。原子尺度上的小缺口是可以看见的，但是在高质量的刀刃上几乎不会有。可以在图 8-4 中看到钻石刀与金属刀的对比，简直是云泥之别。

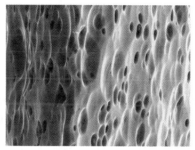

图 8-4　钻石刀（左）与金属刀（右）的对比

在几个世纪的显微成像历史中，钻石刀一直是所有刀具中最高级的。要想清晰地看到植物和动物组织的细胞结构，就要先把它们切成薄片做成样品。对于光学显微镜，这些薄片的厚度跟人的一根头发差不多。最初，样品是用刀片手工制作的。在 19 世纪，发明家们开发了自动切片机（microtome）。一块组织放进去，会自动按照特定的步长向刀行进（或者说是刀向组织行进也可以，运动是相对的），变成若干厚度相等的薄片。

切片机可以切出薄至几微米的切片。这已经远远超出了光学显微镜的需要，但是在电子显微镜发明出来后，人们就需要更薄的切片。凯斯·波特（Keith Porter）和约瑟夫·布拉姆（Joseph Blum）在 1953 年建造了最早的超薄切片机。[17] 这些机器可以切出惊人的 50 纳米厚切片，还不到人的一根头发的 1‰。超薄切片机最早用的是玻璃刀，但后来证明钻石刀效果更好。完美的锋利度使它能产生极为干净的切片，而耐久度使它在变钝之前可以使用很久。你可能已经想到了，在使用超薄切片机之前，需要非常精心地准备大脑组织。因为大脑是软的，就像豆腐一样。如果把新鲜的大脑组织直接放进去切，组织就会碎掉，所以一般会把它嵌入环氧树脂，使它变成一个硬塑料块。

超薄切片机最初用来获得二维图像，就像本章中的那些插图。在 20 世纪 60 年代，学者们很自然地更进一步，对一长串的切片成像。这种方法称为**连续电子显微成像**，它把很多切片叠在一起，以得到一个三维图像。理论上讲，用一块大脑组织就可以一次性地对其中所有的神经元和突触成像，甚至一次性对整个大脑成像都是可能的。这就是我们寻找连接组所需的技术。但是因为这些切片太娇嫩了，所以我们很难把它们拿起来，并妥善地放到电子显微镜下。经常不是这一片坏了，就是那一片丢了。因为一小块大脑组织能切出巨大数量的薄片，所以发生这种错误的机会太大了。

在几十年的时间里，这是一个不可逾越的难题。后来，一位德国物理学家想到了一个简单而绝妙的主意。

海德堡，一座可爱的德国城市，距法兰克福差不多一小时车程，这座小城看起来并不像是个孵化未来科技的地方。那里有一座半荒芜的城堡，吸引了大量的观光客。在旧城区铺着鹅卵石的路边，有成排的酒吧和饭馆，海德堡大学的学生坐在里面，大声地聊着天。如果你想思考一些深奥问题，可以到哲学路去走走，那是一条山间的小路，在那儿能望见波光粼粼的内卡河。海德堡先贤们的灵魂会在那里穿越而来，比如哲学家黑格尔和汉娜·阿伦特（Hannah Arendt）。

在内卡河的一座桥边，有一座砖砌建筑，那就是位于雅恩街 29 号的马克斯·普朗克医学研究所。这是一座非常低调的建筑，但是它曾经孕育了 5 位诺贝尔奖得主。它是马克斯·普朗克学会下属的 80 个研究所之一。这个学会是德国科学王冠上的宝石，其属下的每个研究所都由几名首席研究员领导，每个人都拥有大量经费、一支小型的研究助理团队，和一名经验丰富的技术人员。马克斯·普朗克学会的任何决策，都是由其成员，也就是这些研究所的几百名首席研究员共同投票决定的。这是一个非常独立的小圈子。

伯特·萨克曼（Bert Sakmann）曾经是雅恩街 29 号的首席研究员之一，

他因为发明了膜片钳记录技术而获得诺贝尔奖，这项技术现在已经是神经生理学家的标准工具了。他为研究所招了一位新首席研究员——物理学家温弗里德·登克（Winfried Denk）。

登克体格魁梧，看起来有一种德国古代伯爵领主的霸气。（其实这毫无违和感，因为马克斯·普朗克的首席研究员基本上也就相当于现今世界的伯爵领主了。）登克口才极好，令人印象深刻。科学实验室不是个聚集幽默感的地方，但是总会有一些例外。我永远都忘不了那场与一位杰出的应用数学家的研讨会，有那么多关于性、毒品和摇滚乐的爆笑段子，我乐得前仰后合，肚子疼得不行，泪流满面挡住了眼睛，都看不见公式了。登克的口才体现了他敏捷的思维，但是要想全盘领会，你首先得是个夜猫子。登克的作息时间是"吸血鬼式"的，起床很晚，然后一直工作到天亮。这个经历很值得体验一下，午夜过后真是文思如泉涌。

在雅恩街 29 号的地下室里，3 台电子显微镜被特殊的恒温外壳保护着。抽气泵会把它们的金属腔抽空，以确保电子自由游荡，不会与空气分子碰撞。这些显微镜颇有些讲究——在任何时候，可能都有一台正在维修中。但是其他两台则会正常运转，为大脑组织成像，持续进行几个星期或几个月。

登克刚到海德堡时，就已经作为双光子显微镜的发明者之一而扬名立万了。（我前面讲过用双光子显微镜观察活体动物大脑中突触的新生和消亡。）在震撼了光学成像界之后，登克决定要使连续电子显微成像实现自动化。他的点子很简单：在切割样品的同时，反复地对样品的截断表面成像，而不是对切下来的薄片成像。

2004 年，登克公布了他的发明——由电子显微镜和置其真空腔内的超薄切片机组成的一套自动系统。[18] 他把这个方法叫作连续立体表面扫描电子显微成像（Serial Block Face Scanning Electron Microscopy），简称 SBFSEM。[19] 这个方法是把电子打到一块大脑组织表面，获得该立体表面的一个二维图像。然后，超薄切割机的刀片把这个组织块刮掉一层，露出一个新的表面，再对这个新表面成像。总体来说就是重复地获得一叠二维图像，与传统的连续电子显微成像很类似。

那么，相比于对薄片成像，对立体表面成像有什么好处呢？区别就是，薄片非常脆弱，而立体块则比较结实。如果是薄片，那么即使没有被弄丢或弄坏，最终也一定会发生一点变形。每个薄片都发生不同的变形，把它们的图像叠在一起后，得到的三维图像就很不像样。相反，对立体表面成像得到的图像就不会有，或者说几乎不会有畸变，因为立体块比较结实，不易变形。

对立体表面成像还使得超薄切片机可以被放在电子显微镜内部，这样就可以建造一个自动系统，把切片和成像集成到一起。这进一步地提高了可靠性，因为避免了人工把薄片从切片机转移到电子显微镜的过程，而这个过程经常会出差错。新方法产出的薄片厚度是 25 纳米 [20]，降到了之前人工切片厚度的一半。

就像登山家们一样，科学家们总是努力成为“第一人”。荣耀总是归于发现者，而不是追随者。但是科学又有点像投资——有些时候你输了不是因为太迟，反而是因为太早。登克在他 2004 年发表的论文中，鸣谢了一位名叫斯蒂芬·雷顿（Stephen Leighton）的发明家，他曾经早在 1981 年就提出了类似的主意。然而，雷顿的发明对于实践来说太早了，因为这种做法会产生海量的数据，而当时人们根本就处理不了这么多数据。到后来登克独立提出这个主意的时候，计算机已经发展到可以存储这么大量数据了。

当你有了一个好想法，怎么才能知道适合它的时代是否到来了？从投资的角度来说，等到能看出来的时候基本上是马后炮，已经几乎没有可操作的余地了。一个信号是，两个人同时做出一项发明；更有力的信号则是，两个人用不同的方法解决了同一个问题。正如接下来我们要说的，与登克同时，还有另一个人也在努力实现显微过程自动化。

哈佛大学的西北楼，并没有爬满常青藤。光滑的玻璃外墙让人看不出它的历史，似乎正好适合孕育哈佛最尖端的科学研究。走进它豪华的大厅，一路漫步到地下室，你就会看到一台莫名其妙的机器——一台迂回而复杂的机器（见图 8-5）。刚开始面对它时你会完全摸不到头脑，直到你注意到一个小塑料块正在缓慢移动。它透明、泛着淡橘色光泽的外表，包裹着一个黑色的斑点。这是一颗染色过的鼠脑。

图 8-5　哈佛的超薄切片机

还有一些其他零件在缓缓转动着。有一根塑料带子，从一个转轴出来，被另一个转轴卷起来，就像 20 世纪 70 年代那种双轴磁带录音机一样。在机器旁边的桌子上，你还会看到另外一个转轴。你如果拆下来一些带子，举起来对光看，就会看到大脑切片沿着带子、按照固定间距排列在上面。终于你意识到，这个机器的功能，就是把一块大脑切成许多薄片，然后收集到一条带子上，变成一个类似胶卷的东西。

切脑片是很困难的，而收集脑片就更困难了。每个业余厨师都知道，切出来的薄片经常会黏在刀上，而不是规规矩矩地排在菜板上。传统的超薄切片机会利用水槽来解决这个问题。刀就安装在水槽的一条边上，由它切下来的脑片会妥善地浮到水槽里的水面上。然后操作者从水里一片一片地把它们捞起来，放到电子显微镜下面去成像。在这个过程中，稍微有一点差错，就会在脑片上留下烦人的褶皱，甚至毁掉整个脑片。

　　哈佛的这台超薄切片机，像传统方法一样，也是利用水槽，把切好的脑片从刀上拉下来。它创新的部分就是那条塑料带子，它就像传送带一样从水面升起来。（图 8-6 的下半部分就是塑料带子，它中间有一条竖着的色带，你应该可以在上面看到两张首尾相连的鼠脑片。）每一个脑片都会被移动的带子黏住，离开水面进入空气，然后迅速干燥。最终，娇嫩的脑片被固定在又厚又结实的带子上，卷入转轴。这里最重要的一点就是不可能出现人为失误，因为实验者不需要手工操作脑片。而且塑料带子很稳定，几乎不可能损坏。

图 8-6　切好的新鲜脑片正在被塑料带子收集并升出水面

　　这种自动卷带收集超薄切片机（Automated Tape-collecting Ultramicrotome）简称 ATUM，它的第一台原型机诞生于千里之外的一个低调的地方——离洛杉矶不远的阿罕布拉市的一间车库。它的发明者肯·海沃斯（Ken Hayworth）长得又高又瘦，戴着眼镜，走路的步伐非常坚定，说话的语调也非常有力。他以前曾是 NASA 喷气动力实验室的一名工程师，为空间飞行器开发过惯性导航系统。后来他转行，到南加州大学攻读神经科学博士学位。海沃斯是一个精力十足的人，也许这能解释为什么他能利用业余时间，在车库里造出这么一台新型大脑切片机。

　　这台原型机的切片厚度是 10 微米，对于电子显微镜来说太厚了，但它展示了原理性的想法。有一天，海沃斯出乎意料地接到了一个电话。打电话的人是杰夫·里奇曼（Jeff Lichtman），这位哈佛大学突触消亡领域的专家希望建立合作。随后，海沃斯前往哈佛，在那里建了一个工作间，造出了另一台ATUM，这台可以切出 50 纳米的薄片，达到了传统超薄切片机的水平。最终在里奇曼的鼓动下，他又把切片厚度降低到 30 纳米。[21] 为了给这些切片成像，海沃斯又与纳拉亚南·卡斯瑟里（Narayanan Kasthuri，绰号 Bobby）结伴合作。这两个人戏剧性地凑成了古怪的一对儿。实验室的其他成员开玩笑说卡斯瑟里**就像是**疯了，因为他的发型太奇特了，他的经历更是奇特。但实际上，海沃斯才是真正地疯了。（一会儿我再继续爆些关于他俩的"猛料"。）他们与另一位研究者里查德·沙尔克（Richard Schalek）一起，用一台扫描式电子显微镜给脑片成像——登克之前改造的也是这个同样的设备。

登克的发明使脑片不需要被收集，而海沃斯的发明则是使收集过程变得可靠。除此之外，还有一些其他发明家，在用各自不同的方法，改进切片和成像过程。比如，格雷厄姆·克诺特（Graham Knott）展示了如何利用离子束，使一个立体块最上面几纳米的一层蒸发掉。这个技术的原理与登克的有些类似，但它连钻石刀也不需要了。[22] 这些发明还只是刚刚开始，所以我预计，连续电子显微成像的黄金时代就要到来了。

随着黄金时代的到来，神经科学又面临着一项新的挑战，那就是信息过载。从 1 立方毫米的大脑组织，就能得到 1 PB 的图像数据。这相当于一个存了 10 亿张照片的数码相册。整个鼠脑的数据量，比这个数量还要再大约一千倍，而整个人脑，则要比鼠脑再大约一千倍。所以，要想找出连接组，只在切片、收集和成像方面进行改进是不够的。如果给所有的神经元和突触成像，信息就会像井喷一样产出，这样的海量信息，远远超出了人类的分析和理解能力。所以，要想找出连接组，我们不但需要能**产生**图像的机器，还需要能**看见**连接组的机器。

第9章　沿路追踪

在古希腊神话中，米诺斯国王私藏了一只漂亮的公牛，没有把它作为祭品。众神怒于米诺斯的贪婪，便降罪惩罚，使他的妻子发疯，与公牛淫乱。后来她生下了一只人身牛头怪，名叫米诺陶。米诺斯把这个可怕的儿子囚禁在一座巨大的地下迷宫内。这座迷宫巧夺天工，出自著名的工程师代达罗斯之手。最终，来自雅典的英雄忒修斯杀死了米诺陶。他利用一个线团，沿路追踪，成功地走出了迷宫。这个线团是米诺斯的女儿阿里阿德涅送给忒修斯的，她此时是忒修斯的亲密爱人。

连接组学使我想起了这个神话。大脑就像那座大迷宫，它承载着有害情绪的后果，比如贪婪和淫乱，也激发着美好的事物，比如巧夺天工和亲密爱情。想象一下，你正在沿着大脑的轴突和树突行走，就像忒修斯在大迷宫的曲折通道里寻路。也许你是一个蛋白质分子，坐着一辆分子车，在分子公路上奔跑。你正在经过一段很长的旅途，从你出生的家乡——细胞体，到你的目的地——轴突末端。你耐心地坐着，望着轴突的内墙向后飞驰退去。[1]

如果你喜欢这段旅途，那就让我带你真正地领略一个近似版本。真正的大脑不能让你在其中穿梭，但是大脑的图片却可以。第8章中描述的机器会产生一叠图片，通过这些图片，你可以追踪一条轴突或树突的轨迹。这是寻找连接组的一个重要步骤。要想测绘大脑连接图谱，就必须知道哪些神经元之间有突触连接，而要想做到这一点，就必须知道"连线"的走向。

要想找到整个连接组，必须探索大脑迷宫中的每一条通道。测绘 1 立方毫米的大脑图谱，就需要处理 1 PB 图像中长达数英里的神经突。这项分析需要极其繁重的工作量和耐心，但它却是必要的。仅仅扫一眼这些图像，是看不出任何东西的。这种类型的科学研究，与伽利略看见木星的卫星和列文虎克看见精子是大不相同的。

现如今，"科学就是看见"已经发展到了当前技术的极限。没有哪个人能够处理自动化设备所产生的海量图像。但是，既然这个困难是由于技术导致的，那么也许技术也能解决它。或许利用计算机，就能在这些图像中追踪所有的轴突和树突的路径。如果能让机器承担大部分工作，就能够看见连接组了。

不单单是连接组学遇到了处理海量数据的困难。全世界最大的科学项目是大型强子对撞机（Large Hadron Collider，LHC），它是一个地下 100 米深处的环形管道，总长 27 千米，位于日内瓦湖和汝拉山脉之间。LHC 能把质子加速到极快的速度，然后让它们撞到一起，以研究基本粒子之间的相互作用。在它圆周上的某个位置，有一台巨大的装置，叫作紧凑型缪子螺线管探测器（Compact Muon Solenoid，CMS）。它用来检测每秒 10 亿次对撞[2]，然后由计算机自动筛选，从中选出 100 个。虽然只有有价值的事件才会被记录下来，但因为每个事件会产生超过 1 兆字节的数据，所以总体的数据流量仍然有如井喷。这些数据随后会被发送到一个由世界各地的超级计算机组成的网络，以分析处理。

为了找到哺乳动物大脑的连接组，需要靠显微镜得到连续图像，而这个数据流量比 LHC 还要大。我们分析数据的速度跟得上吗？那些测绘秀丽隐杆线虫连接组的科学家们，曾经就遇到了这个问题。他们出乎意料地发现，分析图像要比得到图像困难得多。

在 20 世纪 60 年代中期，南非生物学家西德尼·布雷纳（Sydney Brenner）意识到，利用连续电子显微成像技术，也许可以测绘小型神经系统的所有连接。当时还没有**连接组**这个术语[3]，布雷纳把这项工作称为神经系统重建。布雷纳当时在英国剑桥的 MRC 分子生物学实验室工作，他与实验室的其他人正在用秀丽隐杆线虫作为研究遗传学的模式动物。后来，线虫成了第一个完成基因组测序的动物，如今有成千上万的生物学家在研究线虫。

布雷纳认为，秀丽隐杆线虫也许还能帮助我们理解行为的生物学基础。它们有像觅食、交配和产卵这样的正常行为，还能对特定的刺激做出固定的反应。例如，你碰到它的头，它就是畏缩并游走。现在，假设你发现一条线虫不能完成其中某种正常行为，如果它的后代也都继承了同样的毛病，你就可以假设说，这是由于基因缺陷导致的，并试着找到那个基因。这样的研究将阐明基因和行为之间的关系，已然是很有价值了。不过，你还可以更进一步，去检查这些突变线虫的神经系统。或许你能发现，那个错误的基因破坏了特定的神经元或通路。基因、神经元、行为——能同时在这些不同层面上研究线虫，这个前景着实令人兴奋。然而，这个环环相扣的计划要想运转起来，还需要一样布雷纳所没有的东西：正常线虫的神经系统图谱。没有它，就很难辨别出突变线虫的神经系统有什么异常。

布雷纳知道，在 20 世纪早期，美籍德国生物学家理查德·戈德施密特（Richard Goldschmidt）曾经尝试过测绘另一种虫子——蛔虫——的神经系统。[4]但是，戈德施密特使用的光学显微镜分辨率太低，无法看清楚神经元的分支，也看不到突触。布雷纳决定对秀丽隐杆线虫做类似的尝试，但是他要使用更先进的技术：电子显微镜和超薄切片机。

秀丽隐杆线虫只有一毫米长，比蛔虫小很多，蛔虫在人类宿主体内可以长到一英尺①。把整条秀丽隐杆线虫像切香肠一样，切成厚度满足电子显微镜要求的薄片，只需要切几千次就可以了。在当时，切片过程还不是自动化的，

_____

① 1 英尺 ≈ 0.304 8 米。

布雷纳团队成员尼科尔·汤姆森（Nichol Thomson）发现，在这种条件下，要想不出差错地切完一整条线虫是不可能的，但是他可以做到不出差错地切完一大段。于是布雷纳决定，把多条线虫的各段图像组合到一起。这是一个合理的策略，因为线虫的神经系统是高度统一的。

　　然后汤姆森就不停地切线虫，直到线虫身体的每个区域都被至少切过一次。这些切片被一片一片地放到电子显微镜下成像（见图 9-1）。这项繁重的工作最终产出了代表线虫整个神经系统的一叠图像。线虫所有的突触都包含在其中。

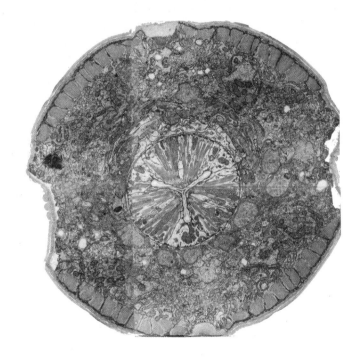

图 9-1　秀丽隐杆线虫的切片

　　你可能会以为，布雷纳及其团队的工作到这里就结束了。连接组不就是所有突触的全体吗？但事实上，他们的工作才刚刚开始。虽然所有的突触都被测出来了，但它们的组织结构却是隐藏在其中的。研究者们相当于收集了一袋子混成一团的突触。要想找到连接组，他们还需要搞清楚哪个突触属于哪个神经元。这从一张图片是看不出来的，因为一张图片只显示神经元的一个二维断面。但是，如果在一系列图片中连续地追踪一个神经元的断面，就可以确定哪些突触是属于它的。如果对所有的神经元都这样做，就可以找到连接组了。换句话说，布雷纳的团队就可以知道哪些神经元与哪些神经元连接了。

再回到刚才的比喻，把线虫想象成香肠。但是这次，想象香肠中插满了意大利面条。[5]这些面条就是神经元，而我们的任务就是追踪每一根的轨迹。因为我们没有 X 光那样的视力，所以我们要求厨师把香肠切成许多薄片。然后把所有的薄片依次排开，一片一片地对比匹配，以追踪里面的每根面条。

要想有机会不出差错地追踪，切片就必须非常薄，其厚度不能超过面条的直径。同样，对线虫也是如此。秀丽隐杆线虫的神经分支直径不超过100纳米，所以切片的厚度必须比这更薄。尼科尔·汤姆森制作的切片厚度大约是 50 纳米，刚好能使大多数神经分支可以被可靠地追踪。[6]

约翰·怀特（John White）是一名电子工程师，他本来想利用计算机来分析这些图像，但当时的技术做不到。于是，怀特和一位名叫艾琳·索思盖特（Eileen Southgate）的技术员只好手工分析。他们用同样的数字或字母，标记同一个神经元的每一个断面，就像图 9-2 中的两幅图那样。要想追踪一个神经元的整体，研究者就需要在连续的图像中，找到相应的断面，依次标上同样的符号[7]，就像忒修斯在迷宫里拉着阿里阿德涅的线。在追踪完所有神经元的轨迹之后，他们再返回到每个突触，记下与每个突触相连的神经元的符号。他们就用这种方法，使秀丽隐杆线虫的连接组慢慢地浮出了水面。

1986 年，布雷纳团队发表了这个连接组，而且是作为《伦敦皇家学会哲学学报》（*Philosophical Transactions of the Royal Society of London*）整整一期的全部内容，几个世纪前，列文虎克就是这个学会的成员。这篇论文的标题是《秀丽隐杆线虫的神经系统结构》，但页眉上的标题则简写作"虫子的心智"。论文的正文是 62 页"开胃菜"，真正的主菜是 277 页附录，其中描述了线虫的 302 个神经元及其突触连接。[8]

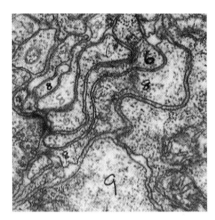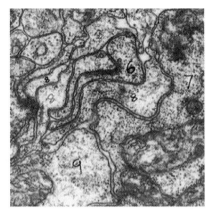

图 9-2　在连续的切片中对比匹配神经元分支的断面，以追踪它们

正如布雷纳希望的那样，秀丽隐杆线虫的连接组对于研究线虫行为的神经基础非常有用。它能帮助找到某个行为的神经通路，例如碰它的头就会游走。[9] 不过，布雷纳最初的野心只实现了一小部分。这并不是因为图像太少，尼科尔·汤姆森利用很多线虫收集了大量图像。事实上，他还对各种有不同类型基因缺陷的线虫进行了成像，但是要分析这些图像并检测其连接组的异常所需要的工作量实在是太大了。布雷纳本来想要研究线虫"心智"的差异是否是由于连接组的差异，但是他却无法实现，因为他的团队只找到了一个连接组，就是正常线虫的连接组。

哪怕只找到一个连接组，也已经是不朽的功绩了。从 20 世纪 70 年代到 80 年代，分析这些图像花掉了十多年，远远超过了切片和成像的时间。另一位线虫研究领域的先驱者大卫·霍尔（David Hall）曾经把这些图片传到网上，做成了一个琳琅满目的线虫信息库（其中大部分图像直到今天还没有分析）。布雷纳团队的艰苦劳动，似乎成了对其他科学家的一个警告——"危险动作，请勿模仿"。

这种情况直到 20 世纪 90 年代才有所改善，因为计算机变得更为低成本、高性能。约翰·费拉（John Fiala）和克里斯顿·哈里斯（Kristen Harris）开发了一个软件，可以更容易地手工重建神经元的形态。[10] 计算机会把图像显示在屏幕上，操作者可以用鼠标在上面画线。这项基本功能，对于每个用计算机画过画的人来说都很熟悉。此外，它还可以通过画出每个断面的边界，在一叠图像中追踪一个神经元。经过操作之后，每张图像都会被很多边界线覆盖。计算机会追踪一个神经元所有断面的边界线，并在线内填上颜色。每个神经元会填入不同的颜色，于是这一叠图像就被组装成一本三维立体书。计算机还可以三维渲染出神经突的各部分，如图 9-3 所示。[11]

图 9-3 手工重建的一段神经突的三维渲染

有了这个处理过程，科学家们再做工作时，就比布雷纳的团队做秀丽隐杆线虫项目时高效多了。现在图像都井井有条地存储在计算机里，研究者们不再需要面对铺天盖地的照片纸了，用鼠标操作也不像用记号笔标号那么麻烦。然而，分析图像仍然需要人类的智慧和极大量的时间。克里斯顿·哈里斯和她的同事们用这个软件重建了一些小块的海马体和新皮层，发现了关于轴突和树突的很多有意思的现象。不过，这些小块非常小，只包含了神经元的小局部。用这个方法去寻找连接组是不可能的。

根据这些研究者们的经验，可以推断，手工重建一立方毫米的皮层，就

需要一百万人年 ① 的工作量 12，远远大于电子显微镜获得相应图像的工作量。因为这些令人望而却步的数字，未来连接组学的关键问题很明显就是要实现图像分析的自动化。

有一个好消息是，我们已经可以用计算机，而不是人，来画出每个神经元的边界了。但还有一个坏消息是，如今的计算机还不是很擅长检测边界，哪怕是一些对人类来说看上去很明显的边界。事实上，计算机并不擅长任何视觉工作。科幻电影中的机器人可以在场景中很自如地四处观察并识别物体，但在现实中，人工智能（AI）领域的研究者还在苦苦挣扎于如何让计算机具有最原始的视觉能力。

在 20 世纪 60 年代，研究者们把相机挂在计算机上，尝试建造最早的人工视觉系统。他们试图给计算机编程，让它能把图像转换成线条画，这是任何卡通画家都能做到的事。他们认为，根据形状的轮廓线来识别物体是比较容易的。结果，他们见识了计算机检测边缘的能力有多糟糕。即使是一些很简单的儿童积木图片，计算机都很难检测出积木的轮廓。

为什么这个任务对计算机如此困难？一个叫作卡尼莎三角（Kanizsa Triangle）的著名幻象（见图 9-4）揭示了边缘检测的一些微妙之处。大多数人会把这幅图看作三个黑色的圆形围着一个正立的三角形，还有一个白色的倒立三角形覆盖在它们上面，但这个白色三角形其实是个幻象。如果只看这幅图像的一角，用手挡住其余部分，那么你会看到吃掉一块的饼（或是吃豆人，如果你还记得那个 20 世纪 80 年代的小游戏），而不是一个黑色的圆形。如果只看一个 V 形，用双手挡住其余部分，那么你会看不到任何边缘，但此处本来有白色三角形的一条边。这是因为那条边的大部分地方与附近的背景同色，没有反差。只有当其他形状为它提供了足够的背景信息时，你的大脑才能补充上缺失的部分，从而感知到上面盖着的三角形。

---

① "人年"是统计学中工作量计算单位，表示一个人一年的完全的工作量。

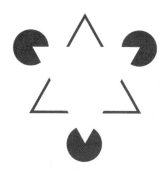

图 9-4　卡尼莎三角中的"幻象轮廓"

　　也许这个幻象过于人工化，对正常视觉来说，不是什么重要的问题。但即使在真实物体的图像中，背景信息对于边缘感知的准确性也是至关重要的。在图 9-5 的第一幅图中，神经元电子显微镜图像的一部分经过放大之后，几乎就看不出边缘了。接下来的两幅图给出了周围更多的背景，于是中间的一条边缘才逐渐显现出来。如果正确地检测到这条边缘，就会得到一幅正确的解析图像（如图 9-5 中倒数第二幅图所示）。如果遗漏了这条边缘，就会错误地把两个神经突合并到一起（如图 9-5 中最后一幅图所示）。这种错误称为合并错误，就好比小孩用蜡笔给图画涂色时，给两个相邻的不同区域涂上了同样的颜色。而分割错误（图中没有给出）则好比给一个区域涂上了两种不同的颜色。

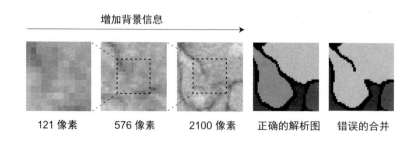

图 9-5　背景对于边缘检测的重要性

　　诚然，这种程度的歧义相对比较少见。图 9-5 中给出的例子很可能是由于样本的这个部位在染色时渗透不全而导致的。而对于这幅图像的其余部分，即使在放大之后，也是很明显能看出来边缘的。计算机能在这些容易检测的部位精确地检测边缘，但在个别检测困难的部位还是会出问题，因为计算机不能像人一样巧妙地利用背景信息。

如果我们用计算机辅助寻找连接组，那么边缘检测还不是唯一需要改进的视觉功能。另一项功能是识别。现在有些数码相机很智能，可以自动定位并对焦到场景中的人脸。但有时它们会出错，会对焦到背景的某些物体上，这就是因为它们识别人脸时还达不到人类的水平。在连接组学中，我们也需要计算机具有类似的功能，并且不能出错：从一组图像中找出所有的突触。

为什么我们（到目前为止）还不能造出像人一样"看"的计算机？在我看来，这是因为我们"看"的能力太强了。早期的人工智能研究者们致力于让机器模仿一些让人都觉得费劲的能力，比如下棋或证明数学定理。最后令人吃惊的是，这些能力对计算机来说并不那么难——1997 年，IBM 的深蓝超级计算机战胜了国际象棋世界大师卡斯帕罗夫。与象棋相比，视觉简直可以说是个幼稚的功能：我们只要睁开眼睛，就一直在看着周围的世界。或许正是因为视觉对人来说轻而易举，所以早期的人工智能研究者们没有认识到视觉对于机器来说会有多么困难。

有些时候，最擅长做某件事的人，恰恰是最不擅长教这件事的人。因为他们已经熟练到可以不假思索、下意识地做这件事，所以当你让他们讲解是怎么做的，他们反而说不出来了。在视觉能力这方面，我们都是大师。视觉与生俱来，所以我们无法理解那些没有视觉的东西，进而不知道该怎么把视觉教给它们。我们从来不需要把视觉教给什么东西，直到遇到了计算机。

近些年来，一些研究者放弃了教计算机如何"看"。为什么不让计算机自己教自己呢？比如收集大量的人类完成一项视觉任务的例子，然后输入计算机，给计算机编程，让它模仿这些例子。如果成功了，计算机就可以"学会"这项任务，而不需要任何显式的指导。这种方法称为机器学习[13]，它现在是计算机科学的一个重要的子领域，从这个领域已经诞生了能自动对焦人脸的数码相机，还有很多其他人工智能方面的突破。

现在世界上有几家实验室，包括我自己的实验室，正在利用机器学习方法训练计算机看神经元。起初，我们利用约翰·费拉和克里斯顿·哈里斯开发的那种软件。人们手工地重构出神经元的形状，作为样例供计算机模仿。当我们开始这项工作时，怀伦·杰恩（Viren Jain）和斯里尼·图拉加（Srini Turaga）作为我的博士生设计了一种方法，通过比较计算机的分析结果与人类的差异，对计算机的表现进行量化的"评分"。[14]计算机要提高自己在分析样例时的"评分"，从而学会看神经元的形状。在用这种方法训练计算机之后，再让它去分析那些没有经过手工重建的图像。图 9-6 给出了计算机自动重建的神网膜神经元。这种方法虽然还刚刚起步，但已经达到了前所未有的准确度。

图 9-6　计算机自动重建的视网膜神经元

尽管有了这些进步，但计算机仍然会犯错。我相信机器学习的应用会不断地降低错误率，但是随着连接组学领域的发展，计算机需要面对越来越多的图像，所以虽然错误**率**在降低，但错误的绝对数量仍然很大。在可预见的未来，图像分析还不可能达到 100% 自动化——我们还是需要一些人类智力——但是可以想见，这个过程的速度会越来越快。

传奇的发明家道格·恩格尔巴特（Doug Engelbart），最先提出了用鼠标与计算机交互的想法。直到 20 世纪 80 年代个人计算机革命席卷世界时，人们才认识到了这个想法的意义。但是恩格尔巴特早在 1963 年就发明了鼠标，当时他正在斯坦福研究院领导一个研究团队，此处是加利福尼亚的智力集中营。就在同一年，马文·明斯基（Marvin Minsky）在大陆另一边的麻省理工学院联合创建了人工智能实验室。他手下的研究者们，正是第一批去挑战"让计算机看"这个难题的先锋。

早年的计算机高手之间流传着一个故事——关于这两位智者的一次会面，也可能是杜撰的。[15] 明斯基自豪地宣称："我们将赋予机器智能！我们将赋予机器行走和说话的能力！我们将赋予机器意识！"恩格尔巴特回击道："你们打算对计算机这么好？那么，你们打算给人类带来什么好处呢？"

恩格尔巴特在一个宣言中提出了他的想法，即"增强人类智力"，这催生了一个被他称为智能增强[16]（Intelligence Amplification）的新领域，简称 IA。其目标与人工智能有着微妙的不同。明斯基的目标是让机器更聪明，恩格尔巴特则希望利用机器使**人**更聪明。

我实验室的机器学习研究属于人工智能的范畴，然而费拉和哈里斯的软件却直接地继承了恩格尔巴特的想法。它不是人工智能，因为它没有聪明到能够自己看到边缘。相反，它增强了人类智能，帮助人们更高效地分析电子显微镜图像。智能增强领域对科学界变得越来越重要，现在已经可以把任务"众包"[17] 给互联网上大量的人。例如星系动物园（Galaxy Zoo）项目，就是邀请公众帮助天文学家根据望远镜图像中各星系的样子给星系归类。

实际上，人工智能和智能增强并不是竞争关系，最好的方法是结合这两者，这正是我的实验室现在正在做的。人工智能应该是智能增强系统的一部分，它负责处理掉那些容易的决策，然后把困难的部分留给人类。使人类更高效的最好方式，就是尽量避免把时间浪费在无聊的事情上。反过来，智能增强系统本身又是收集样例的最好平台，这些样例可以用于机器学习而提高人工智能。智能增强与人工智能的联姻，可以产生出一个随着时间的推移越来越聪明的系统，从而以越来越大的倍数，增强人类的智能。

科幻电影里的智能机器，经常给人类带来灭顶之灾。人们看了太多这种电影，往往对人工智能的远景感到恐惧。研究者们则会受到人工智能的诱惑，无谓地试图将工作任务完全自动化，但实际上，这些任务可以通过人与计算机的合作而更高效地完成。这就是为什么我们应该记住终极目标是智能增强，而不是人工智能。恩格尔巴特的呼声，洪亮而清晰地指导着连接组学去面对计算方面的挑战。

这些图像分析方面的进步令人感到振奋和鼓舞，但是连接组学在未来的进展能够达到多快呢？在过去几十年，每个人都见证了难以置信的技术发展，尤其是在计算机领域。一台台式计算机的心脏是一颗称为微处理器的硅片。第一颗微处理器诞生于 1971 年，仅带有几千个晶体管。从那时开始，半导体公司就被拖入了一场竞赛，拼命地把越来越多的晶体管塞到一颗芯片上。他们进步的速度快到令人窒息。晶体管的成本每两年就会降低一半，从另一种角度看，在同样成本的微处理器上，晶体管数量每两年就会翻一番。

这种周期性的翻倍增长称为指数级增长，因为数学中的指数函数就是这样增长的。计算机芯片复杂度的指数级增长称为摩尔定律，因为它是戈登·摩尔（Gordon Moore）于 1965 年在《电子学》（Electronics）杂志上发表的一个预言。在这 3 年之后，摩尔协助创建了英特尔公司，现在英特尔是全球最大的微处理器制造商。

指数级增长使计算机成为了一个前所未有的产业。在摩尔定律承受住了多年的检验之后，摩尔开了句玩笑说：“如果汽车工业的发展像半导体工业一样快，那么现在一辆劳斯莱斯就应该用 1 加仑汽油跑 50 万英里，而且价格应该便宜到可以随便丢掉，不值得交停车费。"如今我们每隔几年就要丢掉手里的计算机，再买一台新的。而这往往并不是因为旧的计算机坏了，只是因为它们太落后了。

有趣的是，基因组学的进展也是指数级的，它很像半导体，而不像汽车。实际上，基因组学的发展甚至比计算机还要迅猛。DNA 序列的测序成本不断地折半[18]，速度比晶体管的成本折半还要快。

那么连接组学能不能像基因组学一样指数级发展？从长远来看，寻找连接组的一个主要的限制就是计算速度。别忘了，在秀丽隐杆线虫项目中，分析图像所消耗的时间，要远远多于获取图像。换句话说，连接组学骑在计算机工业的背上。如果摩尔定律能继续保持正确，那么连接组学也将走上指数级增长之路——但没有人知道这会不会发生。一方面，单个微处理器上晶体管数量的增长速度正在放缓，这是摩尔定律即将失效的一个信号。另一方面，凭借新型的计算架构和纳米电子学的发展，增长速度也许还能保持，甚至会更快。

如果连接组学真的能够实现指数级增长，那么在 21 世纪结束之前，找出人类完整的连接组就会变成一件容易的事。目前，我和我的同行们正在全力解决"看到"连接组的技术障碍。如果我们成功了，会发生什么呢？我们接下来会做什么呢？在接下来的几章中，我们将一起探索几种令人激动的可能性，包括测绘更好的大脑图谱，揭示记忆的奥秘，找到精神疾病的根本原因，甚至利用连接组找到新的治疗方法。

第 10 章　划分

我小时候，有一天，父亲带回来一个立体地球仪。我用手指划过上面的起伏，感受喜马拉雅山脉的巍峨。我关掉房间的灯，打开地球仪的开关，躺在床上，凝视它发光的一面。不久之后，我迷上了一部大书，是父亲的世界地图册。我常常嗅着它的皮革封面，翻看遥远的国家和海洋的那些充满异国情调的名字。学校的老师讲解麦卡托投影时，我们对着被拉大得很夸张的格陵兰岛咯咯地笑，那就像游乐场里的哈哈镜，或是橡皮泥上的卡通图案。

如今，地图对我来说已是实用的工具，不再神奇了。随着儿时的记忆渐行渐远，我很想知道，是否是这份对地图的惊奇帮我战胜了对世界之大的恐惧。那时候，我从不独自离开我住的街道，外面的城市令我感到害怕。但是，把整个世界绘在球上或书上，就会使它看起来没有那么危险。

在古代，对世界之大的恐惧感不只属于儿童。中世纪的绘图师们在绘制地图时，并不把未知地带留为空白，而是画上海蛇、想象中的怪兽，并标记"此处有龙"。几个世纪以来，探险家们穿越每个大洋，攀登每座高山，逐渐在地图上把这些地方换成了真实的情况。现如今，我们已经可以从外太空拍摄照片，感叹地球之美。发达的通信网络，使地球村成为现实。世界变得越来越小了。

与世界不同的是，我们最初认为，大脑是个紧凑的东西，被妥善地包裹在颅骨之中。然而，随着我们对大脑和其中神经元的了解越来越多，它反而显得越来越可怕了。早期的神经科学家们，把大脑划分成不同的区域，并赋予每个区域一个名称或代号，比如布洛德曼的脑区图。卡哈尔发现这样的方法太粗糙了，于是开创了另一条路，他像植物学家一样给"树"分类，以对抗大脑这片"森林"之大。[1]他成了一位"神经元收藏家"。

我们之前已经了解了为什么要把大脑划分成区域。神经学家们利用布洛德曼脑区图来理解大脑损伤的症状。每个皮层区域都与一个特定的心智功能相对应，比如理解或产生语言等，损伤一个脑区，就会损害特定的功能。但是，为什么要把大脑分割得更精细，精确到神经元类型的程度呢？首先，这些信息对神经学家们有用。有些损伤与此关系不大，比如中风，它倾向于影响大脑某个特定位置的所有神经元，然而，还有一些损伤则倾向于影响特定种类的神经元。

帕金森病的早期症状是运动控制功能的损伤。患者会有明显的静止性震颤，也就是在没有想要活动四肢时，四肢也会不自觉地颤抖。随着病情加重，患者的智力和情绪方面也会出现问题，甚至发展为痴呆。迈克尔·福克斯（Michael J. Fox）和穆罕默德·阿里（Muhammad Ali）的病例提高了公众对这种疾病的认识。

如同阿尔茨海默病一样，帕金森病也与神经元的退化和死亡有关。在病情早期，这种损伤只限于一个叫作基底核的区域。这是一个复合结构，埋在端脑深处，它还与亨廷顿舞蹈症[2]、图雷氏症和强迫症有关。虽然这个区域比它外面的皮层小得多，但是从它在这么多疾病中起的作用来看，它是一个至关重要的区域。[3]

帕金森病主要会破坏基底核的一个叫作黑质致密部（substantia nigra pars compacta）的部分。我们甚至还可以更进一步，把范围缩小到这个部分中的一种特定类型的神经元，一种释放神经递质多巴胺的神经元。它们会被帕金森病逐渐破坏。这种情况目前还无法治疗，但是可以通过弥补多巴胺的减少来缓解症状。

神经元类型不仅对于疾病很重要，对于正常的神经系统运转也很重要。比如，视网膜中的 5 大类神经元——感光细胞、水平细胞、双极细胞、无长突细胞和神经节细胞——分别具有特定的功能。感光细胞负责感受打到视网膜上的光线，并把它们转换成神经信号。神经节细胞的轴突则负责传导视网膜的输出，使其经由视神经传入大脑。

这 5 大类细胞，又被进一步分成 50 多种小类，如图 10-1 所示。图中的每一行表示一个大类，包含了属于该大类的神经元类型。[4] 视网膜神经元的功能，要比詹妮弗·安妮斯顿神经元简单得多。例如，某些神经脉冲是对黑暗背景中的亮点做出的反应，或者反之。截至目前，已被研究过的每种神经元都具有不同的功能，现在研究者们还在继续努力，希望搞清楚所有神经元的功能。

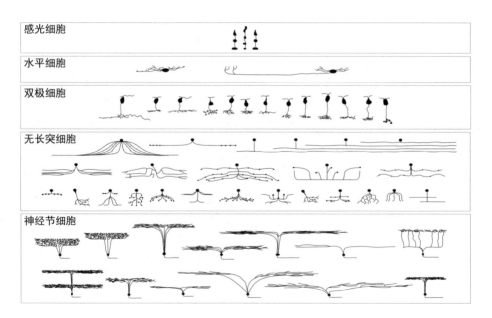

图 10-1 视网膜中的神经元类型

我将在本章中解释的是，把大脑划分成不同的区域和神经类型，并不像听起来那么容易。布洛德曼和卡哈尔的方法，已经是一个多世纪以前的方法了，现在已经越来越不能用了。而连接组学的主要贡献之一，就是提供了更新、更先进的方法来划分大脑。这既能帮助我们理解神经病理，又能帮助我们理解正常神经系统的运转机制。

　　一张现代版的猴脑图谱（见图 10-2）使我回想起父亲的地图册，它们给我留下了美好记忆。那些五彩的缩写词令我着迷，更不用说那优美的曲线，还有穿插于其中的锋利转角。不过地图也不总是这么美，不要忘记，有边境线的地方，就有战火和硝烟。同样，神经解剖学家们也在大脑区域的边境线上，展开了激烈的智力较量。

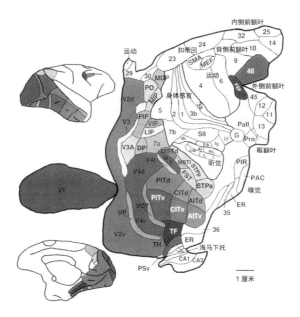

图 10-2　恒河猴大脑皮层展开图

　　我们已经看过了布洛德曼的皮层脑区图。他到底是怎么画出这幅图的？高尔基染色法使神经解剖学家们得以清晰地看到神经元的分支，而布洛德曼则使用了另一种重要的染色方法。这种方法由德国神经解剖学家弗朗兹·尼斯（Franz Nissl）发明，它可以隐去神经元的分支，使所有的胞体在显微镜下可见。经过这种染色可以看到，皮层（见图 10-3 中的右图）就像一块夹层蛋糕

（见图 10-3 中的左图）。胞体分布在各个平行的层中，遍布整个皮层。（胞体之间的白色空间充满了纠结缠绕的神经突，在尼斯染色法中看不见。）皮层上各层的分界线不像蛋糕那么明显，但是专业的神经解剖学家仍然能把它们分成六层。[5] 这一小块皮层蛋糕，只有不到 1 毫米宽，是从皮层的一个特定位置切下来的。总体来说，不同的位置，有着不同的分层。布洛德曼率先用显微镜观察到了这些不同，并利用它们把整个皮层分成了 43 个不同的区域。他宣称，在他划分的每个脑区内部，任意位置的分层都是相同的 [6]，只有在不同脑区的边界上，分层才会改变。

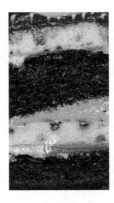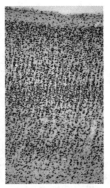

图 10-3　分层——左边是"蛋糕"，右边是布洛德曼第 17 区，也叫 V1 皮层或初级视觉皮层

　　布洛德曼的脑区图或许非常著名，但它并不能被奉为圭臬，它还有很多竞争者。布洛德曼在柏林的同事、夫妻搭档奥斯卡·福格（Oskar Vogt）和塞西尔·福格（Cécile Vogt）使用另一种染色法，把皮层分成了 200 个脑区。[7] 还有利物浦的阿尔弗雷德·坎贝尔（Alfred Campbell）、开罗的格拉弗顿·史密斯爵士 [8]（Sir Grafton Smith）和维也纳的康斯坦丁·冯·艾可诺墨（Constantin von Economo）、格奥尔格·考斯吉纳斯（Georg Koskinas）等人都提出过不同的分区图。有些边界是所有研究者都认可的，但还有一些则出现了分歧。在 1951 年出版的一本书中，珀西瓦尔·贝利（Percival Bailey）和格哈特·冯·博宁（Gerhardt von Bonin）[9] 去掉了前人划定的大多数边界，只划出了几块大的区域。

更糟糕的论战发生在卡哈尔的神经元分类计划上。他是根据神经元的外观进行分类的，就像 19 世纪的自然学家给蝴蝶分类一样。他的分类中最著名的神经元是锥体细胞，他称之为灵魂细胞。这并非因为他信奉神秘主义，而是因为他认为这种细胞在最高级的精神功能中扮演着重要的角色。图 10-4 是卡哈尔亲手绘制的，你可以从中看到这种神经元的名字由来：它的胞体大概是个锥形，树突上伸出许多树突棘，长长的轴突伸到离胞体很远的地方。（在这幅图中，轴突是向下的，伸入大脑深处。最显眼的那条带尖的是树突，从锥形顶端向上伸展，朝向皮层表面。）

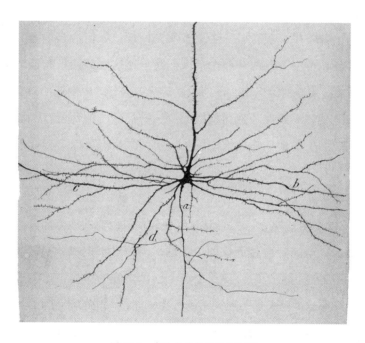

图 10-4　卡哈尔绘制的锥体细胞

锥体细胞是皮层中最普遍的一类神经元。卡哈尔还观察到了其他皮层神经元，有相对短的轴突，以及相对光滑的树突，没有那么多树突棘。非锥体细胞的形状更加多样，所以被分成更多类型，并且拥有了生动的名称，比如"双刷细胞"。

卡哈尔把整个大脑所有的神经元都分了类，不仅仅是皮层的神经元。这种划分大脑的方法比布洛德曼的方法要复杂得多，因为每个大脑区域都包含很多类型的神经元。而且，在每个区域里，不同类型的神经元是混杂在一起的，就像一个国家生活着不同民族的人。卡哈尔穷其一生，最终也没能完成这个任务，直到今天，这项宏伟的计划也只能算刚刚开始。我们仍然不知道一共到底有多少种神经元，只知道这个数非常大。在一片松林里，也许只有松树，但是大脑却更像一个热带雨林，生长着成百上千种植物。有专家预测，仅在皮层中，就有几百种不同类型的神经元。[10] 对于这个分类问题，神经学家们一直还在争论不休。[11]

在他们的分歧中，蕴含着一个更本质的问题：如何恰当地定义"大脑区域"和"神经元类型"这两个概念。人们甚至连这个都还没有搞清楚。在柏拉图的对话集《斐德罗篇》中，苏格拉底建议"划分……要按照自然的形态，找到其衔接之处，不要像个拙劣的雕刻师，破坏其中的部分。"他将分类学这个智力问题，生动地比喻成疱丁解牛。解剖学家们可以严格地采纳苏格拉底的建议，把身体划分成骨骼、肌肉、内脏等。但是对于大脑，苏格拉底的建议还适用吗？

"在自然的衔接处划分"，意思就是要在连接最薄弱的地方划分。显而易见，从胼胝体划分，就能把大脑分成两个半球。但是对于大部分脑区而言，并不存在这样明显的"衔接处"。皮层中各个脑区之间的边界，也不像皮层本身的"衔接处"那样，有大量的连线跨越边界，连接两边的神经元。[12]

当然，我们可以把大脑划分成极端精细的单元：单个神经元。没有人会怀疑这种划分的客观定义，在这个层面上，就连高尔基和卡哈尔也能达成一致。但是，正如我在关于帕金森病的研究中提到，我们需要的是比这再粗一些的划分，分成区域和神经元类型。对于这种划分，如何使之更加准确？

我相信，连接组能为我们提供更新、更好的方法来划分大脑。我们必须以不那么字面的方式去采纳苏格拉底的建议。与疱丁解牛不同，划分连接组需要一种更抽象的方式，根据神经元的连接特性对它们进行分类。[13] 人们通过这种方法，曾经将秀丽隐杆线虫的 300 多个神经元分成了 100 多种类型。[14] 研究者们遵循一个基本原则：如果两个神经元连接到相似或类似的目标，那么它们就被划分到同一类。有些类型很简单，只包含一个神经元，及它在身体另一侧对称的神经元。这样左右一对神经元，连接到类似的目标上，就像你的左臂连接到左肩，右臂连接到右肩。还有一些类型则不那么简单，包含了 13 个具有相似连接特性的神经元。

根据神经元类型，可以简化引言中展示的秀丽隐杆线虫连接组图谱（见图 0-3）。我们把相同类型的神经元合并成一个结点，并对所有的类型都照此处理。[15] 图 10-5 展示了一部分结果。每个三字母缩写代表一种神经元类型，这些神经元类型都与产卵行为有关。比如，VCn 代表从 VC1 到 VC6 的神经元，它们控制阴部的肌肉 ①。结点之间的连线代表神经元类型之间的连接，而不是神经元之间的连接，所以应该把这样的图谱称为**神经元类型连接组**。

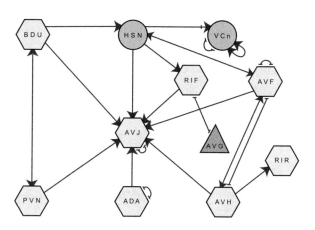

图 10-5　秀丽隐杆线虫的一部分"简化"连接组（神经元按类型分类）

这个例子告诉我们，划分一个连接组，不但能告诉我们神经元类型，还能告诉我们它们是如何连接的。对于视网膜，神经科学家们也会进行同样的

① 阴部的肌肉，原文为 vulval musoles。

研究。那 5 个大类神经元之间的连接关系是已知的。例如，水平细胞接收来自感光细胞的兴奋性突触，并且传回抑制性突触，它们之间还存在电突触。但是请回忆一下，这 5 个大类又被进一步划分成了 50 多个类别。这些类别之间的连接特性大多数是未知的。如果能解出并划分视网膜的神经连接组，那么这些问题都将得到解决。

值得一提的是，这种方法与传统方法有所不同。卡哈尔首先根据形状和位置定义神经元类型，然后再去研究它们之间的连接。而我在这里提出的是反过来，即先找连接关系，再回头去定义神经元类型。

不过，这种方法虽然与卡哈尔的方法有所不同，但如果把形状和位置视为连接特性的一种代表，那么就可以说，这种方法只是卡哈尔方法的一种改进。要理解为什么是这样，我们以两个神经元为例来想象一下。每个神经元都会扩展它的分支，从而覆盖某些区域。如果在基因或某些因素的控制之下，被覆盖的两个区域是完全分离、互不沾边的，那么这两个神经元之间就不可能产生连接。接触是连接的先决条件，而接触本身，则取决于形状和位置。

如果形状和位置，与连接特性之间存在如此强的相关性，那么为什么说连接特性是更好的方法呢？答案就是连接主义者们的那句座右铭：“一个神经元的功能，主要取决于它与其他神经元的连接。”连接是直接与功能相关的，而形状和位置却只是间接的。[16]

同样的策略，还可以用来进行更粗的划分，把大脑划分成区域，而不是神经元类型。我在对于重新连线的讨论中曾提到，每一个皮层脑区，都有一个独特的“连接指纹”，也就是它与其他皮层脑区或皮层之外的区域之间的连接模式。可以反过来，用这一点来划分皮层脑区。如果在一个连接组中，把相邻的神经元划分成组，使每个组内的神经元都有共同的连接指纹，那么最终就把大脑划分成了区域。（还要限制各组在空间上重叠，否则最终得到的就是一份错综复杂的神经元类型划分，而不是在空间上独立的区域划分。）

　　那么这种方法与布洛德曼通过层次特性来划分皮层脑区的方法之间，有没有关联呢？同样，层次特性也应该被视为连接特性的一种代表。例如，第 17 区与第 18 区是根据第 4 层的厚度不同来划分的，而这又是由于其不同的连接特性所导致的。第 17 区的第 4 层非常厚，这是因为它里面有大量的神经元，接收来自眼睛的神经通路。[17] 而相邻的第 18 区则不需要接收这些轴突，所以它的第 4 层就没有那么厚。

　　如果层次特性与连接特性之间有如此强的相关性，那我们凭什么认为根据后者来划分更好？还是同样的，因为层次特性不是本质。大量的视觉通路通向第 17 区，这个事实使我们立即知道，这个脑区的功能与视觉有关。而第 17 区的第 4 层更厚 [18]，这个事实与它的功能之间，则只有间接关系了。

　　布洛德曼的方法是根据层次特性，卡哈尔的方法是根据神经元的形状和位置。这些特性虽然比尺寸要先进，但是与真正本质的连接特性相比，仍然是简单而粗糙的。一个多世纪过去了，我们如今应该绕过这些代表，直接去跟连接组对话了。

　　我已经阐明，理想的划分大脑的方法是划分它的连接组。作为额外收获，我们还能同时知道这些分区之间如何连接，得到一份分区之间或神经元类型之间的连接组。[19] 那么，这些简化版的神经连接组，会对我们理解大脑带来哪些帮助呢？

　　早在 19 世纪，人们就意识到了区域连接的重要性。在那时，韦尼克猜想应该有一束很长的轴突，连接着布洛卡区和韦尼克区。如果这束轴突受损，而语音理解和生成能力却完好，那么患者表现出的症状就是无法重复刚刚听到的话。韦尼克区能够接收到这些话，但却不能把它们传给布洛卡区去说出来。因为这个假想的疾病是由于信号传导的缺失所导致的，所以韦尼克把它称为**传导性失语症**。[20] 不久后，人们发现了具有这种症状的患者，从而证实了韦尼克的预言。另外，神经解剖学家们还找到了连接布洛卡区和韦尼克区的那束轴突，叫作弓状束，如图 10-6 所示。

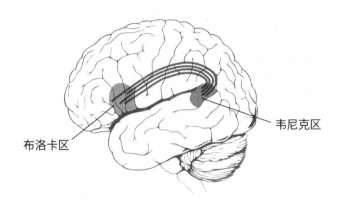

图 10-6　连接布洛卡区和韦尼克区的一束轴突

　　布洛卡 – 韦尼克语言模型表明了解出区域连接组之后的用途。它可以把各个大脑区域所具有的基本心智功能联系起来，比如语音理解或生成，然后把更为复杂的心智功能解释成基本功能的组合，比如语音重复。这些复杂功能是由多个脑区合作完成的，而这种合作的媒介正是区域连接组。

　　神经科医生利用这个概念框架来诊断大脑受损的患者。一个区域的损伤会损害相应的基本功能，而**连接**的损伤则会损害需要多区域合作的复杂功能。因为这种范式既包括了分布的功能，又包括了连接，所以它超越了定位论。有时它被称为连接主义，尽管它与我们之前介绍的神经连接主义有所不同。[21]此外，还可以设想一种基于神经元类型的连接主义。这种大脑模型会比神经科医生所用的更加先进，但是其构造难度也会大大增加，因为神经元类型和其间连接的数量实在是太大了。

　　在可预见的一段时期内，对于心理医生和神经科医生来说，区域连接组仍然是最有用的。欧拉夫·斯波恩（Olaf Sporns）及其同事[22] 在他们 2005 年发表的论文中指出了这一点，**连接组**这个词正是在这篇文章中首次被提出的。你可能已经听说过，美国国家卫生研究院（National Institutes of Health，NIH）已经在 2010 年斥资 3000 万美元启动了人类连接组计划。然而大多数人不知道，这个计划所指的只是区域连接组，与神经元连接组一点关系都没有。

虽然我个人花了更多的时间致力于神经元而不是区域，但我同意斯波恩及其同事的观点，也就是区域连接组的重要性。我唯一不同意的地方是方法。在我看来，我们需要去观察神经元，从而解出区域连接组。简单来说，我是一个神经元沙文主义者——但只在方法上，而不在结果上。

我相信，解区域连接组的最好方法是划分神经元连接组，然而我也承认，这个方法在目前还不太现实。在未来一段时期里，这个方法也只能用于很小的大脑，而不是人类大脑。这就是为什么人类连接组计划试图走捷径：用磁共振成像技术直接解区域连接组。稍后我将解释，这种成像方法是一定会遇到困难的，因为它的空间分辨率很有限。在第 12 章中，我将提出另一种解区域连接组的捷径，这种方法在不远的将来就能应用，而且不需要做出过多妥协。另外还有一条与之类似的捷径，可以帮助我们解出神经元类型连接组。

并不是每位神经科学家都认同我们需要花更多努力去划分大脑，有些人认为我们目前的分区图已经足够好了。为了反驳这种观点，我们来仔细看一下布洛卡－韦尼克语言模型。这个模型在教科书上看起来显得非常成功，但真实情况却并非如此。

布洛卡最初的患者，其大脑受损的部分远远大于布洛卡区，而且除了皮层表面之外，还伤及了皮层下面的区域。这就导致了一种可能，即如果只是布洛卡区受损，并不会导致布洛卡失语症，反而是布洛卡区之外的那部分受损，才导致了布洛卡失语症。[23]韦尼克失语症的区域基础也存在着类似的模糊。另外，语言生成和语言理解之间的双向分离，实际上也不像教科书上所说的那么清楚。比如，布洛卡失语症往往还伴随有语句理解方面的障碍。与这些临床发现相符的是，最近的功能磁共振研究也表明，语言功能并不像我们之前认为的那样定位清晰[24]，它还涉及除了布洛卡区和韦尼克区之外的一些皮层和皮层以下的区域。传统认为传导性失语症是由于弓状束受损导致的，临床研究却并不支持这个说法。更令人尴尬的是，现在有一些研究者否定了布洛卡区和韦尼克区是由弓状束连接的[25]，尽管一个多世纪以来我们一直相信这一点。一些神经科学家发现，有其他通路连接着这两个区域。[26]

因为这些原因，语言研究者们正在苦苦寻找布洛卡－韦尼克模型的替代者。[27]新的模型必须包括更多的皮层脑区，以及皮层之外的其他区域，而且要解释更加复杂的语言功能组合，不仅仅是一对简单的语音理解和生成。所有人都一致认为我们需要更好的模型，但在寻找这个模型的方法的问题上，却没有达成一致。我不敢说我知道最好的方法是什么，但是我敢确定，更好的脑区图肯定对这个问题有所帮助。

划分大脑这件事，在历史上更像是一门艺术，而非科学。就像医生要根据一堆症状诊断疾病，法官要根据多个判例进行折中，划分大脑也从来都没能简化出一个清晰的公式。有些区域之间的边界，很明显划得非常随意，是神经解剖学家们的一些意外和错误的产物。就像地球仪和地图册一样，我们的大脑分区图并不是客观而经得起时代考验的。不时还会有新区域被划分出来，区域之间的边界也还会再调整。边界之争仍会爆发于科学家们激烈的辩论中，然后再随着委员们的耐心交涉而暂告平息。

我们不应该满足于这种状态。几个世纪之前的世界地图，在现在看来简直愚蠢得可笑，而我们现在的脑区图也许没有那么糟糕，但仍然有很多空间可以改进。分区图本身并不会告诉我们大脑区域如何完成心智功能，然而它却能提供一个坚实的基础，从而加快研究进程。

我对划分大脑结构标准的强调，可能会使同时代的神经科学家们感到奇怪，因为他们往往把它与功能标准相结合。但是这种强调，在生物学的其他领域却是普遍现象。我们很早之前就知道了身体各个器官的结构单元，而在这之后过了很久才知道它们的功能。一个完全不懂其功能的外行人，也能从结构上识别这些器官。类似地，我们很早之前就在显微镜中看到了细胞的各个细胞器，很久之后才知道，细胞核携带遗传信息，高尔基体给蛋白质和其他生物分子打包，送往合适的目的地。

总体来说，生物单元既是结构单元，也是功能单元，但人们往往首先识别出它们的结构，之后才知道它们的功能。大脑区域和神经元类型也应该是一样的。神经科学家们追随布洛德曼和卡哈尔的脚步，在结构的道路上走了很远，却只取得了很有限的成功。这个问题并不是因为这条道路有本质上的缺陷，而是因为我们观测大脑结构的技术手段是不充分的。一种划分好不好，完全取决于它以之为基础的数据好不好。连接组学既能提供前所未有的结构数据，又能扩展我们的思路，从而得到更客观的划分。

利用大脑损伤的症状来识别皮层区域，这种方法很像 19 世纪 60 年代奥地利神父格雷戈尔·孟德尔（Gregor Mendel）识别基因。他通过植物杂交实验发现，特定性状的遗传（现在称为孟德尔式遗传）是受一个专门单元的变化所控制的，这个专门的单元后来被称为基因。在他简单的想象中，性状和基因之间是一一对应的关系。但是现在我们知道，大多数性状不是孟德尔式的。大多数性状会受到很多基因的影响，而一个基因也会影响很多性状。这是因为一个基因编码一个蛋白质，而一个蛋白质可能具有多种功能。

与此类似，定位论试图在心智功能和皮层脑区之间建立一种一一对应的关系。但是实际上，大多数心智功能需要多个皮层脑区之间的合作，而大多数皮层脑区也会参与多种心智功能。所以，只用功能标准来定义皮层脑区是有问题的。正确的策略是先根据结构标准来找出各个区域，然后再去理解区域之间的交互是如何产生心智功能的。随着技术手段的进步，这条路是行得通的。

我们预期能在所有正常的大脑中找到同样的区域和神经元类型。无论是区域连接组，还是神经元类型连接组，在正常的个体之间，似乎都没有什么区别，而且都在很大程度上取决于基因。正如我前面讲到的，基因引导神经元分支的生长，因此它会影响神经元类型连接组。此外，科学家们还找到了控制皮层脑区形成的基因。[28] 所以，你的心智和我的可能没有什么两样，因为我们的大脑区域和神经元类型都是按同样的方式连接的。

　　然而，与之相反的是，神经元连接组在不同的个体之间区别很大，而且它会受到后天经历的强烈影响。如果想研究人的独特性，那就必须研究神经元连接组。还可以利用这种连接组，去追溯过往的经历，因为对于我们个体的独特性而言，还有什么能比自己的记忆更重要呢？

第 11 章 破译

我从寻找连接组，联想到在米诺陶的地下迷宫中找路。根据神话记载，那座迷宫位于克里特岛的克诺索斯，米诺斯国王的宫殿附近。1900 年，克诺索斯发生了另一个使我联想到大脑的故事。从那里的古代遗迹中，出土了成百上千带字的泥板。这些泥板的发现者，是英国考古学家亚瑟·伊万斯（Arthur Evans），他无法理解泥板上的内容，因为它是用一种未知的语言写成的。在随后的几十年里，人们始终不能理解这些泥板，这种神秘的文字被称为线形文字 B①。直至 20 世纪 50 年代，迈克尔·文崔斯（Michael Ventris）和约翰·查德威克（John Chadwick）成功破译了线形文字 B，那些文字的意义才被揭露出来。[1]

一旦我们得到了连接组，并把它们划分成块，下一项挑战就是对它们进行破译。我们能不能学会理解它们的语言？那些连接模式会不会耍得我们团团转，拒绝透露它们的机密？破译线形文字 B 虽然花了半个多世纪，但至少文崔斯和查德威克最终还是成功了。但是有大量的失传语言，直到今天都没能成功破译。[2]比如线形文字 A，这是古代克里特在线形文字 B 之前使用的语言。

---

① 线形文字是一个过渡文字，不是特别流行。

除此之外，古代巴基斯坦使用的印度河文字，古代墨西哥使用的萨波特克书写系统，还有复活节岛的"朗格朗格"（Rongorongo），都至今无法解读。

破译连接组到底是什么意思？要理解一个概念，有时最简单的方法就是思考它的极端情况。让我们来做一个思维实验，想象你生活在遥远的将来。那时的医学极其发达，但可惜，唉，你的高祖母还是不幸去世了（享年 213 岁）。你把她送到一个仪器那里，仪器将她的大脑切片，对这些切片成像，然后解出了她的连接组，并交给你一个存储卡，其中存储了这些数据。你回到家，感觉十分悲伤，因为你很想跟她说话。（她是你最最亲爱的高祖母。）你把存储卡插入你的计算机[3]，调出了一些她的记忆，然后你感觉心情好了一些。

从连接组中读取记忆，将来是否会变成可能？在前面，我曾经提出了一个类似的思维实验：通过测量和破译你大脑中每个神经元的神经脉冲，能不能读取你的感觉和想法？一些神经科学家相信，如果我们测量神经脉冲的技术足够先进，就能够做到这一点。他们为什么这样认为？因为根据詹妮弗·安妮斯顿神经元的神经脉冲，就能判断这个人是否正在感知詹妮弗。通过这个小小的成功，神经科学家们推断，根据所有神经元的神经脉冲，就能得到所有的感觉和想法。

以此类推，我们也可以相信从连接组中能读取记忆，只要在这个方向取得一点小成功。要解出完整的人类连接组，只能等待遥远的将来。对于现在，我们只能先着眼于从一小块大脑中解出的局部连接组。或许能从这一小块大脑中，读出里面的记忆。或者，从一块动物大脑开始？

有一点是肯定的：看见连接组只是万里长征的第一步。要想阅读一本书，你不仅仅需要看见上面的字，还必须掌握写这本书的那种语言，更不用说还有字母表和单词的拼写方法。用技术术语来说，你必须知道信息是如何被**编码**成纸上的符号的。如果你不知道这种编码，那么这本书对你来说只不过是一堆无意义的符号。同样，要想读取记忆，我们需要做的也不仅仅是看见连接组，还必须学会如何解码其中的信息。

从人脑的哪个区域中,更有可能找到记忆? 亨利·古斯塔夫·莫莱森(Henry Gustav Molaison)用他的整个人生为我们提供了重要线索。2008 年,他在位于康涅狄格的疗养院逝世。为了保护他的隐私,他在世时一直被称为 H.M.。因为很多医生和科学家研究过 H.M.,所以他成了继布洛卡的"叹"之后最著名的一个神经心理学病例。

1953 年,27 岁的 H.M. 因为严重的癫痫而接受手术治疗。手术医生认为 H.M. 的癫痫是由内侧颞叶(Medial Temporal Lobe,MTL)引发的,因此切除了他大脑两侧的该区域。手术之后,H.M. 看起来很正常,他的个性、智力、运动功能,甚至幽默感都完好无损。但是,他丧失了一项重要的能力。在他的余生中,他每天早晨在医院的病房醒来,都完全不知道自己为什么在这里。他无法记住朝夕相处的护士的名字。他不知道总统是谁 [4],也不知道最近发生的事。但相反的是,H.M. 却仍然记得他在手术之前的经历。看起来,内侧颞叶对于新记忆的存储是至关重要的 [5],但是对已有记忆的维持却没有影响。

你可能还记得,伊扎克·弗里德和他的同事们发现的詹妮弗·安妮斯顿神经元和哈莉·贝瑞神经元正是位于内侧颞叶,这表明该区域与感知和思考有关。进一步的实验探索了这个区域在记忆提取过程中的作用。[6] 实验者给一位患者播放很多视频片段(每段 5 到 10 秒),内容包括动画片、情景喜剧、电影等,并在这个过程中,记录他内侧颞叶的活动情况。然后,实验者要求患者尽情地回忆刚才看到了什么,并用语言描述出来。(这个阶段不给患者播放短片。)

每当这位患者看到汤姆·克鲁斯时,有一个神经元就会发出神经脉冲,而这个神经元对其他人物、地点则不敏感。在第二阶段,每当患者讲到汤姆·克鲁斯时,这个神经元同样会发出神经脉冲,但在患者回忆其他片段时则不会。其他神经元也有类似的现象:选择性地在观看或回忆某个片段时被激活,对其他片段则不敏感。

汤姆·克鲁斯神经元也许属于内侧颞叶的一个细胞集群。感知或回忆汤姆·克鲁斯,会激活这个细胞集群,从而激活汤姆·克鲁斯神经元。既然我们想要从连接组中读取记忆，为什么不从寻找内侧颞叶的这些细胞集群入手呢？不幸的是，内侧颞叶是一个很大的区域，对于我们目前的技术来说，要解出它的整个连接组是不现实的。

我们可以把搜索范围缩小到海马体，这是内侧颞叶的一个部分，被认为是新记忆存储的一个重要部件。特别是海马体的 CA3 区域，含有通过突触彼此连接的神经元，这些连接也许能使 CA3 的神经元分组[7]形成细胞集群。但是人类的 CA3 区域仍然非常大[8]，所以现阶段要解出它的连接组也是做不到的。要想读取记忆，最好从更小块的大脑入手。

H.M. 的失忆症只影响**陈述式**记忆，这种记忆是指那些可以外显地表达或陈述出来的信息，包括你的个人经历（"我去年滑雪时摔伤了腿"）和关于外部世界的事实（"雪是白色的"）。[9]这是**记忆**这个词通常所指的意义。

还有一种**非陈述式**的记忆，是指那些内隐、不能显式表达出来的信息，包括运动技能和习惯。H.M. 能学会新的运动技能，比如在镜子里看着自己的手，用铅笔画出一些形状。根据他的情况和一些其他证据，神经科学家们断定，陈述式记忆和非陈述式记忆是两种不同的功能，而且可能是由不同的大脑区域负责的。

然而，这两种类型的记忆也有些相通之处。亚里士多德在他的著作《论记忆》中，将回忆和运动联系起来："根据经验，回忆的行为，是出于一个动作本能地接着另一个动作，组成一种特定的顺序。"我们可以设想这种序列式记忆，无论是陈述式的还是非陈述式的，都是由大脑中的突触链来存储的。可能在凭记忆弹奏一首钢琴奏鸣曲的过程中，演奏者的手指运动就是由他大脑中某个突触链的神经脉冲序列来驱动的。

动物的陈述式记忆很难研究[10]，因为它们无法告诉我们它们正在回忆什么，但是动物存储内隐式记忆的能力极强。为什么不试着从动物的连接组中读取这些记忆呢？我提出，我们可以在鸟类的大脑中寻找突触链，从而读取它们的记忆。

　　虽然鸟类跟我们一样，也是恒温动物，但是从进化角度上来说，它们与我们的亲缘关系比啮齿类更远。它们不哺育幼崽[11]，所以没有分类为哺乳动物。但是智力并不是哺乳动物的专利。虽然平时说的"鸟脑子"是个贬义词，但实际上鸟类是相当聪明的。知更鸟和鹦鹉极其擅长模仿语音，乌鸦还会计数和使用工具。因为这些高级行为，神经科学家们对鸟类越来越有兴趣。

　　很多研究使用珍珠鸟，这是一种澳洲小鸟，现在已经作为一种可爱的宠物遍布世界各地。雄鸟色彩艳丽，有着橙色的双颊，醒目的黑白花纹覆盖全身。图 11-1 中的雄鸟正在向雌鸟献歌，邀请她与自己交配。雄鸟有时还会向其他雄鸟鸣叫，以宣示和保卫自己的领地。[12]但这些叫声对我们来说都没有意义，我们都觉得一样动听。还有其他种类的鸟，也因为叫声动听而成为流行的宠物，比如金丝雀。莫扎特曾经养了一只著名的鸟[13]，并教它啭鸣一段美妙的旋律，作为一首协奏曲的尾声。（一说刚好相反，是这只鸟启发了莫扎特，才有了这样的创作。）因为鸟的鸣叫运用了音高、节奏和反复，所以被称为"天然的音乐"。有些人把它与语言联系起来，比如 19 世纪的大诗人雪莱曾经写道："诗人是一只夜莺，栖息在黑暗中，用美妙的歌喉来慰藉自己的孤独。"

图 11-1　雄性珍珠鸟向雌鸟献歌

你也许认为鸟叫是天生的，幼鸟破壳而出就知道如何歌唱。并非如此。正在忍受钢琴课的同学们，你们不必嫉妒。珍珠鸟也不是毫不费力就能掌握了这个才能。刚出生的雄鸟在开始发声之前，首先要听它父亲的叫声。然后它开始呀呀学语[14]，就像人类婴儿一样，发出一些无意义的声音。在接下来的几个月里，它要进行成千上万次的练习，才能最终学会像父亲一样歌唱。[15]

一只成年雄性珍珠鸟，每次的叫声基本是一样的。它并不像爵士钢琴家那样搞即兴演出，而是像花样滑冰运动员，在冰上做规定图形。它的叫声会被"固定化"。它存储了自己叫声的记忆，并且可以随时提取。

鸟类发声，需要一个声音器官，叫作鸣管，就像我们的喉头。鸣管就像一个吹奏乐器，将空气推入其中就会使其振动发声。最终发出的音高及其他声音属性，是由鸣管周边的肌肉控制的[16]，而这些肌肉则是从鸟的大脑接受指令。20世纪70年代，费尔南多·诺特博姆（Fernando Nottebohm）在鸟的大脑中找到了相关区域，如图11-2所示。这些区域的名称又长又复杂，所以科学家们用了HVC、RA和nXII这样的字母缩写来表示。

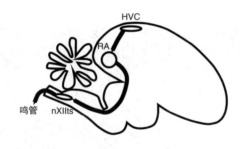

图 11-2　鸟的大脑里的叫声生成区域

为了理解这些区域的作用，我们把它与人工音乐发声系统做个比较。也许你有一些朋友，是高端音响设备的发烧友。这些发烧友不满足于一套多功能的集成系统，他们需要很多独立的组件。在你朋友昂贵的音响系统中，光盘播放器产生电子信号，这些信号经由放大器被放大，最后被扩音器转换成声音。

在鸟类大脑中，电信号也沿着一条类似的通路，从 HVC 到 RA 再到 nXII，最后被鸣管转换成声音。[17] 音响系统每次播放贝多芬第五交响曲时，各组件内的电信号和扩音器发出的声音，都会重复完全相同的一个序列。同样，每次鸟叫时，鸣管发出的声音和神经元发出的神经脉冲，也都会重复完全相同的模式。

我们来仔细观察一下 HVC，这个区域是叫声通路的起点，就是音响系统中的光盘播放器。它最初的全称是"上纹状体腹侧尾核"（Hyperstriatum Ventrale, pars caudale），简称 HVc。后来诺特博姆把它更名为"高级声音中心"（High Vocal Center），简称 HVC。2005 年，一个神经科学家委员会宣布，这三个字母没有任何含义。[18] 这种情况就像 SAT 曾经代表"学术资质测试"（Scholastic Aptitude Test），后来又改成"学术评估测试"（Scholastic Assessment Test），现在其主办方美国大学理事会宣布，SAT 就是 SAT，没有含义。

之所以更名，是因为大脑结构与进化专家哈维·卡顿（Harvey Karten）指出，鸟类大脑与人类大脑比我们想象得更为相似。神经科学家们之前认为 HVC 相当于哺乳动物的纹状体，这是基底核的一部分，还认为鸟类大脑中没有与新皮层相对应的结构。但是卡顿指出，一个叫作背侧室嵴的区域 [19] 具有与新皮层类似的功能。该区域包含大量的子区域，被认为在前面所述的那些鸟类高级行为中起到了重要的作用。HVC 正是其中的一个子区域。

米歇尔·菲（Michale Fee）及其合作者 [20] 进行实验，在鸟叫时，测量其活体的 HVC 神经脉冲。在 HVC 中，有些神经元的轴突传入 RA，这些神经元成为关注的焦点，因为它们的信号是沿着叫声通路传送的。一段珍珠鸟的叫声，是由一个单独小节的多次重复组成的。这个小节的时长为 0.5 至 1 秒，在这个时间内，神经元会以一个非常固定的序列发出神经脉冲。在图 11-3 中，我简单画了 3 个神经元的脉冲。每个神经元都会首先等待，直到轮到它的那一拍，发出几毫秒神经脉冲，然后重新沉寂。每个神经元发出神经脉冲的时刻，都被精确地控制在这个小节中的某一拍上。我们期待突触链所做的，正是这种序列式的神经脉冲发放。[21]

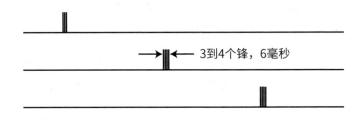

图 11-3　珍珠鸟大脑 HVC 中 3 个神经元的神经脉冲，一个简单的图示

在用音响系统欣赏贝多芬的音乐时，电子信号在音响中疯狂跳跃，扩音器因此振动发声。与这些稍纵即逝的信号不同，光盘是沉静而持久的。在它标签下面的塑料表面上，有数以亿计的微观凹痕，它们以二进制形式把音乐编码成数字信息。按照生产商的承诺，这些塑料可以保持其形态长达几十年。正是由于这种稳定性，光盘才能一遍又一遍地播放贝多芬的音乐。它的**材料结构**使它可以存储对于贝多芬音乐的记忆。

我之前把 HVC 神经元的神经脉冲比作光盘播放器中的电子信号。接下来我们再进一步，把 HVC 的连接组看成光盘。假设成年雄鸟的 HVC 中有一个突触链，一旦一个叫声被固定化，就不会再发生改变。根据这个说法，HVC 的连接组即存储了对叫声的记忆。每当鸟叫时，这个记忆就被提取出来，转换成神经脉冲序列。这些信号是稍纵即逝的，然而 HVC 中的连接的材料结构却是持久不变的。

HVC 的体积还不到 1 立方毫米，在不远的将来，解出它的连接组从技术上来说是可行的。然后我们就可以很容易地检查它的连接组，看看它是否组织成突触链的形式。[22] 这还需要一些分析工作，因为一个连接组是否包含突触链并不是显而易见的，还需要知道神经元的序列次序。为了理解这一点，请看图 11-4，这两幅图中的连接结构是完全相同的。左图中的神经元很混乱，所以看不出来一条链。为了看出突触链，需要把神经元排列整齐，形成右图。[23] 对于很小规模的连接组，你可以试着手工完成这件事，但是对于 HVC 这样的复杂连接组，就必须求助于计算机了。[24]

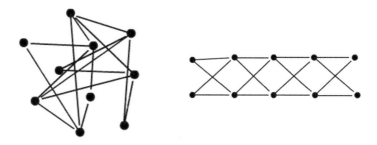

图 11-4　混乱（左）和非混乱（右）的突触链

假设我们已经把 HVC 的连接组排列整齐，那么从得到的突触链中，就可以推测在鸟叫过程中，各个神经元发出神经脉冲的次序。这就相当于读取了对于叫声的记忆，因为可以由此推测在鸟叫过程中，HVC 的神经活动序列。

我们如何确保读出了正确的记忆呢？文崔斯和查德威克成功破译了线形文字 B，这一点之所以能得到世界公认，是因为他们从泥板上解出的内容是有意义的。如果他们的破译方式是错的，那么解出的内容就会是一堆无意义的内容。比这种内在的自洽性更有说服力的检验方法，是去观察那些写泥板的人，去跟他们交流，但这是不可能的，因为时间不可能倒流。

与此类似，如果把 HVC 的连接组排列整齐，能得出一条突触链，我们读出的东西就是可信的。与文崔斯和查德威克不同，我们不需要时间倒流，就有办法得到一个更可靠的证明。假设有另一位神经科学家，把鸟叫时 HVC 神经元的神经脉冲时间点测量出来，然后不告诉我们，作为一个测试。我们解出 HVC 的连接组，然后读取并推测其神经脉冲时间。裁判将我们的推测与实际测出的神经脉冲时间加以比较，如果它们是一致的，就说明我们解出的连接组是正确的。

要测量 HVC 神经元的神经脉冲时间点，裁判会寻求化学家的帮助，他们发明了多种给神经元染色的方法，可以使它们在显微镜下如星光般闪烁[25]，在发出神经脉冲时亮起，在静默时则黯淡。裁判的光学显微镜中的图像，可以指出每个 HVC 神经元的胞体的准确位置，然后用这些位置去匹配来自电子显微镜图像中的胞体。建立这样的对应关系之后，就可以对 HVC 神经元的实际神经脉冲时间和从其连接组中读取出来的时间进行比较。

当然，也很有可能无法将 HVC 的连接组排列整齐，可能无法按照神经元的连接顺序把神经元排成一条链。[26] 换句话说，无论我们把它们排成什么顺序，都存在很多反向或者是跳过几步的连接。[27] 这就意味着 HVC 的连接组无法组织成一条突触链。这种失败也是一种进步。从科学发展的角度来说，否定一个模型跟确认一个模型，有同等重要的意义。

如果我们发现 HVC 的连接组确实组织成一条链，就能证明它在鸟叫的记忆中起了关键作用。那么这种记忆从一开始是如何形成的？一些理论神经科学家提出，雄性幼鸟的 HVC 神经元 [28] 是由来自上游的随机输入驱动的，它们按照随机的序列激活，其中一些会被赫布增强规则所强化。然后，这些被强化的序列会更频繁地出现，从而进一步得到强化。最终，有一个序列会被强化至极，消掉其余的序列。这个序列就对应于我们推测的成年雄鸟的突触链。

按照这个说法，对叫声的记忆是依赖重新赋权而完成的。突触的强度发生了变化，但并不出现新生和死亡。那些未经赋权的连接组不承载突触强度信息，也就不含有任何记忆信息。所以，从这些连接组的神经元中是读不出任何记忆的。只有经过赋权的连接组是可读的，因为只有被强化的突触才能组织成链。换句话说，如果要解码一个连接组，那么它必须包含突触强度。原则上说，这对于连接组学不是问题。通过电子显微镜成像，突触的强度是可以根据其外观预测的。如我早先所讲，突触越强就会长得越大，所以大小与强度是相关的。接下来的研究工作将揭示这种方法预测突触强度的准确性。

还有一种可能性是，重新连接也在记忆的存储过程中发挥了作用。[29] 突触链中的那些不参与记忆的突触，随着鸟的学习会被削弱，最终被消除。如果重新连接也有作用，那么即使从未经赋权的连接组中，也能读出些什么。通过读取未赋权和已赋权两个版本的 HVC 连接组，就可以有理由在纯粹重新赋权与重新连接这两种理论之间做出选择。

　　神经科学家们还提出假设说，连接组的另外两种"重新"变化——重新连线和重新生成——也在记忆中发挥作用，但目前总是拿不出什么确凿的证据。费尔南多·诺特博姆等人研究了金丝雀及其他鸟类大脑中的重新生成，他们发现在金丝雀不叫的季节，其 HVC 会因为神经元消除而萎缩。当歌唱季节再度来临，HVC 又会随神经元的新生而扩大。诺特博姆对重新生成的研究具有重要的历史性意义，并吸引了神经科学家们对这个课题的关注，但目前人们对重新生成的功能和作用仍然不甚明了。

　　如果 HVC 的突触链模型是正确的，那么就可以通过很多有趣的方法来尝试回答这个问题。在不叫的季节，闲置的突触链是否仍然保存着叫声的记忆？当新的神经元进入 HVC，它们是否被整合到链中？如果是这样，它们是如何做到的？根据神经达尔文主义，新生的神经元会随机地连接到其他神经元上。这个理论可以通过连接组学实证检验，用特殊的染色方法把新生的神经元精准地标记出来。

　　关于神经元的消除，我们也可以提出类似的问题。这些神经元为什么会自杀？是否是因为这些神经元没有被整合到链中，从而触发了突触和分支的消除机制？这个假设也可以通过连接组学，根据那些正处于死亡过程中的神经元快照来检验。在不叫的季节来临时，神经元是不是通过这种消除机制，以避免突触链发生毁坏？

　　由于技术的限制，神经科学家们曾经只能数出神经元数量的增多或减少。这样的研究可以让我们看出重新生成的重要性，但却无法揭示它们到底在记忆中起了什么作用。要想取得进一步的进展，当务之急就是要知道新生的神经元如何被连入已有结构，以及神经元的消除是否取决于它们的连入情况。连接组学可以提供这些信息。通过研究 HVC 神经元的连接关系如何决定其分支的生长和撤除，还可以告诉我们重新连线的作用。

　　我已经介绍了在 HVC 中解出突触链，和在 CA3 中解出细胞集群的计划，我把它们称为从连接组中"读取记忆"。更准确地说，我提出了一种方法，通过分析连接组，推测其在提取记忆过程中回放的活动模式。但是我要在这里强调：这并不等于我们能够读取记忆的**内容**。通过分析 HVC 或 CA3 的连接组，我们无法知道鸟的叫声听起来是什么样，也无法知道人类被试者之前看到的视频是什么样。可以说，我们读取出来的是一种"架空记忆"，与该记忆在现实世界中的内容是脱离的。

我也提出了将记忆与现实世界结合的方法，即在鸟叫的同时测量其 HVC 的活动，或者在人类被试者描述其经历的同时测量其 CA3 的活动。这样的话，每个神经元都可以与一个特定的动作或想法——对应起来。这个方法需要测量活体大脑的神经脉冲，以把它死后读出的记忆与现实意义结合起来。在可预见的未来，如果我们仍然只能用一小块大脑解出局部连接组，那这将是唯一可行的方法。

然而长远来看，我相信我们终将能够用整个大脑解出完整的连接组。到那时，我们不需要再测量活体大脑的神经脉冲，就能把记忆与现实结合起来了。举例来说，要做到这一点，需要搞清楚一个 CA3 神经元是否会被詹妮弗·安妮斯顿或是其他什么特定的刺激所激活。通过分析把信息从感觉器官传到该 CA3 神经元的通路，是否可以达到这个目的？

答案或许是肯定的——如果基于我们假设的感官神经元的连接规则，比如"一个检测整体的神经元，接受来自检测局部的神经元的兴奋性突触"。詹妮弗·安妮斯顿神经元，接受来自"蓝眼睛神经元"和"金发神经元"的输入，以此类推。

目前，研究者们正利用连接组学手段，对动物的神经脉冲进行混合测量，试图检验这个局部到整体的规则。第一步是测量神经元对不同刺激的反应神经脉冲，以确定它在感知中所起的作用，就像詹妮弗·安妮斯顿实验中所做的。具体方法正如前面讲过的，给神经元染色，使其在激活时会发光，然后用光学显微镜观察这些神经元。之后，研究者们再用电子显微镜观察这块特定的大脑，以确定这些神经元的连接情况。凯文·布里格曼[30]（Kevin Briggman）

和莫里兹·海斯戴特（Moritz Helmstaedter）已经与温弗里德·登克一道，在视网膜神经元上完成了这项了不起的工作。戴维·波克[31]（Davi Bock）、克雷·里德（Clay Reid）也与同事一起，对初级视觉皮层中的神经元做了这样的研究。随着这些研究的进展，我们最终将会知道，在检测局部和检测整体的神经元之间，是否真的存在这样的连接关系。

在未来几年，从局部到整体的连接规则，将通过这种方法得到检验。为了便于讨论，我们暂时假设这个规则是正确的，以推论我们如何利用它来读取连接组。这条规则的本质是，一个神经元是站在其他神经元的肩膀上。我们可以首先对最底层的神经元应用这条规则，推测它们是检测何种刺激的。这些神经元距离感觉器官只有一步之遥。然后可以顺着这个层次结构，一步一步往上走，利用局部整体规则，逐步推测各个神经元是检测什么的。最终我们会走到层次的最顶端——CA3 神经元——并推测出在活体大脑中它们会被何种刺激所激活。（如果一个神经元接受"折耳""棕眼""摆尾""狂吠"等神经元的连接，那么这个神经元就是能检测你曾祖母的狗。[32]）

从逝者的大脑中读取记忆，或许听起来很酷——你肯定想到了围绕这种设备所写的电影大片——但这还远远不是连接组学正经的实际应用。我认为最重要的，是去解决解码 HVC 连接组所面临的挑战，这将加深我们对大脑的认识，理解神经元的连接如何影响大脑的功能。

我们已经讨论过了几种分析连接组的方法：按大脑区域划分，按神经元类型划分，以及从中读取记忆。这些方法虽然看起来不尽相同，但是都可以视为对某种神经元连接规则的形式化。[33]用这几种方法预测连接，是依次越来越精确的，因为它们的规则，越来越建立在更加特定的神经元属性上。

比如，把鸟类大脑划分成区域，可以得出一些粗糙的规则，例如"如果两个神经元都在 HVC 中，那么它们有可能彼此连接"。很明显这是正确的，因为两个 HVC 神经元产生连接的可能性，要大于一个 HVC 神经元跟一个，比如说吧，视丘中的神经元，实际上后者是根本不可能发生的。尽管如此，这个规则却不足以预测任意两个 HVC 神经元是否是连接的，因为这里面还有很多可变因素。[34]

要想使预测规则更准确一些，那么把 HVC 划分成多个神经元类型是有用的。我之前没有强调，我们在前面讨论 HVC 时，都是针对一种特定类型的神经元，这种神经元把轴突送到（投射到）RA。我们之所以对这种神经元有特殊的兴趣，是因为它具有在突触链中产生某种神经脉冲序列的特性。利用这一点，可以得到进一步的形式化规则："如果两个 HVC 神经元都投射到 RA，那么它们更有可能彼此连接。"这条规则更有针对性，因此也更加准确。

根据鸟叫时神经元的神经脉冲时间点，还可以得到更好的规则："如果两个 HVC 神经元都投射到 RA，而且它们在鸟叫时的神经脉冲时间点是挨着的，那么它们更有可能彼此连接。"如果突触链模型是正确的，那么这条规则就可以非常准确地预测连接情况。

如果真想理解大脑是怎么工作的，就需要这第三种规则，这种规则的基础，是通过测量神经脉冲来确定神经元的功能特性。那些基于区域和神经元类型的粗糙规则，只能让我们走到半途。从 HVC 到鸣管的区域连接，只能帮助我们确定 HVC 神经元的功能与叫声有关，但这不足以阐明为什么在鸟叫过程中，不同的 HVC 神经元会在不同的时间发出神经脉冲。

同样，区域连接可以告诉我们为什么詹妮弗·安妮斯顿神经元和哈莉·贝瑞神经元做着类似的事情——它们都会被视觉刺激激活——但是它们做的事情显然不是**完全相同**的。我们还想要知道为什么詹妮弗·安妮斯顿神经元只对詹妮弗有反应，对哈莉却没有，反之亦然。因此我们需要像局部到整体这样的连接规则，而这些规则同样又是基于神经元的功能特性。

从最广泛的意义上来说，解码连接组，不仅仅是解出神经元在记忆中的作用，还包括思维、情绪和感知。如果能成功解码，就能确信我们找到了足够精确的连接规则，足以理解大脑是如何工作的。然后，我们就能回到最初那个贯穿这本书的问题：为什么人们的大脑工作起来是不同的？

第 12 章　对比

当年上小学时，我和我的伙伴们时常不由自主地盯着班里的同卵双胞胎同学看，竭力想要把他们区分开。暹罗双胞胎（连体人）的图片则更加令人惊异，当翻阅一本破旧的《吉尼斯世界纪录大全》时，我们使劲地看了他们很久。我们会觉得双胞胎看起来有点让人害怕，但是不知道为什么。

在美国土著和非洲人的神话传说[1]中，有很多关于双胞胎的故事。纳瓦霍人把他们的祖先追溯到"善变女神"（Changing Woman）。她以阳光受孕，生下了双胞胎"屠宰者"和"饥渴者"。他们 12 天就长大了，然后踏上了寻找生父太阳的征途，一路上遭遇了各种巨人和怪兽，陷入残酷的战斗。

在各个文化的传说和文学作品中，都能找到很多双胞胎形象。异卵双胞胎已然是特殊的，而同卵双胞胎则简直是具有某种魔力的。为什么我们会有这种感觉？其实很简单，我们心中有一个基本假设[2]，每个人都是独特的，而同卵双胞胎攻击了这一点。他们过分相像，使我们有所不安。但是，当我们仔细观察他们，看出一点小区别时，又会感到一丝兴奋。

在希腊神话中，有些双胞胎是同母异父的产物，一位是凡人父亲，另一位是某个天神，这解释了为什么他们有不同的外表、本性和命运。今天我们知道，他们有这些不同，是因为他们是异卵双胞胎，只有一半的基因组相同。

而同卵双胞胎则看起来很难区分，因为他们的基因组是整个都相同的。之前讨论孤独症和精神分裂时，我曾经讲到过同卵双胞胎，不过现在还需要更准确地讲一讲。最近的基因组学研究表明，在双胞胎形成的过程中，也就是受精卵分裂成两个胚胎时，其中的 DNA 序列会发生小小的变化。[3] 这点小变化，或许能够解释为什么同卵双胞胎看起来也会有那么一点不同，或许还能解释为什么他们的想法和行为不是一模一样。但是，基因并不能完全解释后天的心智差异。即使是没有手术分离的连体双胞胎，他们的后天经历也不会是完全一样的。他们看起来形影不离，但内在的记忆却并不是完全相同的。

在连接主义者看来，同卵双胞胎之所以具有不同的记忆和心智，主要是因为他们的连接组不同。很多人幻想过如果自己有一位双胞胎兄弟或姐妹会是什么样。有时候我也幻想有个疯狂的科学家，创造了我的一个"连接组双胞胎"，他的大脑连线与我的一模一样。我会不会与他相逢情便深，恨不相逢早？我女朋友会不会嫉妒我们的亲密无间，抱怨我是有多自恋？我相信我可以与我的双胞胎无话不谈，他是真正能理解我的人。但也难说，向一个想法与我完全相同的人倾诉我的问题，或许会是一件很无聊的事。

我们再想更深一步，假如在遇到彼此一周之后，我们俩被一个暴力团伙给绑架了。他们要把我们其中一人撕票，用尸体作为恐吓，索要另一人的赎金。我会害怕被撕票吗？还是无畏牺牲？也许这并不很重要，就算我死了，我所有的记忆和性格都会在我的双胞胎上继续存在，反过来也一样。不，等等，在疯狂科学家复制出我的双胞胎之后，已经有一周时间过去了。我们的连接组在各自地发生着变化，所以我们的心智已经不再完全相同了呀。

幸运的是，我不会真的被迫去解决这样一个悲情的哲学困境。在可预见的未来，我们还无法创造出人类连接组双胞胎。但是线虫如何？在引言中，我介绍了秀丽隐杆线虫"们"的连接组，似乎暗示着任何两条线虫都是连接组双胞胎。但这是否是事实呢？因为它们的神经元肯定是相同的，所以我们应该可以解出两个连接组，将其神经元一一对应，然后去检查它们的连接是否相同。

到目前为止，这样的对比还没有整个完成过，因为这需要解出两个完整的秀丽隐杆线虫连接组[4]，而事实上解出一个都很困难。大卫·霍尔和理查德·罗素[5]（Richard Russell）先行一步，对比了线虫尾端的局部连接组。他们发现，这部分连接组并不完全吻合。如果两个神经元在一条线虫上有大量的突触连接，那么它们在另一条线虫上多半也有连接。但如果两个神经元在一条线虫上只有一个突触连接，那在另一条线虫上则有可能根本没有连接。

这些差异是由什么导致的？在实验室，这些线虫是通过繁殖纯种犬或马的方法[6]，经过很多代近亲繁殖得到的。这使所有的实验线虫都是基因组双胞胎，但它们的 DNA 序列仍然存在着一些小差异。是否正是这些差异，导致了连接组上的差异？或是连接组的差异意味着线虫会从后天经历中学习？或者有可能既不是因为基因也不是后天经历，而是线虫在发育时，神经元在连线过程中有一些随机的偏差？每种解释都有可能是真相，但还需要更进一步的研究来验证。

连接组的差异是否会影响外在行为，从而赋予线虫不同的"个性"？霍尔和罗素没有研究这个问题，所以我们无从知晓。他们使用的线虫虽是近亲繁殖，但在其他方面都是正常的。有些研究者发现了基因有缺陷、行为也不正常的线虫。这些异常线虫的连接组还没有解出，一旦解出之后，首先就可以直接对比正常线虫与异常线虫的连接组，检查它们的神经元能否一一对应。如果有缺失或者多出来的神经元，那么连接组的匹配就会更困难一些，但仍然不是不可能。随着解出秀丽隐杆线虫的连接组变得越来越容易，人们将开展这样的研究。

对于大脑更高级的动物，要对比它们的连接组，难度就要大大增加了。正如我在引言中提到的，高级大脑的神经元数量差异相当大，所以没办法将它们的神经元一一对应上。在理想情况下，我们能匹配那些具有相似或类同连接关系的神经元。按照连接主义者们的圭臬，这样的神经元具有相似的功能，比如一个大脑中的詹妮弗·安妮斯顿神经元与另一个大脑中的詹妮弗神经元。

这种对应关系并不是一个对一个的，因为不同个体脑中的詹妮弗神经元的数量可能是不同的。（甚至有些人根本就没有詹妮弗神经元，不曾一睹她的芳华。）但是，这种匹配需要非常精密的计算方法[7]，目前还有待开发。

一个替代方案是，将连接组简化之后再对比。如前文所讲，可以根据大脑区域或神经元类型来定义简化版本的连接组。因为这些单元在所有正常个体上都应该存在，所以它们应该总是能够一一对应起来的。对比高级大脑的简化连接组，将像对比线虫的连接组一样简单。

之前我强调，区域或神经元类型连接组，并不足以使我们理解记忆，记忆是我们作为个体所具有的最独特的部分。但是，其他一些有代表性的心智特征，比如性格、数学能力乃至孤独症，似乎比生平记忆更为一般化，而简化的连接组或许就能编码这些心智属性。

从理论上来说，我们可以通过划分神经元连接组，来得到简化的连接组。然而，即使对于鼠脑，要解出完整的神经元连接组，也还只是一个遥远的理想。另一种方案是开发某种捷径，能够直接解出简化的连接组，而不需要先解出神经元连接组。这样的方案在技术上将容易很多，因为它不需要收集那么大量的图像数据。

有些神经科学家想用光学显微镜解出神经元类型连接组。这种方法是由卡哈尔开创的，他曾经总结认为，如果一个神经元类型的轴突，延伸到被另一类型神经元的树突所占据的区域，那么这两个神经元类型就是彼此连接的。他的方法本来很零碎，但在现代技术手段之下，我们可以对其加以系统化应用。不过，光学显微镜只能看到一个大脑中的很小一块神经元，要想解出神经元类型连接组，需要拼合很多不同大脑的神经元图像。因此，要想解出不同个体大脑之间的差异，这种方法恐怕就不太有用了。

光学显微镜也可以用来解区域连接组。在使用这种方法解大脑皮层之前，首先要解端脑中一个我们没讨论过的特殊部分——大脑白质。回想一下我们之前讲的，端脑位于脑干的顶端，就像一颗果实挂在枝头上。皮层就是这颗果实的"果皮"，也就是我们说的灰质。把果实切开，里面的"果肉"就露了出来，这就是白质，如图 12-1 所示。

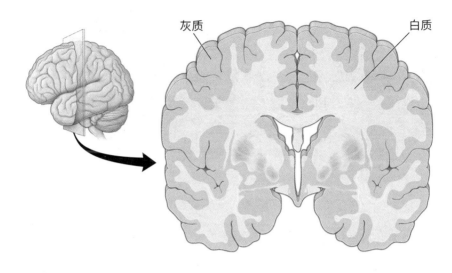

图 12-1　端脑的灰质与白质

　　早在古代，人们就发现了灰质与白质的不同[8]，但是它们的本质区别，却是在神经元被发现之后才得到阐明。外层的灰质是由神经元的各个部分混合组成的，包括胞体、树突、轴突和突触，而白质则只包含轴突。换句话说，内部的白质全是"连线"。[9]

　　白质中的大多数轴突来自包裹在外的大脑皮层。它们属于锥状神经元，这种神经元组成了所有皮层神经元的 80%。之前我介绍过这种神经元，它们具有锥形或金字塔形的胞体，从胞体发出一条穿越很长距离的轴突。现在，我们要更进一步了解它们。这些金字塔的顶点总是指向大脑外部的方向，而它们的轴突则从底座向下穿出[10]，沿着与皮层垂直的方向，直插入白质，如图 12-2 所示。

　　顺着轴突刚向下，会有一些小分支，称为侧副支，它们会与周边的神经元有突触连接。但是轴突的主要分支最终会离开灰质，进入白质，踏上前往其他区域的征途。到达目的地区域后，它将分出许多分支，连接那里的神经元。

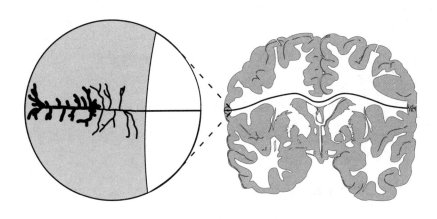

图 12-2　一个锥形神经元轴突的侧副支和主要分支

有些轴突并不走很远，就在靠近出发点的地方重新进入灰质。但是锥形细胞的大多数轴突会投射到皮层上的其他区域，有些甚至会走到大脑的另一侧。还有些白质轴突——很少数——连接着皮层与大脑中的其他细构，比如小脑、脑干甚至脊髓。这样的轴突只占白质的不到 1/10。皮层是非常以自我为中心的，它主要与自己"对话"，而不是与外面的世界。

不妨这样来理解：灰质中的轴突和树突就像是本地的街道，而白质中的轴突就像是大脑的超级高速公路。它们相对更宽、更少分支，而且极长。事实上这些轴突的长度加起来长达 15 万千米[11]，是地球到月亮距离的 1/4。而我们要面临的挑战是：要解出区域连接组，需要追踪白质中的每一条轴突的路径。

这似乎是一个不可能完成的任务，但其实却可以通过对整个白质切片成像，然后用计算机在图像中追踪每条轴突来做到。一条路径的起点和终点，表明两个皮层位置之间的一条连接。这种方法在实践中可行吗？毕竟白质在体量上并不逊于灰质，而且重构其中的 1 立方毫米都非常艰难。考虑到这一点，要重构几百立方厘米的白质，听起来是个根本不靠谱的提议。不过，如果我告诉你，白质轴突在更低的分辨率下就能看见，那这个提议似乎就不那么疯狂了吧？

想知道为什么吗？请看图 12-3 中展示的截面图像。大多数轴突在离开灰质之后，会发生一个重要的变化：它们会由环绕在周围的其他细胞包盖（"髓鞘化"）。你可以看到大脑是多么精密，它不但给自己连线，还要给"线"包上绝缘皮。这层皮的成分，是一种叫髓磷脂的物质，它主要是由脂肪分子组成的，正是这些分子使白质成为白色。（所以"脑满肠肥"这个词虽然不好听，但对每个人来说都是事实。）髓鞘化能加快神经脉冲的传导 [12]，这对在巨大的大脑中高速传递信号具有重要的意义。与髓鞘化有关的疾病，比如多发性硬化，会对大脑的功能造成毁灭性的影响。

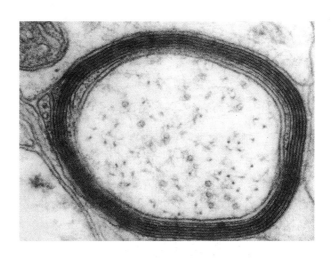

图 12-3　髓鞘化轴突的截面

白质中髓鞘化的轴突，要比灰质中通常没有髓鞘化的轴突粗很多（一般有 1 微米）。而且，如果我们只关心区域之间的连接，就没有必要看见突触。如果一条轴突进入一个灰质区域，并在其中分支 [13]，我们几乎可以肯定它在那里产生了突触，所以追踪白质中的"连线"足以解出区域连接组。如果我们再把范围限定于髓鞘化的轴突，就可以利用序列光学显微镜来完成这项工作，这种设备跟序列电子显微镜类似，只是使用较厚的切片，产生较低分辨率的图像。

当然，要测量人类大脑的白质轴突，仍然是个令人畏惧的技术挑战。研究较小的大脑白质，比如鼠类和除人类之外的灵长类，会是一个比较好的开端。可以将得到的结果与过去研究动物白质通路技术的结果对比检验。人们曾用这些技术解过猴子视觉皮层的连接，如图 12-4 所示。（之前展示过这些脑区，但没有展示它们的连接。）由于这些过去的技术无法用于人类大脑，所以我们自己的白质目前仍然是一片未知。[14]

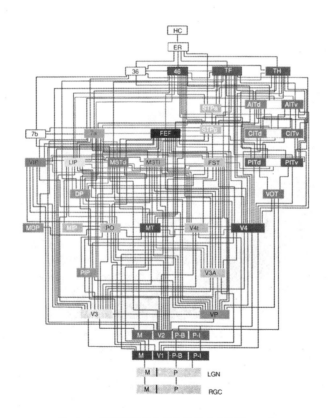

图 12-4　恒河猴视觉皮层的连接（参见图 10-2）

人类连接组计划已经准备尝试为人类大脑测绘出图 12-4 那样的图，但并不是使用显微镜，而是使用扩散磁共振成像（diffusion Magnetic Resonance

Imaging，dMRI）。dMRI 与 MRI 或 fMRI 有所不同，MRI 用于测绘脑区的大小，而 fMRI 用于测量脑区的活动。不幸的是，dMRI 与其他形式的 MRI 有着同样的局限：空间分辨率很低。MRI 的分辨率通常在毫米级，在这样的分辨率下，神经元和轴突都不可见。那既然分辨率如此之低，为什么 dMRI 还能追踪白质中的连线？

这是因为白质有个有趣的特性，使它的结构要比灰质简单。你有没有把意面倒进沸水，却忘了搅开的经历？几分钟后你就会发现你的错误，你会看到那些面条互相粘连成几捆。白质正像是这个厨房里的小尴尬，而灰质则更像一碗充分搅开了的意面。

当轴突捆得像没搅开的意面，它们就形成了"纤维束"，或者叫"白质通路"。它们与神经束很相似，只是运行于大脑内部。轴突为什么会捆成束？好吧，为什么人们总会在草坪上踩出一条路来？首先，那肯定是条捷径，比草坪设计者铺设的过道更有效率。其次，这是一种"从众效应"——只要有几个拓荒者踩倒一些草，每个人都会跟着去踩，把那些草完全踩到没有。与此类似，轴突在白质中也会选择高效的路径，不妨认为这是为了连线经济性而进化得来的。因为高效的方案往往是唯一的，所以不难想象，具有同样起点和终点的轴突，也将具有同样的路径。另外我们已经知道，在大脑发育过程中，最先生长的轴突在开辟道路时，往往会给其他轴突留些化学线索以供跟随。

尽管轴突很细，但纤维束却可以很粗。最大的纤维束就是著名的胼胝体，它由穿梭于左右半球之间的巨大数量的轴突组成。19 世纪的神经解剖学家们通过裸眼观察，还找到了其他一些大纤维束。扩散磁共振成像是一项令人激动的进步[15]，因为它可以在活体大脑中追踪白质通路。它对每个位置计算出一个箭头，表示该处轴突的走向。通过连接这些箭头，就能追踪轴突束的路径。值得一提的是，dMRI 已经成功地解出了除弓状束以外，布洛卡区和韦尼克区之间的白质通路，这些发现将给布洛卡 - 韦尼克语言模型带来新的启发。[16]

这些故事令人振奋，但是 dMRI 也有其自身的局限。由于空间分辨率很低，所以它很难追踪较细的纤维束。甚至较粗的纤维束也有可能存在问题，比如当它们相互交叉，其中的轴突混在一起时。你可以把这种交叉想象成一个无比混乱的十字路口，其中有行人、自行车、机动车，还有动物——你必须非常仔细地看，才能看清某个特定目标是在直行还是在转弯。同样，当很多轴突进入一个交叉区域，用 dMRI 就很难看清它们从哪个方向出去。测绘白质的唯一周全方案，还是要用某种方法去追踪独立的轴突，比如我之前提过的那种方法。

　　dMRI 在测绘区域连接组的问题上已是捉襟见肘，在神经元和神经元类型连接组方面就更不适合了。当然，dMRI 也有个很重要的优势：它可以对活体大脑使用。它起码可以用于诊断一些明显的连接病理，比如胼胝体缺失。因为 dMRI 可以快速而方便地研究很多活体大脑，它将为我们揭示精神障碍与大脑连接之间的相关性。但这种相关性可能仍然不够强，就像早期那些颅相学结论一样。

　　磁共振专家们仍在孜孜以求提高分辨率，但进展并不是很快，还有很长的路要走。粗略地讲，dMRI 目前的分辨率只是光学显微镜的一千分之一，而光学显微镜又只是电子显微镜的一千分之一。也许发明家们会创造出比 MRI 更好的非入侵式成像方法，但是不要忘记，透过颅骨去观察活体大脑的内部，从本质上就要比离体大脑切片观察困难得多。显微镜已经给我们提供了解连接组所需的分辨率，只需要把它规模化，以处理更大的体量。与之相反，MRI 则需要更为本质的突破。在可预见的未来，显微镜与 MRI 仍将是一对相辅相成的方法。[17]

　　寻找连接病理需要用我上文所讲的方法，分别解出异常大脑和正常大脑的连接组，然后进行对比。有些差异可以由 dMRI 测出，但更细微的差异就要依靠显微镜了。此外，我们还将利用电子显微镜，对比小块大脑的神经元连接组。使用显微镜还有一个难题，它必须用在逝者的大脑上。[18] 有人愿意把自己的大脑奉献给科学——这种慷慨的传统由来已久——但即使我们能得到这些逝者的大脑，其中大多数也都有着这样或那样的问题。[19]

有种替代方法是在动物的大脑中寻找连接病理。这类研究同时对于开发疗法也很有意义，因为新的疗法总要先做动物试验，然后才用于人类。传奇的法国微生物学家路易·巴斯德在兔子体内繁殖病毒，再降低活性，制成了史上第一支狂犬疫苗。他首先用这支疫苗对狗做试验，然后才对一名被病狗咬伤的 9 岁男孩做了首次人体试验。

用动物研究人类的精神障碍并非轻而易举。狂犬病毒无论是感染兔子、狗还是人类，都会导致一样的病症。但是真的有动物会患上孤独症或精神分裂症吗？目前还不清楚在天然情况下是否会有，不过研究者们正在尝试使用基因工程的手段改造出这样的动物。研究者们将与孤独症或精神分裂症相关的缺陷基因插入到动物（通常是小鼠）的基因组内[20]，以使动物患上相应的病症。在理想情况下，这些动物将作为人类病症的"模型"，这是对人类病症的一种近似。

但是，这种基于巴斯德的策略，即使对于传染病来说也时常会失败。人类免疫缺陷病毒（Human Immunodeficiency Virus，HIV）会在人体内导致艾滋病，但对其他很多灵长类动物却没有影响，因此很难测试艾滋病疫苗。猴子的艾滋病是由猴类免疫缺陷病毒[21]（Simian Immunodeficiency Virus，SIV）导致的，它与 HIV 相近，但并不一样。因为缺乏合适的动物模型，所以对人类艾滋病治疗方法的研究进展非常缓慢。与此类似，将人类的缺陷基因注入动物或许并不能使它们患上孤独症或精神分裂症，也许还需要一些类似但却不同的基因缺陷。

因为这些不确定性，对精神障碍动物模型的检验问题就变得很关键。目前还不知道应该采用什么样的检验标准。有些学者着眼于症状的相似性，但即使对于传染病，这个标准也不总是有效。有些微生物既能感染人类也能感染动物，但却会造成非常不同的症状。动物还可能耐受某些感染，从而几乎看不出来症状。另外，即使人类的自闭或精神障碍基因在小鼠上导致了非常不同的症状，也并不意味着小鼠模型就是没用的。（还有人争论说对比症状是没有意义的，因为精神障碍涉及的一些行为是人类独有的。）

另一种检验标准是神经病理的相似性，这种标准已经用于评估退行性神经疾病的动物模型，比如阿尔茨海默病（Alzheimer Disease，AD）。人类 AD是由于大脑中异常积累的斑块和缠结导致的。正常的小鼠不会患上 AD，但经研究者们基因改造的小鼠却可以，它们的大脑会产生大量的斑块和缠结。[22] 对于这些模型是否足以用来研究 AD，研究者们仍在讨论，但总之他们的目标是很明确的：模拟出清晰而一致的神经病理。

由此看来，对于孤独症和精神分裂症的动物模型，或许连接病理的相似性会是一个有效的检验标准。当然，要想使之有效，前提是我们不仅要确认孤独症和精神分裂症患者的连接病理，还要能在动物模型中找到并确认。

你也许注意到了，连接组对比计划与连接组解码计划有很大的不同。记忆的连接主义理论，提出了非常明确的假设，也就是细胞集群和突触链，这些可以利用连接组学检验。但连接病理却与此相反，它并没有一个明确的理论。没有具体的假设就去寻找连接病理，这岂不是无的放矢吗？

人类基因组计划的领导者之一埃里克·兰德（Eric Lander）曾经这样总结该计划完成之后的十年："基因组学最伟大的意义，就是使人们有能力以一种全面、无倾向、无假设的方式去探索生命现象。"[23] 这与我们在学校所学到的科学方法有所不同，我们学到的科学是分成这样三个步骤：①提出假设；②基于这个假设做出预测；③执行实验以检验这个预测。

这样的步骤有时是奏效的，但在成功的故事以外，还有无数失败的故事，因为选择的假设是错误的。检验一个假设需要耗费大量的时间和心血，结果却有可能发现它是错的，甚至更糟糕的是发现它根本不相关，这会导致研究者的一切努力都化为泡影。不幸的是，提出假设完全没有规则可循，完全依赖经验和灵感。[24]

在"假设驱动"的方法，或者说演绎法之外，还有一种"数据驱动"

的研究方法，或者说归纳法。这种方法也有三个步骤：①收集大量的数据；②分析这些数据并寻找规律；③利用这些规律提出假设。

在这两种方法中，有些科学家会因为个人风格而倾向于其中一种，但这两种方法本身并不是对立的。数据驱动的方法可以看成一种产生假设的方法，这样的假设比纯粹靠直觉提出的假设更值得进一步探索，而接下来的探索过程则是假设驱动的方法。

如果我们有了合适的技术，就能够用这种方法去研究精神障碍。连接组学会不断地提供大量关于神经连接的准确而完整的信息，有了这些信息，我们就不会再缘木求鱼。一旦找到连接病理，我们就能提出很好的关于精神障碍病因的假设，并展开进一步的探索。

然而，大脑实在太复杂了，在其中寻找精神障碍病因，无异于大海捞针。如何能找到？一个办法就是，首先对针的位置提出一个好的假设，然后你就只需要在一小片海域搜索。如果你足够幸运或聪明，能提出一个足够好的假设，这个办法就会奏效。另一个办法是发明一种自动机器，能快速把整个海里的所有物质筛查一遍，这个方法能确保你找到那根针，不需要你幸运或聪明。连接组学所使用的研究方法就是一种类似后者的方法。

要想理解为什么人的心智各有不同，首先要更好地理解大脑有什么不同。这就是为什么对比连接组是一项首要的工作。然而，只发现某些差异是不够的，因为很多差异并不能给我们提供任何信息。我们需要聚焦于重要的差异，与心智特性**极其**相关的那些。这些差异最终会使连接主义比颅相学更有说服力。它们能准确地预测**个体**的精神障碍，还能对正常人的智力水平做出可靠的估计。（对于那些用显微镜从死者大脑测出的连接组而言，这样的检验就不叫预测了，应该叫"后测"，根据死者的大脑来推断他们生前的精神障碍或功能。）

在人类理解精神障碍的道路上，确认连接病理将是重要的一步。我们目前的理解就只有这么多，我们的理想是能够利用它来开发针对这些疾病的治疗方法。在下一章中，我将展望未来如何做到这一点。

第 13 章　改变

1821 年，作曲家卡尔·马利亚·冯·韦伯（Carl Maria von Weber）的歌剧作品《魔弹射手》[1]（*Der Freischütz*）首次上演。剧中的英雄人物马克斯为了迎娶爱人阿加特，必须赢得一场射击比赛，以博得她父亲的欣赏。他害怕失去自己的爱人，怕到不顾一切，于是将灵魂出卖给魔鬼，以换取七颗注定命中靶心的魔弹。这部作品是一部喜剧，最终马克斯不但迎娶了阿加特，而且成功地摆脱了魔鬼。

1940 年，华纳兄弟推出了电影《埃尔利希博士的魔弹》，戏剧性地展示了德国科学家、医学家保罗·埃尔利希（Paul Ehrlich）的一生。埃尔利希因其关于免疫系统的研究，获得了 1908 年的诺贝尔奖，但他并没有止步于此。他的实验室首次研制出治疗梅毒的药物，缓解了数百万人的切肤之痛。[2] 他还研制出首支人工合成药物，这在事实上催生出了后来的制药工业。他将自己所追寻的理论称为"魔弹"，这或是从韦伯那著名的歌剧中得到的灵感。[3] 埃尔利希首次设想并发现了一些化学物质，这些化学物质能精准地杀死细菌，却不影响其他细胞，就像那些百发百中的魔弹。

这个魔弹的比喻告诉我们两个原则，它们不仅适用于药物，也适用于所有的医疗手段：第一，要有一个特定的目标；第二，理想的干预手段应该有选择性地**仅仅**作用于目标，也就是要避免副作用。然而，我们对于精神障碍的治疗手段却不符合这两个原则，这些治疗手段之原始，着实令人有些沮丧。对于大脑那些错综复杂的精巧结构，手术刀实在是太鲁莽而粗暴了，可是在有些时候却别无选择。你已经知道，神经外科医师为了治疗严重的癫痫，会将导致癫痫发作的那部分大脑直接切除。这样的过度手术可能会导致悲剧，就像你在前文中看到的 H.M. 的案例。要想将副作用控制到最小，必须把目标锁定在尽可能小的区域。

癫痫手术是将一些神经元从连接组中去除，还有一些其他手术，是将神经元的连线打断，但并不杀死它们。在 20 世纪上半叶，医生们曾经尝试通过损毁连接额叶与大脑其他部分的白质来治疗精神病。最终，这种臭名昭著的"额叶切断术"遭到了质疑，并被抗精神病类药物所取代。然而直到今天，在其他疗法均告无效的情况下，精神外科手术仍然是最后的保留手段。[4]

在考虑其他干预手段之前，我要先停下来，展望一下最理想的手段。我在前面讲过，某些精神障碍可能是由连接病理导致的，在这种情况下，正确的疗法就是要建立正常的连接模式。如果你是一位连接组决定主义者，你会觉得这个前景是毫无希望的。而且就算你不这么悲观，也不得不承认，大脑的结构之复杂着实令人气馁。仅仅是看到连接组已经够困难了，更别提还要去修复它们。以我们现有的技术手段，甚至都不知道该怎么去尝试这一挑战。

然而，大脑天然地具有一套精密受控的改变连接组的机制——重新赋权、重新连接、重新连线和重新生成。因为基因和一些分子引导着这四个"重新"，所以它们或许可以作为药靶。你应该不会对连接组作为药靶这个想法感到惊讶，因为你已经读过这本书的一大半了。但是你可能会想知道，这个想法是否与你从其他地方看到的相一致。

根据 20 世纪 60 年代广为人知的理论，某些精神障碍是由于神经递质的过剩或缺乏而导致的[5]，这可以解释为什么使用改变神经递质浓度的药物可以缓解这些疾病。例如，抑郁症被归因于 5- 羟色胺的缺乏，可以通过抗抑郁类药物治疗，比如氟西汀（俗称百忧解）。（神经元在分泌 5- 羟色胺后，本来有多种机制去回收这些分子，避免它们在突触间隙处长久逗留。而这些药物能阻止神经元回收这些分子，从而提高它们的浓度。）

但是，这个理论有一个问题。氟西汀能立刻影响 5- 羟色胺的浓度，但它对心情的提升却要好几个星期后才见效。是什么导致了这么长的延迟？有一种推断认为，5- 羟色胺浓度的提高，会引起大脑发生一种长时间的变化，或许是这种变化缓解了抑郁症。但是这种变化到底是什么呢？神经科学家们研究了氟西汀对那四个"重新"的作用[6]，他们发现它能促进海马区的突触、分支和神经元的产生。另外，如我在讨论重新连线时所讲到的，氟西汀能恢复成年人的视觉可塑性，这可能是因为它刺激了皮层的重新连线。虽然这并不能证明这些药物的抗抑郁作用是由于连接组的改变，但它显然使神经科学家们想到了这样的可能性。

在这一章中，我将带领大家共同展望新型的药物，它们以连接组为特定目标[7]，能够治疗精神障碍。不过我要强调的是，其他类型的治疗手段也是十分重要的。药物能够提高的，只是改变的**潜力**。要想真正发生积极的改变，还需要配合康复训练[8]，以矫正行为和思维。这样的组合治疗能引导四个"重新"，将连接组重新塑造得更好。我的观点是，改变大脑的最好方法，就是帮助它自己发生改变。

毫无疑问，药物极大地改善了精神障碍的治疗方式。抗精神病类药物能控制妄想和幻象，这是精神分裂表现最为强烈的症状。抗抑郁药物能使有自杀倾向的患者回到正常的生活。但是这些药物也有其局限性。我们能否找到更加有效的新型药物？

人类所掌握的最成功的药物，是针对感染类疾病的。抗生素类药物能治愈感染，比如青霉素，能在细菌的外膜钻孔，从而杀死它们。疫苗则是由一些分子组成，这些分子能使免疫系统对某种细菌或病毒更加警惕。简而言之，抗生素能治疗感染，而疫苗能预防感染。

这两种策略同样也适用于大脑疾病。我们首先考虑预防。在中风发作时，大多数神经元仍然是活着的，只是受到了损伤[9]，它们在一段时间之后才会退行并死亡。神经科学家们正在努力研制一种"神经保护"药物，能在发生中风时将神经元的损伤降至最低，以及一种疗法，能在这之后避免这些神经元死亡。同样的策略，也可以推广到那些神经元莫名其妙死亡的疾病。比如，没有人知道帕金森病患者的多巴胺神经元到底为什么会退行并死亡。研究者猜测这是因为神经元受到了某种压力，并希望开发出相应的药物来缓解它。

有些帕金森病例是由于一个基因的缺陷导致的，这个基因负责编码一种名为帕金的蛋白。因此，一种显而易见的疗法就是把缺陷基因换掉。研究者们尝试用一种病毒来携带正确版本的基因，将其注入大脑，作用于多巴胺神经元，保护它们不要退行。这种帕金森病的"基因疗法"[10]目前只做过大鼠和猴子实验，还没有用于人类。

神经元的退行通常是个非常漫长的过程，而死亡只是这个过程的最后一步。你可以联想一个人病倒的过程：开始只是变得虚弱，然后各种病情接踵而至，每况愈下。与医生观察患者的病情进展一样，研究者们为了寻找神经元退行的线索，也会非常仔细地观察退行过程的每个不同的阶段。[11]

这样的观察是有用的，因为这缩小了在分子层面上寻找病因的范围，而这个病因正是神经保护类药物的潜在靶标。另外，这种观察能够准确地指出退行过程最开始的一步。时机是非常关键的，在发病初期就进行干预，要比到后来再去阻止神经元死亡更加有效。早期干预还对治疗认知损伤非常重要，认知损伤往往在神经元大量死亡之前很久就会表现出来。这些症状的发生，是因为在神经元真正死亡之前，它们之间的连接就先出问题了。[12]

总而言之，有必要把退行过程研究得更加清楚，尤其要研究它的早期阶段。通过连接组学工具获得的图像，有助于我们开展这项研究。序列电子显微镜能详细地揭露一个神经元是如何变坏的。关于何种神经元类型在何时会受到影响，我们还能获得更准确的信息。所有的这些都会帮助我们找到阻止神经退行的疗法。

是否也能找到治疗神经进行性疾病的方法呢？要做到这一点，必须在神经发育偏离正轨太远之前，就尽可能早地诊断。基因检测技术可以在胎儿未出子宫时，就预测其是否会患孤独症或精神分裂症。但是要准确地诊断，还需要基因检测与大脑检查相结合。

我在前面讲过，对死亡的大脑进行高分辨率的显微成像是必要的，因为这有助于确定某种大脑疾病是否由某个连接病理所导致。这种方法虽然有重要的科学意义，但对于医疗诊断却是没有用的。尽管如此，如果能利用死亡大脑的显微成像，把一个连接病例完全搞清楚，那就能更容易地利用扩散核磁共振成像，在活体大脑中诊断它。简单地说，如果你清楚地知道你要找的到底是什么，那么找起来就会更容易些。

有些疾病还会在行为上反映出来。有些精神分裂症患者会在童年时期、真正的精神病发作之前，就表现出轻度的行为症状。[13] 如果认真对待这些早期症状，再结合基因检测和大脑成像，或许就可以准确地预测精神分裂症。

对神经进行性疾病做出早期诊断，会为预防这类疾病打下基础。连接组学会帮助我们找出这些疾病到底与哪些发育过程有关，使我们更容易开发相应的药物或基因疗法，去预防发育过程中的连接病理或其他异常。

预防似乎是个很远大的目标，而更难的却是在大脑已经受损之后去修复它。在受伤或退行导致神经元死亡之后，还能有办法挽回吗？连接组决定主义信奉"不可再生"，这给了我们一个悲观的答案。因为总体来说，在正常情况下，成年人是不能再生新的神经元的，所以大脑在受损后，自我修复的能力是有限的。那有什么办法能超越这样的限制呢？

有些生物在受伤后，还能重新长出很大一部分神经系统，比如蜥蜴。[14] 人类儿童的再生能力也强于成年人。20 世纪 70 年代，医生们发现儿童的手指尖能像蜥蜴的尾巴一样再生，于是他们不再给严重受伤的指尖手术接肢，而是直接让新的指尖自己长出来。[15] 在成年人中，或许也潜伏着某种隐藏的修复能力，所以再生药物研究领域的一个新目标，就是设法去激活这种能力。

受损本身会激活成年人大脑的某种再生过程。[16]产生神经元的一个主要的地方叫作室下区，神经元的雏形叫作神经母细胞，神经母细胞通常会从室下区迁移到嗅球，这是一个负责嗅觉的脑结构。中风能促进神经母细胞的产生，并能使它们不去嗅球，而是去往受损的区域。[17]因为这种自然过程有利于中风之后的恢复，所以研究者们正在开发人工方法去促进这个过程。

另一种实现再生的方法是直接把新的神经元移植到受损的区域。这种方法或许比促进远距离迁移（比如从室下区迁移）更加有效。前面讲过，帕金森病是由多巴胺神经元的死亡而导致的。研究者们正在尝试用胎儿的健康神经元做移植，替换坏死的神经元。令人惊奇的是，有些神经元真的能在受术者的大脑中存活十数年。[18]不过目前还不清楚这些移植的神经元是否真的对减轻症状起了作用。[19]这项实验所使用的神经元是从流产的胎儿体内分离得到的，这引发了一些伦理上的争议。移植还要面临的一个问题就是，患者的免疫系统会将新的细胞视为异物并排斥。

好消息是，这些问题现在都能得到解决。这得益于一项最新的技术，它使我们能够针对特定的患者，人工培养神经元。有一种皮肤细胞，可以被"逆转"成"干细胞"，就好比是"忘掉"它的前世曾经是一颗皮肤细胞。在重新成为全能性的干细胞之后，它就能够重新分化，在体外重新分裂并形成神经元。[20]研究者们通过这种方法，已经成功地用一些帕金森病患者的皮肤细胞生成了多巴胺神经元。[21]他们正在计划把这些神经元植入患者大脑，对其进行治疗。

无论是自然产生[22]，还是人工移植[23]，大多数新的神经元都会死掉。不难想象，新的神经元如果不能"扎根"，是很难活下来的。因此，再生疗法需要有办法促使新的神经元融入连接组，也就是要强化另外三个"重新"——重新连线、重新连接和重新赋权。

成年人的大脑或许隐藏着开启这三个"重新"的潜力。我在前文中介绍过一个事实：在中风之后，恢复过程基本在3个月之内。有研究表明，这是一个关键的黄金期，就像大脑发育过程中的黄金期一样，有类似的分子在此期间产生，以增强神经元的可塑性。[24] 一旦黄金期过去，可塑性就会急剧减弱，从而使恢复过程减慢。中风的治疗或许应该着眼于保持这个黄金期，延长自然恢复的过程。

我们已经知道，对成年大脑来说，重新连线是十分困难的。不过，在受伤之后，神经元却能相对容易地长出新的轴突分支。[25] 如果研究者们能在分子层面上搞清楚这里面的原因，或许就能够开发出人工方法，促进成年大脑的重新连线。这既可以帮助新的神经元融入连接组，也能用于改变已有神经元的功能。同样，因为在受伤后，新突触的生产速度也会高于平常，所以也会存在相应的分子过程[26]，可以用于促进重新连接。

是否也能治疗神经进行性疾病，在大脑连线发生偏差之后加以纠正呢？如果你是连接组决定主义者，可能会认为这无济于事，从而把所有的努力都用于预防。但是，目前还并不能确定神经进行性疾病的早期诊断是否完全可靠，所以我们别无选择，必须还要考虑治疗。这需要对连接组进行最大程度的改变，因此需要对四个"重新"进行最大程度的控制。

到目前为止，我一直在介绍和强调对失常大脑的治疗，因为这些连接组是最需要改变的。不过除此之外，人们还渴望某些能够增强正常的大脑的药物。很多大学生会在学习时饮用咖啡，虽然咖啡因能帮助他们保持清醒，但它对学习和记忆的作用微乎其微。[27] 尼古丁能暂时提高吸烟者的心智能力，但这种提高也只是相对于他们不吸烟时低于正常的水平。[28] 能否找到比这些更有效的药物？例如，我们非常希望有一种药，能在学习和记忆新的信息或技能时，促进连接组发生必要的改变。当然，能帮助我们忘掉的药物也会很有用。这种药也许能通过限制细胞集群或突触链的形成，帮助我们忘掉创伤事件、不好的习惯或者各种瘾。

从预防神经疾病到患病后的治疗，我们对药物有许多美好的愿望，能列出一个长长的清单。但不幸的是，实现愿望的步伐是非常缓慢的。每年都会有各种新药，披着光鲜的包装出现在市场上，但它们中有许多不是新的，只是换汤不换药，而且也没有变得更有效。大多数抗精神病药物和抗抑郁药物是半个世纪前那些偶然发现的药物的变种。真正的新药寥寥无几，利用神经科学前沿进展的新药更是凤毛麟角。

当然，药物开发的困难，也不只存在于精神疾病领域。从商业角度而言，开发新药具有极高的风险。研制候选药物需要耗费数年，然后只有少数非常成功的，才有机会开展人体试验，然后这一步又会淘汰其中的十之八九[29]，因为有毒性或是无作用。这个过程会烧掉巨额的资金，在新药面市所需的投资资金中，临床实验要占掉很大一部分。（总成本大概在 1 亿到 10 亿美元这个范围。[30]）所有人都对更好的药物望眼欲穿，无论是正在忍受病痛的人，治疗他们的医生，还是那些投资数以亿计美元去开发新药的人。那么如何能够加速药物的开发呢？

过去，很多药物是偶然发现的。最早的抗精神病药物是氯丙嗪，有时也叫氯普马嗪。这是一种吩噻嗪类分子，此类分子最早是由 19 世纪的化学家在为纺织业制取染料的过程中合成得到的。1891 年，保罗·埃尔利希发现，有一种吩噻嗪能治疗疟疾。第二次世界大战期间，法国制药业巨头罗纳 – 普朗克公司（今天的赛诺菲 – 安万特公司的前身之一）检测了很多种吩噻嗪分子，希望能找到新型的疟疾药。后来他们没有找到任何有效的疟疾药，转而开始寻找抗组胺药（你也许在过敏时使用过这类药物）。这时有一位医生发现，吩噻嗪能增强手术麻醉药的效果，于是罗纳 – 普朗克公司的研究者们又转向这项新应用，并最终找到了氯丙嗪。医生们发现，给精神病患者服用氯丙嗪作为镇静剂，能有效地减轻精神错乱的症状。到了 20 世纪 50 年代末期，氯丙嗪已经广泛地应用于世界各地的精神病医院。[31]

最早的抗抑郁药物，异烟酰异丙肼和丙咪嗪[32]也是在几乎同一时间发现的，同样是差不多的歪打正着。异烟酰异丙肼最初被开发出来是用于治疗肺结核，但它有一个出乎意料的副作用，能使患者无缘无故地高兴。精神病学家们旋即意识到，这个作用可以用于治疗抑郁症。与此同时，位于瑞士的嘉基制药公司（诺华制药的前身）得知罗纳－普朗克药业在氯丙嗪上获得的成功，决定迎头赶上，开发出一种自己的抗精神病药物。于是他们尝试了丙咪嗪，这是化学家们用吩噻嗪改造合成的一种分子。这种分子并不能治疗精神错乱，但幸运的是它却能缓解抑郁症。

所以，最早的抗精神病药物和抗抑郁药物，都不是研究者们有意研制出来的。他们只是在20世纪50年代这个黄金时期[33]，跌跌撞撞地摸索，足够幸运，足够敏感。而如今，随着现代生物学和神经科学的发展，新药的研发也有了"理性"方法，而且对它的呼声日益高涨。那这是什么样的方法呢？

回忆一下，细胞是由大量不同的生物分子构成的，这些分子参与着很多种生命活动。（前面我们讲过一类很重要的生物分子——蛋白质，它们是根据编码在基因中的蓝图合成的。）而一种药物就是一种人工分子[34]，它要与细胞中的天然分子发生反应。在理想情况下，按照魔弹原则，一种药物应该只与特定类型的生物分子发生反应，而不影响其他分子。

以此为基础，所谓理性的药物开发，就是要从与疾病有关的生物分子入手。研究者们已经陆续找到了很多这样的分子，作为治疗的靶标。随着基因组学的发展，寻找靶标的进程变得越来越快，这使人们对于理性方法开发新药的态度越来越乐观。

找到一种药靶之后，第一步要做的是找到能与之结合的人工分子，就像找到能插入一把锁的钥匙。研究者们首先会依靠经验和推测，确定一些候选分子，然后利用实验手段，逐个测试。如果某个候选分子击中了靶标，他们会进一步完善其结构，逐渐提高它与靶标的结合性。这是药物开发的第一个阶段，通常由化学家来完成。

接下来，我们直接跳到最后一个阶段看看，也就是人体试验。这个阶段由医生完成，他们将候选药物给予患者使用，然后观察病症是否有所改善。轻易进行人体试验是既不经济也有违伦理的，所以能够进入这个阶段的药物都是有充分的理由相信它应是安全而且有效的。尽管如此，仍然会有十之八九的候选药物在这一阶段被淘汰，而且对作用于中枢神经系统疾病的药物，这个淘汰率还会更高。[35] 这些令人失望的统计结果意味着在药物开发的第一阶段和最后阶段之间，一定有什么事情做得不对。[36] 在开展人体试验之前，研究者如何才能更加肯定候选药物确实具有治疗作用，而不仅仅是能在体外与靶标生物分子结合？如果能在这时获取更多的证据，或者更可靠的证据，那就能够提高开发新药的速度，而且降低成本。

　　动物试验是个办法，但对于精神疾病来说，开发相应的动物模型的难度，要远远高于其他疾病。我们讲过，研究者正在利用基因学手段，开发自闭症和精神分裂症的小鼠模型。但就这类疾病而言，小鼠与人类并不具有足够的相似性，因此有些学者正在计划使用除人类以外的灵长动物，去开发相应的模型。

　　还可以使用体外模型测试药物。利用患者的皮肤细胞可以获得干细胞，而干细胞又能重新分化成神经元，基于这个事实，产生了一个非常棒的方法。前面我们说，有人打算把分化出来的新神经元移植到患者的脑内，以治疗神经退行性疾病。而现在有了另一种可能，就是维持这些神经元在体外存活，并用它们测试药物。这些人工培养的神经元与脑内的神经元一样，也能产生神经脉冲，并通过突触传递信号，因此可以用来测试药物对这些功能的作用。然而，这些合成神经元的连线结构，却与脑内的神经元有着巨大的差异，所以体外模型无法适用于连接病理导致的疾病。

　　最后还有一种方法，就是在用干细胞得到神经元之后，把它们移植到动物脑内，从而把动物模型"拟人化"。相比于插入人类缺陷基因的方法，这种方法能够得到更好的动物模型。研究者已经采用类似的策略，为一些非精神类疾病成功建立了拟人化的小鼠模型。[37]

　　除了建立更好的体外或动物模型之外，还必须设立更好的测试标准。如何判断一个候选药物是有效的？对于动物模型来说，这似乎比较明显，就是在给药后，对动物的行为变化进行量化评估。为此，首先要找到一些与人类精神障碍的症状相对应的动物行为。[38] 但是，定义这样的行为并非那么容易。（谁知道精神错乱的老鼠应该什么样？）所以，通过动物行为来评估药物的方法并不是那么明显。

还有别的办法吗？对于治疗神经退行性疾病，比如帕金森病的药物，可以用动物模型，评估其阻止相关神经元死亡的效果。以此类推，对于自闭症和精神分裂症的药物，如果能评估其对神经病理的作用，肯定要好于评估行为症状。然而此路已经堵死，因为我们没有找到这些疾病的神经病理。如果最后发现自闭症和精神分裂症是由连接病理导致的，那就要在动物模型上找到与之对应的错误连线。然后，可以根据预防或纠正错误连线的效果，对药物进行评估。要想实现这些方法，就要加速研发相关的连接组学技术，这样才能够快速对比大量的动物大脑。

之前我说，研究精神疾病不用连接组，就像研究感染疾病不用显微镜一样。这个说法不但适用于研究，也同样适用于治疗。如果都没有办法看见连接病理，那何谈预防它出错或者纠正它？另外，对于与连接组四个"重新"的过程有关的分子研究，目前看来是一条确证药靶的黄金大道。我希望连接组学能在精神类药物研发中起到核心作用，就像基因组学如今已在更广泛的制药领域中扮演着主要角色。

治疗精神疾病是个非常有意义的目标，但同样有意义的，还包括帮助那些在战争中受到精神创伤的战士，以及遭受了严重虐待的孩子。不过，说到这里，这些对于基因和神经元的人工操纵术似乎会引起一些恐惧。对生物技术的担忧由来已久。早在1932年，英国作家阿道司·赫胥黎（Aldous Huxley）就在他的小说《美丽新世界》中，幻想了一个基于身体和大脑改造术的未来反乌托邦世界。人们出生在由国家控制的工厂里，被生物工程技术设定成五个阶级，然后服用一种叫作苏麻的精神改造药物，起到类似"宗教"的作用。

对于生物技术潜在的滥用，我们当然应该有所警惕，但是我认为，没有必要过分担忧。生命系统本身相当复杂，是非常难以逆向工程的。这虽然不是完全不可能，但所需的时间会远远长于那些杞人忧天者们的预言。技术的发展是缓慢的，人类社会有足够的时间去学会如何控制它们。

对生物技术的乐观主义观点，与悲观主义一样悠久。与赫胥黎同时代的爱尔兰生物学家贝尔纳（J. D. Bernal），在他 1929 年发表的短篇作品《世界，肉体，魔鬼》中提出了一个积极的观点。他认为人类文明的发展，就是在追求三种类型的控制。对于"世界"，我们已经有了相当程度的控制，这是物理学和工程学的目标；对于"肉体"的控制，似乎相对落后一些，但贝尔纳预言，未来的生物学家必将能够操控基因和细胞。他最具先知性的看法，是关于第 3 项挑战：

> 我们与无机的世界抗争，也与有机的肉体抗争，可是这抗争的第一线，为何显得如此不踏实、不真实、不现实？因为我们只要逐出这魔鬼，就能干掉世界，压制肉体，而这魔鬼，即使失去个体，也能强大依然。这魔鬼是最难面对的，他在我们里面，我们看不见他。我们几乎无法理解我们当下的能力、欲望和内心的困惑，更无法预知这些的未来。

贝尔纳担心的是，我们内心的不完美（魔鬼），会成为人类进步的终极障碍。所以人性的第 3 项，也是最终的挑战，就是重塑心灵。

如果贝尔纳知道我们已经走了多远，他会感到高兴吗？我们已经走出了被核武器灭绝的阴影（至少在目前），或许我们也吸取了足够的教训，永远不要再发动像 20 世纪那样恐怖的战争。然而贝尔纳会说，人类从未像今天这般在欲望的旋涡中苦苦挣扎。对于"世界"的控制，使我们免于匮乏，但是我们却看到，丰富也同样可怕。自制力的缺失使我们放任环境被污染，大肆过度饮食而不顾危害健康。

通过重构经济模式，改革政治制度，以及完善伦理道德，我们或许能与"魔鬼"对抗。这些都是人类经久传承的、改变大脑的方法。而在将来，科学还会发明出其他方法。贝尔纳希望人性能够征服世界、肉体和魔鬼，他把这三者称为理性灵魂的 3 个敌人。不妨换一种方式来描绘他的梦想，那就是对控制原子、基因组和连接组的追求。

"科学是我的国境，"物理学家弗里曼·戴森（Freeman Dyson）写道，"而科幻是我的梦境。"在本书的最后部分，我将探索两个幻想，它们来自人类共同的梦境：一是人体冷冻，把尸体彻底冷冻起来，以期能在未来的高级文明中复生；二是思维上传，以计算机模拟的形式，获得永生。

贝尔纳在他的短篇开头，这样庄严地宣告："未来有两种，一种是欲望的未来，一种是注定的未来，而人类的理性，却从未学会区分这两者。"很多人有永生的梦想，但我们应该对人体冷冻和思维上传保持怀疑。如果仅凭主观意愿，那就是"欲望的未来"，那只是一种幻象，把我们的注意力从"注定的未来"移开而已。要想批判性地审视这些梦想，就必须依靠理性，而不只是愿望。而这样一来，我们的思路就不可避免地落在了连接组上。

第五部分

超级人类

CONNECTOME
How the Brain's Wiring Makes Us Who We Are

第 14 章　冷冻还是腌制

　　我在有生之年，两次去过那座古怪的沙漠城市——拉斯维加斯。每天早晨，我沉溺在酒店柔软的大床上，而每个夜晚，我会迷醉于那些令人眼花缭乱的灯红酒绿。我在那里悠闲地品着威士忌，不时将雪茄的烟圈吐向赌场高挑的天花板。但是，我对牌桌和赌博机器却没有兴趣，一向避而远之。

　　我对全靠运气的游戏没有兴趣，但唯独有一个例外，这是唯一真正有意义的赌博。它叫作帕斯卡的赌局（Pascal's Wager）。1654 年，法国的天才人物布莱士·帕斯卡创建了一个新的数学分支，称为概率论。[1]就在同年，他皈依了上帝。在一次目睹了宗教幻象后，他的人生追求也从科学和数学转向了哲学和神学。[2]在这个时期，他最重要的工作就是为基督教进行一项辩护，可惜他在 39 岁时英年早逝，没有完成。后人整理并发表了他的笔记，名为《思想录》。在本书最开头的引言中，我们谈到过《思想录》。现在，在本书接近结尾之际，我们再回过头来，看看这本书。

　　从我之前引用的那段文字，你也许已经看得出来，《思想录》是凭着敬畏之心写就的。在帕斯卡看来，敬畏并不是个虚无的终点，而是宗教信心的基石。他深切地知道，信徒最大的痛苦，莫过于心存怀疑。凭什么肯定上帝是存在的？很多哲学家和神学家声称能用逻辑推理证明上帝的存在，帕斯卡很熟悉他们那些所谓的证明，但他并不认同。

于是，他提出了一个截然不同的途径。他并不攻击怀疑论，正相反，他承认，任何真正理性的人都不可能完全证明上帝的存在。我们只能估计上帝存在的概率。但尽管如此，帕斯卡仍然认为，信仰上帝是有道理的。他的理由非常有创意，他把这个问题视为一个赌局。你有两个选择：信，或者不信。而真相也有两种可能：上帝真的存在，或是不存在。于是，就有了四种可能的结果，如图 14-1 所示。

		上帝	
		存在	**不存在**
你	**信**	**哇哦！** 赚大了	**唉，好吧……** 小赔
	不信	**完了！** 这下完蛋了	**哈哈！** 小赚

图 14-1　帕斯卡的赌局

一方面来说，如果你不信上帝，就不必遵守天主教学校的修女们教的那些戒律，从而享受到一点点"罪恶"的快乐。但是，你要承担被打入地狱、永世折磨的风险。另一方面，假如选择相信上帝，你会付出一些代价，比如每个星期天的早晨，虽然你很想睡个懒觉，或者去打网球，但是你必须到教堂去，坐在那不太舒服的长椅上。但是如果上帝真的存在，那你的收获就太值了，你将得到至高无上的奖赏，在天堂里获得永生。

图 14-1 列出了每种可能的结果的奖赏或惩罚。如果用数学思维去看它，就要用数值去量化"你有多么不喜欢教堂"以及"你认为地狱有多可怕"。你还要估算出上帝存在的概率，也就是量化你对信仰或怀疑的倾向。然后你就能计算出信或不信的预期回报，并以此做出选择。

然而，帕斯卡使我们不必费心去进行这样的计算了。他指出，不需要用具体的数值去量化，这个结果是显然的。天堂的价值是无限大的，因为永生是无限长的。无限乘以任何数，仍然是无限。因此，只要上帝存在的概率大于零，那么信上帝的预期回报就是无限大。其他乘数是多少，根本就不重要。简单地说，去教堂就相当于花钱买彩票，如果奖金是无限大，那么花多少钱买彩票都是值得的。

　　沧海桑田，帕斯卡已经离去好几个世纪了。新的千年，新的世界，也有了新的赌局。要参观这些新时代的赌徒，我们需要前往亚利桑那州的斯科茨代尔市，去寻找一座奇怪的库房。走进那座建筑，你会看到成排的金属容器，每个有一人多高。这些容器叫作杜瓦瓶，它们就像是巨大的保温瓶，使装在里面的物质与外界隔温。但这些杜瓦瓶里装的，可不是夏游时喝的冰爽汽水，而是液态氮。泡在每个瓶里面的也不是冰块，而是四具尸体，或者六个人头。

　　这里是阿尔科生命延续基金会（Alcor Life Extension Foundation）的总部。这个基金会有 1000 名活着的会员[3]，还有 100 名死去的会员。要想成为会员，你要承诺在自己法定死亡后，缴纳 20 万美元。你得到的回报将是，基金会承诺把你的遗体无限期地保存在零下 196 摄氏度。你也可以选择只保存脑袋，这样就只需支付 8 万美元。基金会对这些有专门的语言表述。那些杜瓦瓶中的人，不能说他们死了，他们只是"去活性"了。而那些冷冻的人头，则是"神经保留"。整个这一套做法，叫作人体冷冻术。

　　阿尔科的会员们十分乐观，正如他们那 28 分钟的宣传片《无限的未来》一样。他们认为，在未来，科学与技术的发展将使人类做到今天做不到的事，人类对物质的操控能力将达到难以想象的高度，最终有能力将死尸"重新活化"。阿尔科仓库中冷冻的那些遗体，不但能够复活，而且他们的疾病和衰老也将不复存在。经过重新活化，他们将回到自己的年轻时代。

　　物理学家罗伯特·艾丁格（Robert Ettinger）是公认的人体冷冻术之父。凭借在电视节目中的亮相，和 1967 年出版的畅销书《永生的期盼》（*The Prospect of Immortality*），他成了一位小有名气的人物。尽管如此，人体冷冻术仍然在经历了多年的挫折和坎坷之后，才终于成为现实。在起初几年，还发生了一些尴尬的事件，有冷冻的遗体意外融化，只能像普通遗体一样拿去火化。终于在1993年，阿尔科生命延续基金会在斯科茨代尔市修建了这个仓库，才似乎能安全地保持遗体冷冻很多年。

艾丁格在推销他的想法方面非常成功，但他也遭到了很多嘲笑。有人认为阿尔科的会员都是些傻子，被诈骗了一大笔钱。这样想当然很刺激，但未免有些武断。谁敢肯定地说，重新活化永远都不可能？更合理的说法似乎是，重新活化的概率非常小，却不是零。沿着这个思路，就回到了帕斯卡的论证上。阿尔科会员的期望收益，等于重新活化的概率乘以永生的价值。因为永生的价值是无限大，所以成为阿尔科会员的期望收益也是无限大，相比而言，20万美元的代价实在是太值了。人体冷冻术这个赌局，与帕斯卡的赌局一样，头奖都是永生。帕斯卡的赌局要你相信上帝，而艾丁格的赌局要你相信科技。

20世纪著名的法国作家阿尔贝·加缪（Albert Camus），在作品《西西弗的神话》开头抛出了一个极尽挑逗的说法："真正严肃的哲学难题只有一个，那就是自杀。"而我要说，真正严肃的科学技术难题也只有一个，那就是永生。加缪用这个开头，引出了他的问题：生命是否值得经历，生命是否有意义？相比于自杀，永生是实实在在的技术难题。即使你想要永生[4]，眼下也无计可施。

长生不老是人类亘古以来的梦想。我上学的时候，老师说西班牙探险家德利昂（Ponce de Leon）由于寻找"不老之泉"，而发现了佛罗里达。历史学家们认为这个美好的故事只是谣传[5]，但他们相信另一个记载。公元前3世纪，秦始皇曾派遣两位探险家出海寻找长生不老的秘方。御用术士徐福[6]，带领船队和3000童男童女远渡东洋，多年未果，而且在第二次出海后就再也没有回来。

人类对永生的追求，至今涛声依旧。于是商人们纷纷叫卖维生素、抗氧化剂、抗衰老乳。这些现代版的长生不老术，愿望非常美好，实际作用却非常有限。不过有些人却认为，今天的科学已经非常接近在生命延续领域取得突破了。奥布里·德格雷（Aubrey de Grey）在他的《不再衰老》（*Ending Aging*）一书中，详尽地阐述了他的"掌控可忽略衰老战略"。他列举了 7 种在衰老过程中发生的分子和细胞损伤，并预言这些损伤终将可以被科学预防或修复。德格雷联合创建了玛土撒拉基金会（Methuselah Foundation），对能打破小鼠寿命纪录的研究者给予资金奖励。

一方面，对于衰老和长寿问题，有很多真正的科学研究在进行，而批评这类研究显然是不智之举。虽然生命延续领域充斥着很多江湖骗子，但这并不应该妨碍真正的科学研究。衰老与死亡，尽管眼下还看不到解决的希望，但确实是令人着迷的问题。世事难料呀！或许假以时日，人类真的能够实现永生。

另一方面，我对这个领域的极端乐观主义保留怀疑态度。发明家雷·库兹韦尔（Ray Kurzweil）在他的《活到永生》（*Live Long Enough to Live Forever*）一书中预言，永生将在几十年内实现，如果你能活到那个时间，你就能活到永远。但是我个人坚持认为，亲爱的朋友，你会死的，我也一样。

如果你是一个远期乐观、近期悲观者，那你该怎么办呢？何不加入阿尔科来面对死亡呢？把你的遗体在液氮里泡上几个世纪，甚至亿万年，直到人类不但掌握永生术，还掌握复活术。如今的人类文明，先进到足以生产液氮，但却不够实现永生。所以对于今天的高瞻远瞩的人们来说，人体冷冻术确实是个权益之计。

现在基本上每个人都听说过人体冷冻术。（有些人会说"低温生物学"，但那个是指对低温的一般性研究，并不特指永生。）公众对这件事的关注始于 2002 年，棒球明星泰德·威廉姆斯（Ted Williams）之死。当时，他三婚的儿子和女儿把他的遗体送到阿尔科保存。但他头婚的女儿却提起诉讼，指出威廉姆斯本人的愿望是火葬。双方随即在法庭上展开了交锋，阿尔科则坐在一边等待裁决。威廉姆斯的头与身体这时已被切断，在阿尔科暂时冷藏，而没有冷冻。最终，阿尔科收到了尾款，将这位运动健将移入了液氮。[7]

以我所了解的公众舆论来看，人们对于冷冻术日渐接受，至少是很有兴趣。而阿尔科的会员们则走得更远一些，他们直接用钱投票，相信冷冻术。在如何使人相信奇迹这件事上，冷冻术跟宗教相比，则是小巫见大巫了。1917 年，7 万多人聚集在葡萄牙的法蒂玛，观看太阳变色和当空狂舞，而且有 3 名牧童声称自己看到了圣母玛利亚一家。至今，每年还会有几百万人前往"太阳神迹"[8] 游览，这是罗马天主教廷在 1930 年官方认定的圣地。

民意调查结果表明，有 80% 的美国人相信神迹。[9] 有些基督徒觉得相信神迹是愚昧而庸俗的。但是不要忘了，基督教的很多主张是围绕着一个神迹之最：耶稣基督复活。根据罗马天主教廷的变体论（transubstantiation）教义，每个礼拜天，都会有神迹发生在每座教堂，饼与酒会化成基督的肉与血。如果你是个虔诚的信徒，相信神迹就是合理且必须的。还有什么其他证据，能让你相信超自然力量的存在？

今天，我们顶礼膜拜另一种神迹。回想起 2007 年 6 月 29 日，成千上万的狂热者从美国各地聚集到一起，朝圣苹果公司的最新科技。在 iPhone 正式发售仅一天半后，就有 27 万消费者皈依了它。[10] 而在这一年底，又有数百万人跟随其后。这一番狂乱景象，是十年来最轰动的一次新品发布会。

从 iPhone 掀起的浪潮来看，它确实不同凡响。甚至可以说，它是一个现代神迹。如果你觉得这有些夸张，不妨想象一下 19 世纪的人们如果看到 iPhone 会怎么样。克拉克的预言第三定律[11] 说："任何真正先进的科技，看起来都与魔法无异。"科技通过源源不断的神迹，使我们相信了它的魔力。对科技乐观主义的崇拜，已经成了时代精神中不可磨灭的组成部分。

施洗约翰告诉我们，天国近了，弥赛亚就要降临了。雷·库兹韦尔则是科技的先知，他在 2005 年出版的《奇点来临》（The Singularity is Near），就是他的福音书。我在前面讲过摩尔定律，它预言计算能力将以指数级增长，而这在过去的 40 年里始终应验，令人震惊。库兹韦尔由这光辉的过去，推断将来的发展，以及计算机之外其他技术的发展，他看到的是一个无所不能的未来。

他的无限乐观，让我想到了莱布尼茨，我们之前讲到过他对感知的认识。莱布尼茨认为，我们生活的这个世界一定是最好的世界，这只要用一个很简单的论据就能推断出来：既然上帝是完美而全能的，那他必然不会创造一个不是最好的世界。莱布尼茨的乐观主义之所以为人所知，主要得益于法国作家伏尔泰对它的嘲讽。在讽刺小说《老实人》中，潘葛洛斯老师试图教育人们相信世界是尽善尽美的，而对身边无处不在的罪恶和暴力视而不见。

我们生活的世界，当然不是尽善尽美，但是等等，库兹韦尔给了一个潘葛洛斯式的承诺——科技将带我们到达那样的世界。为了那一点点可能性，人们把目光投向了人体冷冻术。在我看来，人们不再嘲笑它，实际上意味着人们在逐渐接受机械论。这是一种哲学学说，认为身体，当然也包括大脑，只不过是个机器。当然，人的身体比人造的机器要精密得多，但是机械论认为，归根结底，它们在本质上没有任何区别。

在很长一段时期里，机械论是受到排斥的。直到 19 世纪，还有一些生物学家认为，活着的生命体具有一种"活力"，这是物理和化学定律中所缺失的。到了 20 世纪，由于分子生物学的进步，"活力论"才被彻底抛弃。仍然有很多人迷恋某种形式的二元论，认为心智现象是基于某种非物质的东西，比如灵魂。但是神经科学的进步也使大量的人认识到"机器里没有鬼神"。

如果身体是个机器，那为什么不能维修？假设你接受机械论的观点，那这似乎并不违背逻辑或物理定律。怀特（T. H. White）在他讲述亚瑟王传奇的《石中剑》一书中，为了讽刺集权社会，描绘了一个蚂蚁王国，蚁巢的每个入口都写着标语——"凡不禁止，皆为义务"。库兹韦尔则比莱布尼茨更进一步，他告诉我们"凡是有可能的，就一定会发生"。

然而，每个梦想家都不愿意被提醒这一点：有太多的可能，是我们至今没有实现的。任何一个决定，都需要权衡成本和收益。重新活化也许是可能的，但是成本有多高？是的，人的生命是无价的——但是总要有钱够付才行啊。举个例子，假如重新活化在理论上可行，但在实际上，需要消耗的能量比已知宇宙中所有能量还要多呢？在很多情况下，有限的约束和昂贵的资源是不得不考虑的。

重新活化的难度，也是阿尔科的会员们要考虑的，因为这决定了时间尺度。你可以永远泡在液氮里，而且不会觉得无聊，这是个听起来很好的卖点。但是你能确保这个仓库永远完好无损吗？如果科技发展用了一百万年，才终于使重新活化成为可行，阿尔科有多大的机会撑到那个时候？

有些人体冷冻术的信徒选择性地无视这些现实问题。而对那些有怀疑精神的人来说，则要从艾丁格的赌局来考虑。帕斯卡认为不需要计算，因为他的头奖是无限大。但是到了现实当中，在我们这个宇宙里没有什么东西是真正无限大的。理性的决策者们最终还是必须要计算概率。虽然没有人能真正知道那些数字该是多少，但至少可以进行估计。如果想做得充分合理，还要去研究一些科学和医学方面的资料才行。

对于任何机器来说，只要随时更换坏掉的零件，就能一直保持它运转下去。2007年，世界上最古老的还能跑的汽车被拍卖了。这辆汽车名为侯爵夫人，使用蒸汽机而不是内燃机，由迪昂、布东暨特赫巴杜公司于1884年制造，这家公司一度是世界上最大的汽车制造商。拍卖的成交价是320万美元，这个天价数字告诉你，一辆如此古老却还能行驶的汽车是有多难得。汽车的设计使用寿命，通常只是十几年，车龄超过25年，就会被人当成古董了。如果只作为交通工具，一辆车运行这么久，在经济上是不划算的。零配件会很难找到，而且价格昂贵。一辆车永远运行下去，就更没有意义了，除非是为了艺术或怀旧。

不过，人一直活下去，则要有意义得多。有时人们会花费很大代价，替换身体的某个部分。器官移植之所以可行，是依靠药物抑制患者的免疫系统，使它不要攻击捐来的器官。最理想的避开免疫反应的办法，是使用与患者的基因完全相同的器官。目前要做到这一点，只能是在同卵双胞胎之间移植。组织工程学的目标是人工合成器官，利用人工支架在体外培养细胞。如果他们成功了，就有可能从患者体内采集细胞，用它们培养出器官，再把合成的器官移植回患者体内。就不再需要捐献器官了。

虽然我们看好器官替换的前景，但却有一个根本性的限制：大脑是一个无法替换的器官。这并不是说移植大脑在技术上无法做到，我要说的是一个关于人格的问题。桑尼和泰瑞的故事，十分生动地反映了这个问题。

1995 年，桑尼·格雷厄姆（Sonny Graham）接受了心脏移植[12]，捐赠这颗心脏的是自杀身亡的泰瑞·科特尔（Terry Cottle）。无巧不成书，9 年之后，泰瑞的遗孀谢丽尔嫁给了桑尼。而在他们结婚 4 年后，桑尼也自杀了，连自杀方式都与泰端一样，持枪爆头。各路小报一夜之间沸腾了，纷纷登出类似的头条——《两个男人相继自杀，竟是共用一颗心脏》。

媒体和博客们也同样众说纷纭，接连抛出各种推断和疑问。移植的心脏是否含有某种记忆，使桑尼爱上了谢丽尔？这记忆是否导致桑尼自杀，就像泰瑞一样？后来这个故事就没那么离奇了，因为警方发现，谢丽尔曾结婚 5 次[13]，而且每次都把丈夫搞得异常绝望。尽管移植了泰瑞的心脏，但桑尼还是桑尼，他的人格仍然是完整的，说桑尼是因为移植了这颗心脏而爱上了谢丽尔，是站不住脚的。他之所以被谢丽尔吸引，更可能是因为谢丽尔确实是个有魅力的女人。（你想想吧，她毕竟征服过 5 任丈夫。）

反过来，我们想象一下**大脑**移植会怎样。这在目前是做不到的，但并不妨碍做一个非常有趣的思维实验。假设把泰瑞的大脑移植到桑尼的身体上。这时说桑尼接受了泰瑞的大脑，就不太合理了，因为手术之后的桑尼，已经不是别人认识的那个桑尼了。如果有朋友问他："桑尼，你还记不记得那年我们一起……？"他得到的只能是一脸迷茫。应该说，是泰瑞接受了桑尼的身体。换句话说，这是一次身体移植，而不是大脑移植。而谢丽尔遭遇的第二次丈夫自杀事件，也将会有完全不同的解释。

桑尼和泰瑞的离奇故事，引出了人体冷冻术的一个要点：保存大脑才是关键。这就是为什么大多数阿尔科会员选择了折扣方案，只保留脑袋，因为（我推测）他们相信，如果未来文明先进到能把他们复活，那就也一定能给他们换个身体。但是未来文明到底能不能使他们的大脑复苏呢？

每个犹豫是否要加入阿尔科的人，都会面临这个问题。而且我觉得，即使对阿尔科完全不感兴趣，这个问题本身也有着深刻的趣味。重新活化，是机械论的终极挑战。哲学家们可以为这个问题吵到面红耳赤，科学家们可以挖掘各种证据来支持自己的观点，但是他们都没办法真正地证明身体和大脑都是机器。唯一的终极证明，只能是等工程师们造出这般复杂而神奇的机器来。或者是等他们像修车一样，把死去的身体和大脑修好，将其复活。

在现实层面上，我们可以把阿尔科的问题看成另一个问题的极端版本。在医院里，这个问题每天都会被问无数次，每个患者的朋友和家人都想知道——她还会醒过来吗？阿尔科保存的大脑，与那些昏迷者的大脑一样，都是受到了损伤，徘徊在生死线上。那么从根本上讲，使受损大脑恢复生命的障碍在哪里？再一次，要回答这个问题，就必须考虑连接组。

阿尔科的处理方法基于一个科学领域，叫作低温生物学。你也许知道，产科医生可以把精子、卵子、胚胎冷冻起来，以备将来之需。血库也会冷冻一些稀有的血型，用于将来输血。经典的冷冻方法是把细胞浸入丙三醇或其他低温保护剂，然后缓慢降低温度，比如每分钟一度，以提高其存活率。这个方法并不理想。精子的存活率最高[14]，但卵子和胚胎就不太行了。低温生物学家们希望能冷冻所有的器官，而不要因为某些器官无法立即移植就丢弃掉，那样太浪费了。

缓慢冷冻法基本上是靠试错得到的。为了进一步完善它，低温生物学家们首先要尝试理解它为什么有效。要搞清楚降温时细胞内部的复杂现象，并不是一件容易的事，但有一点是确定的：细胞内部结冰是致命的。[15] 为什么细胞内结冰会如此严重，目前还不太清楚，但是低温生物学家们知道，要不惜任何代价避免这一点。缓慢冷冻的意义就在于使细胞外部的水分结冰，而内部的却不会。

这是为什么呢？如果你生活在寒冷地区，可能见过人们在冬天下雪后，往人行过道上撒盐。这样做能防止结冰（以免行人摔倒），因为盐水比纯水需要更低的温度才能结冰。盐的浓度越高，其冰点就越低。在细胞缓慢降温的过程中，里面的水分会不断渗出来，这是由于一种力的作用，叫作渗透压。细胞内剩余的水分中，盐度会越来越高，从而阻止结冰。如果细胞降温太快，盐度就来不及升到足够高，于是就会结冰，引起致命后果。

但缓慢降温也不是完全无害的，它提高盐度而避免结冰，但盐度对细胞也是一种损害，只是不那么致命而已。[16]而且，丙三醇等添加物的保护作用也是有限的。因此，有些研究者开始放弃缓慢降温法。他们转向用特殊条件给细胞降温，使液态水变成一种奇异的物态，称为玻璃态。玻璃态是固态，但却不结晶，所以水分子仍然是杂乱的，不会像结冰那样组织成有序的晶格。

在正常情况下，玻璃化需要极其迅速的降温，这对细胞来说是可行的，但是对器官却不行。不过，如果添加极高浓度的低温保护剂，就能以缓慢的降温使水玻璃化。生殖学家们已将这个方法应用于卵母细胞和胚胎[17]，而且取得了一些成功。

格雷格·费伊（Greg Fahy）就职于 21 世纪医药公司（21st Century Medicine），他对低温器官保存问题已经钻研了数十年。费伊用电子显微镜检查了玻璃化的样本。玻璃化过程看起来确实保护了细胞结构，对细胞膜的损害也相对很小。但不幸的是，在过几年之后，玻璃化的器官却无法通过再次考验：在解冻并移植之后，它们无法存活和运转。不过，费伊的团队最终取得了令人瞩目的突破，他们在最近的一次实验中，将玻璃化的肾脏移植给了一只兔子，这颗肾脏成功地运转了数个星期。[18]在费伊的启发下，阿尔科现在就是采用玻璃化的方法，保存其会员的遗体。

那么这些遗体可以保存多久而不致损坏呢？你可能注意过，你家冰箱里的食物并不能永远保鲜。但这与人体冷冻术并无关系，因为零下 196 摄氏度的液氮远远低于你家冰箱的温度。它相当接近理论上的最低温度——绝对零度，也就是零下273摄氏度。低温之所以能用于保存，是因为它能减缓化学反应，也就是减缓了分子的结构变化。极度低温的液氮能使化学反应几乎完全停止，尸体中的分子不再发生变化，除非受到宇宙射线辐射或其他类型的离子辐射。但由于这类接触相当罕有，所以物理学家彼得·马祖尔[19]（Peter Mazur）预计，细胞能在液氮中保存数千年。所以，阿尔科的会员们并不拥有无限的时间，但他们的表针还能至少再转几千年。

然而，还有一个更本质的问题。阿尔科的会员们，在被玻璃化之前就已经**死亡**了一段时间，几个小时甚至是几天。死亡难道不是在定义上就是不可逆转的吗？如果是这样，那重新活化又怎么可能呢？

不可逆转性，确实是死亡的定义中的一个关键要素。所以这使死亡的定义出现了问题。不可逆转性并不是永久性的概念，它是随着当时的技术发展而不断变化的。今天不可逆转的，也许在未来是可以逆转的。在很长的人类历史上，呼吸和心跳的停止就代表着死亡。但是现在，这些有时候都是可逆的。现在可以恢复呼吸，重启心跳，甚至还能用一颗健康的心脏把有缺陷的心脏换掉。

相反，那些仍有心跳和呼吸，但大脑却严重受损的人，现在会被宣告死亡。20世纪60年代诞生的机械呼吸机催生了这项对死亡的新定义。呼吸机能维持事故受害者的生命，使他们的心脏继续跳动，尽管他们再也无法恢复意识。最终他们心跳停止，或者家属要求停用呼吸机。这时剖检尸体，会看到患者的身体器官，无论是在裸眼还是显微镜下，都完好无损。但其大脑却已经褪色、变软或部分溶化，而且往往已经解体了。这种情况俗称呼吸机大脑[20]，病理学家据此推断，在身体的其他部分死亡之前，大脑就已经死亡了。

20世纪70年代，美国和英国开始研究新的法律，以处理对死亡的判定。[21]因为传统的呼吸或血液循环标准已经不适用，所以美国增加了一条新的标准：整个大脑死亡，包括脑干。而在英国，只要脑干死亡就足够了。因此，美国定义的死亡，有时被称为全脑死亡，而英国的则称为脑干死亡。

脑干对呼吸和意识起着至关重要的作用，其中的神经元负责产生控制呼吸肌的信号。如果这些神经元受损，呼吸就会停止，患者就无法在没有机械呼吸机的情况下存活。脑干在呼吸过程中扮演的这种角色，使得脑干死亡与传统的呼吸或血液循环死亡非常相近。脑干的另一个作用——或许是更重要的作用——是负责唤起大脑其他部分的意识。我们的清醒程度是随着时间而涨落的，幅度最明显的就是"睡眠－清醒"周期。脑干中有一些神经元统称为网状激活系统，它们的轴突遍布整个大脑。这些神经元分泌一种特殊的神经递质，叫作神经调质，这种化学物质能够"叫醒"丘脑和大脑皮层。如果没有它们，患者就无法恢复意识，即使大脑的其他部分完好无损也不行。

所以不妨这样总结："如果脑干死亡，大脑就会死亡。如果大脑死亡，人就会死亡。"[22] 这就是英国的脑干死亡标准的逻辑。这是有道理的，因为脑干往往比大脑的其他部分活得更久。大脑受损后，端脑会发生水肿，那是一种异常的积液。水肿导致颅压升高，淤塞血流。于是更多的细胞死亡，进而加重水肿，使血流完全停滞。这个恶性循环会继续，直到达到极点时，脑干被过大的压力损毁。[23] 所以，如果脑干停止运转了，基本上意味着大脑的其他部分早已损毁了。

上面说的是正常的情况，但在极少数情况下，当整个脑干都已损毁时，大脑的其他部分却是完好的。患者此时无法离开机械呼吸机而呼吸，也不可能再恢复意识了。但是有人会说，患者仍然活着，因为他的记忆、个性和智力仍然完好地保存在端脑。这些属性，相比于呼吸、循环和脑干的运转而言，似乎更加接近人格的本质。

直到今天，这个争议仍然只停留在理论上，因为从来没有过脑干完全损伤的患者还能够恢复意识的例子。但是想象一下，假如未来的医学手段能给脑干注入新的神经元，使其重新生长，修复损伤。那这样一来，患者就有可能重新恢复意识。于是，脑干失能意味着死亡的这个标准最后就会过时，就像呼吸或血液循环失能变得可逆一样。

　　这样的未来发展也许有点不着边际，但是我们讨论这些并不是为了预言未来。这些思维实验推动我们为死亡做一个更加本质的定义。在理想情况下，这个定义应该是无论未来医学如何发展都始终成立的。在本书中，我讲了很多方法来检验"你是你的连接组"这个假说。如果这个假说是真的，那随即就有了一个对死亡的本质定义：死亡就是连接组的解构。当然，我们还不知道连接组是否一定包含了一个人的记忆、个性和智力。要检验这些想法，还需要神经科学家们长久的努力。

　　在可预见的未来，我们只能推测。连接组可能包含了一个人记忆的大部分信息。但即使是这样，连接组可能也并不包含**所有的**记忆信息。就像所有的总结一样，连接组会省略某些细节。而在这些被舍弃的信息中，可能也有一些是与人格相关的。[24] 在我的设想中，**连接组死亡**就意味着个人记忆的丢失。然而，反过来却不一定成立。即使连接组完好无损，某些个人记忆信息也可能丢失。（我会在下一章中讨论关于**完整性**的问题。）

　　连接组死亡，与传统的基于大脑运转的死亡定义不同，它强调的是大脑的**结构**。法律对死亡的定义是，整个大脑或脑干不可逆转地停止**运转**。但是我们已经看到了，**不可逆转**这个词是有问题的。被蛇咬伤或某些药物也能导致类似的脑干死亡，但是这种失能是可以逆转的。在经过机械呼吸机辅助一段时间后，患者可以完全恢复。[25] 所以即使对于专家来说，也并不能很容易地判断一种失能是否是永久性的。

　　与此相反，连接组死亡是以结构为标准的，它意味着真正不可逆转的失能（假设它意味着记忆丢失的话）。只可惜，这个定义还无法在临床上应用。目前，可以通过脑干的反射、脑电波（Electro Encephalo Gram，EEG）或者功能核磁共振，来测量活体病人的大脑运转情况。但是我们没有任何办法能解出活体大脑的神经连接组来。

　　对于连接组死亡，我只能想到一个实际应用。或许也并没有**那么**实际，但至少我觉得非常有意思。为什么不利用连接组学，去检验人体冷冻术的主张呢？阿尔科会员们的大脑，已经因呼吸或血液循环死亡和玻璃化过程而受损了，这在之前我已经很详细地讲过。那么这样受损的大脑，还有机会像阿尔科主张的那样恢复吗？要回答这个问题，我提议应该去尝试解出一个玻璃化大脑的连接组。如果发现这个连接组里面的信息都被擦掉了，那我们就可以宣布这个连接组已经死亡了。未来文明就算掌握了复活术，也只能复活身体，而不能复活心智。反过来说，如果里面的信息完好无损，那我们就无法排除复原记忆和人格的可能性了。

我想我们不应该用玻璃化的人脑来做这个实验。不过阿尔科也玻璃化了一些狗和猫的大脑，这是一些热爱宠物的会员的要求。或许他们当中有些人，会愿意为了科学而牺牲宠物的大脑？

在没做这个科学实验之前，我们只能推测将会发现什么。众所周知，大脑对缺氧非常敏感。缺氧几秒就会昏迷，几分钟就会造成永久性的损伤。这就是为什么血流的停滞会有生命危险，比如中风。乍一看，似乎这对阿尔科会员们来说是个坏消息。当阿尔科收到他们的遗体时，其大脑已经缺氧至少几个小时了，没有一个细胞还能活着。（当然，判断一个细胞的生与死，就像判断整个身体一样不简单。）无论是死是活，细胞肯定已经严重损坏了。利用电子显微镜，可以观察呼吸或血液循环死亡几个小时后的大脑样本受到了何种损坏。[26] 别的不说，线粒体看来是损坏了，而细胞核内的 DNA，也异常地凝成了一团。

但是这些细胞内的异常变化，都与连接组死亡无关。连接组死亡只与突触和"连线"的完整性有关。突触看起来不是问题。从电镜的图像来看，它们仍然完好[27]，所以它们应该是可以在死亡的大脑中保持稳定的。轴突和树突的状态很难判断。在大多数二维图像中，它们的截面都是完好的，但是也有个别地方损坏了。所以关键的问题就是，这些损坏的地方是否真的破坏了大脑的"连线"。要回答这个问题，可以尝试在三维图像中追踪神经突。只要断点不多，就仍然可以追踪。对于孤立的断点，如果两边看起来明显应该相连，那就把它们连起来即可。但是如果有成团的相邻断点，那就无法判断本来哪边和哪边是相连的了。这种情况就是真正的连接组死亡，有关连接的信息已经不可逆转地丢失了，无论技术有多发达也无能为力。

就目前而言，与其说人体冷冻术是一门科学，倒不如说它更像是一门宗教，因为它更多地是基于信念，而不是证据。阿尔科会员相信未来文明能使他们复活，只是因为相信技术的发展有无限可能。而我提出的测试方法，能给艾丁格的赌局加入一些科学。如果玻璃化的身体包含了完好的连接组，也不能证明复活就一定可行，但如果连接组死亡了，复活就几乎一定是不可能的。

可能有很多阿尔科会员并不想看到这项实验的结果。他们情愿义无返顾地相信，以求得心理安慰，面对即将到来的死亡。如果一项科学实验有可能发现真相，推翻他们的信念，那他们宁愿这样的实验不要发生。但也有另外一些会员，相比于信念，他们更想要证据，因此希望能够测试连接组的完整性。

也许测试的结果是，液氮中的阿尔科会员们，已经连接组死亡了。即使是这样，也不意味着阿尔科的终结。他们可以进而利用连接组学改进处理和玻璃化大脑的方法。在不能真正将会员复活的情况下，这是我唯一能想到的评估其程序质量的方法。即使他们当前的方法还不能阻止连接组死亡，但最终他们会找到可行的方法。

人体冷冻术并不是把身体或大脑保存到未来的唯一方法。埃里克·德雷克斯勒[28]（Eric Drexler）在1986年发表的纳米技术开山之作《创新引擎》（*Engines of Creation*）中，提出了一种保存大脑的化学方法。1988年，查尔斯·奥尔森[29]（Charles Olson）也独立地提出了相同的方法，他的论文标题很谨慎，叫作《治疗死亡的一种可能》。

德雷克斯勒和奥尔森提出的并不是一种新技术，而是一种旧技术的新用法，这种技术叫作生物塑化（plastination）。你也许看过那些保存在塑料里的人体巡回展览。类似的技术在很早之前就被用于给电子显微镜制作样本，其目标不仅仅是保持样本在肉眼看起来不变，研究者们还希望能保持细胞内所有的细节都不变，包括单个突触的结构。第一步要把特定的化学物质，比如甲醛，通过血管的循环送到各个细胞。这些物质称为固化剂，因为它们能在组成细胞的分子之间产生关联，从而使这些分子的位置保持不变。[30] 经过这样的强化之后，细胞结构就不会解体了。第二步，用乙醇替换出大脑中的水分，再用环氧树脂替换出乙醇，然后放入烤箱，使它变硬。最终的产物就是一个包含着大脑样本的硬块（见图 14-2 中的左图）。这个硬块非常结实，可以被钻石刀切成很多薄片，正如我们在解连接组时所做的。

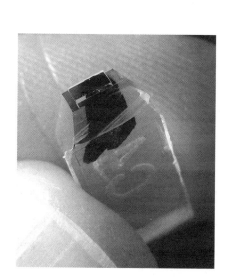

图 14-2　生物塑化：环氧树脂中的大脑样本（左）和琥珀中的昆虫（右）[31]

生物塑化的第一步，即醛类固化，还被殡葬行业用于保存遗体。这个业务叫作遗体防腐，通常是用于保持遗体能在葬礼上短暂地展示。在极个别例子中，展示并不随葬礼而结束。比如，俄国革命者弗拉基米尔·列宁在 1924 年逝世后做了遗体防腐[32]，而他的遗体直到今天还在莫斯科的陵墓中供人瞻仰。经过防腐处理的遗体究竟能保存多久，目前还不清楚。而且它虽然看起来是好的，但其显微结构却可能已经破坏掉了。而经过完整的生物塑化处理，则可以永久地保存生物结构。其结果就像是琥珀化石中的昆虫（见图 14-2 中的右图），有些已经保存了数百万年而完好无损。

　　生物塑化会比冷冻术更加安全，因为它不需要持续地供给液氮。万一阿尔科破产了，或者仓库发生了某种严重灾害，那些遗体和大脑就要糟殃了。但是经过生物塑化的大脑不需要特别的维护。查尔斯·奥尔森曾经说："大脑化学保存的费用可能比一场正常的葬礼还要低。"不过，眼下有一个严重的障碍：到目前为止，生物塑化只能用于非常小块的大脑。由于种种技术原因，从未有人成功地用它保存整个大脑，并保持连接组完整。

　　肯·海沃斯最近打算做些这方面的工作。你可能还记得他，他发明了ATUM，就是那个自动把大脑切成薄片，然后收集到塑料带子上，用于成像和分析的机器。很多神经科学家的驱动力不仅是好奇心，还有野心。有些人希望搞出些关于大脑的新发现，只是为了发表下一篇论文或升迁。而另外一些人，则渴望能获得诺贝尔奖。但是海沃斯的野心，并不是关于学术。他的目标是永远活下去。就像伍迪·艾伦说的："我不想因为我的作品而不朽，我想因为不死而不朽。"

　　海沃斯和几位同事一起创立了大脑保存奖，向能成功地保存大块大脑，并保持整个连接组完好的任何团队，奖励 10 万美元。如果能保存小鼠的大脑，则能赢得四分之一奖金，因为这是通向人类大脑的里程碑，尽管其体积只有人类大脑的千分之一。

　　海沃斯计划将他自己的大脑生物塑化。他想在自然死亡**之前**就这样做，以确保他的大脑处于健康状态。这将能使他把大脑的最好状态保存到未来，但是按照任何正常的定义来说，这将会杀死他。他可能很难找到帮手，因为这种行为在某种意义上会被视为辅助自杀。海沃斯辩称塑化大脑并不是自杀，而是自救。这是他获得永生的唯一机会。

　　但是，经过塑化的大脑要怎么恢复？冷冻的精子只要升高温度就能恢复活性。我们能想象把阿尔科仓库里的遗体融化，但是复原经过醛类固化并嵌入环氧树脂的大脑则似乎要困难得多。只能再次寄希望于，如果未来文明先进到能使死者复活，那应该也有办法使它们逆塑化。埃里克·德雷克斯勒设想了一支"纳米机器人"部队，这些机器人像分子那么小，或许可以用于逆塑化遗体和大脑，并且能修复它们遇到的损坏处。在他提出这个设想后，已经25 年过去了，但是纳米技术的发展还没能使他的梦想向现实走近一步。

海沃斯认真地考虑过他的计划。如果他塑化的大脑无法恢复，那或许还有一个甚至更好的替代方案。他给他发明的 ATUM 设想了一个未来版本，能给大体积的大脑切片，也就是他的大脑。把他的大脑切成超薄的切片后，就可以成像、分析，解出他的连接组。利用连接组的信息，就可以用计算机模拟出一个海沃斯，拥有与他本人完全一样的思维和感觉。这个计划似乎比人体冷冻更加不着边际。它真的有可能实现吗？

第15章 另存为……

我们对天堂所知甚少，这未免令人有些沮丧。我们能想象天堂的大门，泛着珍珠的光芒，矗立在云端。圣彼得守在门前，准备用尖锐的问题拷问那些罪恶之人。不过大门里面是什么样呢？所有的人都穿着白色的衣服（我不知道我为什么会有这样的印象）。但闻竖琴声，往来皆天使。只有这些零散的信息，不足以让想象继续下去。直到最近我才想明白为什么宗教不把这件事说明白。因为相比于权威的天堂，人们更喜欢幻想自己的天堂。

在世界各地的文化和宗教中，天堂的概念是随着历史的发展而缓慢变迁的。而在第二个千年的末尾，一座新的天堂迅速地跳将出来：

天堂就是一台超级强大的计算机。

我并不想说某些人沉迷于计算机时的狂喜神情，不要误把这种拜物行为当作神启。但是我还是想问，这些人为什么要花那么多时间在网上？如果说他们是渴望超脱、向往着逃脱不完美的自己和世界，是否有些不着边际？在网上，少年们可以忘掉自己脸上长痘的尴尬，和还没发育成熟的身板。他可以起个化名，编个年龄，隐藏在自己的狗的头像之后。网民可以自由地成为他想成为的人，而不用显露他实际的样子。

身体与计算机形影不离，眼镜后面的眼睛里，反射着屏幕的闪光，手指在键盘上轻快地飞舞。这相对于肉体的存在确实有一点超脱，但我最多愿意说这是炼狱，而不是我所说的新的天堂。有些计算机迷们想得更远。他们希望完全抛弃肉身，让思维与计算机融为一体。以计算机模拟的形式生存，这个想法最早出现在科幻小说里，被称为思维上传[1]，简称上传。

这在目前还无法实现，但我们需要做的，只是等待计算机变得更加强大。计算机游戏的发展已经证明了计算机可以模拟物理世界。那些游戏画面一年比一年更细致逼真，游戏中的人体活动也越来越栩栩如生。既然计算机能做到这些，为什么不能模拟思维呢？

将思维上传比作升入天堂，一点也不夸张。只要看看这两个词语本身，"上传"首先在方向上就对了，因为大多数人认为天堂位于很高的地方。也有些爱好者喜欢说"思维下载"，但他们只占少数。原因不难理解——"下载"听起来像是去地狱。

就像传统的天堂一样，相信思维上传，能帮助我们对抗对于死亡的恐惧。一经上传，我们将永垂不朽。但这还只是开始。在虚拟的世界里，我们只要修改计算机模拟程序，就能美化和强化身体，不需要再在健身房里折磨自己。或许我们干脆脱离了这些低级趣味，转而集中于磨砺思维，提高才华。总之，我们不只是上传——而且还能升级！

你可能会反驳说，上传并不能使我们完全摆脱物质的世界。运行模拟程序的计算机，也会有故障或者老化。不过你想想，按基督教的说法，那些不朽的灵魂，也不是没有身体的。（只在从死亡到审判之间这段时间，灵魂是不依附于身体的。）灵魂也是有身体的，它只是幸福地拥有一具不会损坏、完美的身体。

同样，生活在计算机里，也远远好于生活在肉体里。即使阿尔科的会员们幸运地得到了肉体复活，享受到未来医学的福利，变得长生不老，但他们仍然要担心意外事故，把他的大脑摧毁到无法修复的程度。但相反，上传的人们则会感受到彻底的放心和安全。他们永远可以靠备份而恢复，无论是遇到什么硬件故障，还是某个未来的、人人以骂它为乐的操作系统的程序漏洞。

肯定会有些人说，这些说法都忽略了一个问题。一个人升入天堂，并不仅仅是离开他的肉体，而是与上帝结合。然而，上传的人们虽然不会见到基督教的上帝，但他们也会进入一个全新的境界。在伟大的计算机天堂里，上传者们可以把各自的代码汇聚在一起，组成一个"合体大脑"，或者叫集体思维。他们不再有分别，没有了自己与他人之间的界线，而按照佛教的说法，他人正是罪恶与痛苦的根源。这个合体的大脑，记忆着人类文明的所有精华，又能摒弃其中的糟粕，终将产生超自然的智慧，成为上帝一般。我们将从自己与他人的融合中，得到精神的供养。上传将比"爱之夏"和"宝瓶时代"还要美好，因为那样的纯真是短暂的，那些花朵般的孩子总会长大，变成开着宝马车却投票要求减税的人。

上传的好处就说到这里。天堂确实很美，但关键是我怎么上去？好吧，这不是个简单的问题。在这一章，我就要讲到目前提出的唯一一种但还不太靠谱的方法：模拟你的大脑神经网络的电信号。据人们推断，到本世纪末，就会出现强大到足以进行这种模拟的计算机。要在模拟中准确地连线和建模神经元，就必须解出你的连接组。目前我们无法想象有什么办法能在不毁坏你的大脑的情况下完成这个过程。这听起来有些不妙，但是基督教所说的天堂，也没比这更好：进入天堂的第一步，几乎一定是死亡。[2] 而且，这种毁坏式的上传还有一个额外的好处——它避免了一个麻烦的问题：上传后的你要如何对待曾经的自己。

为了讨论方便，我们忽略这些问题，并且假设能够解出连接组。这样的话，上传是否就可行了呢？到目前为止，模拟整个大脑还是科幻，但是模拟**一部分**大脑，至少在 20 世纪 50 年代就已经是科学。本书第二部分所讲的那些感知、思维和记忆的模型，都被人们抽象成数学方程，并用计算机进行模拟。只是他们的野心，没有上传那么大，这些模拟只是为了重现一小部分大脑功能，以及测量神经科学实验中的神经元神经脉冲。

第四部分展望的划分、解码和对比连接组，都需要依靠计算机分析大量的数据，但却不需要模拟神经元神经脉冲。我自己做过一些模拟，我认为不做模拟是一种美德。分析数据倒不那么令人崩溃。我们从数据出发，结合很少的假设，看看能得到什么，就归纳出来。但是模拟正好相反，它是从愿望出发，希望能重现某种现象，然后试图找出必要的数据。如果不基于现实，愿望式的想法会很危险。在过去，我们不得不在模型中加入各种各样的假设，而这些假设是没有实证数据支持的。不过，连接组学以及其他测量实际大脑数据的方法正变得越来越发达。有了更好的数据，就能使大脑建模更符合现实。我不否认模拟是神经科学研究的一个有力手段，但前提是要把它做对。

前面我讲过，或许将来有一天，我们能把连接组中的神经元整理好，找出突触链，从而读取其中的记忆。这使我们能够推测神经元在回忆一个序列性记忆时发放神经脉冲的次序。还有另一种方法，是利用这个连接组，做一个神经元网络神经脉冲的计算机模拟，然后运行这个模拟，观测神经元在回忆时发放神经脉冲的次序。可以想见，我们希望能把这种模拟的规模放大到整个大脑。上传是检验"你是你的连接组"这个猜想的终极方法。

在如何模拟大脑这个问题上，各路学者们已经争鸣许久。在本章对上传的讨论中，我们将看到所有同样的理论性困难，当然，我希望我能讲得更生动些。首先我们来考虑第一个问题，这是任何模型构建者都要回答的：怎样算是成功？

阿尔科的承诺——复活与永生——是容易想象的。但是上传则不同。作为一个模拟程序，生活在计算机里，是什么样的感觉？会觉得无聊和寂寞吗？

这个问题并不新鲜，这就是"桶中人"要探索的问题，"桶中人"是科幻作品和哲学课堂上常常出现的主题。[3]假如一个疯狂的科学家把你抓走，取出你的大脑，放在一桶化学物质中，保持它活着而且运转。你的神经活动还在继续，但却不与外部世界产生任何联系，因为大脑是孤立的。这种孤立远甚于你躺在床上、闭上眼睛。离开了感官和肌肉，你将被无尽的黑暗紧紧地包裹，这是世间最孤寂的监禁。

　　这听起来不是好事，但上传者们不必担心。如果未来文明发达到能做全脑模拟，那就一定也能处理它的输入和输出。事实上，输入和输出反而相对更简单一些，因为大脑和外部世界之间的连接数量，远远少于大脑**内部**。视觉神经连接眼睛与大脑，它的上百万条轴突承担着视觉输入。这听起来非常多，但是大脑内部的轴突远远比这更多。（大脑有约 1000 亿个神经元，其中大多数有轴突。）在输出端，锥形束将神经信号从运动皮层传至脊髓，从而使大脑控制身体运动。与视觉神经元一样，锥形束也包含上百万条轴突。[4] 因此，未来文明可以把模拟程序连接到摄像头等传感器上，或者是人工身体。如果这些"外围设备"足够发达，上传者们就依然能够细嗅蔷薇，以及享受一切人间美好。

　　但是为什么要止步于模拟大脑呢？为什么不连世界一起模拟呢？上传者们可以细嗅一支虚拟的蔷薇，或者与其他虚拟大脑交朋友。如今的很多人似乎更喜欢虚拟世界，从他们花在计算机游戏上的时间和金钱就能看得出来。谁知道呢？或许我们的物理世界，实际上就是一个虚拟世界呢。如果它真的是，我们怎么才能知道呢？一些物理学家和哲学家，以及那些现代的大师——电影导演，认为我们的整个宇宙其实都是一套模拟程序，运行在一台巨大的计算机上。[5] 我们也许觉得这个想法很荒谬，但是靠逻辑推理却无法排除这种可能。

　　如果模拟程序在感觉上与现实无异，那么生活在其中就会像现实世界一样有趣。（对于那些不太喜欢后者的人们，不妨这么说：模拟程序至少不会更糟。）音响发烧友们孜孜不倦地追求高保真，也就是要用电子系统忠实地再现现场声效。而上传者们也会迷恋一种更重要的逼真再现。但是他们只能期待非常准确的近似，而不能完全还原。那么多准确才够呢？

　　计算机科学领域的大多数问题是很容易直接定义的。如果我们要把两个数字相乘，很清楚什么样是成功的。然而人工智能（AI）的目标，却很难准确地说清楚。数学家艾伦·图灵[6]（Alan Turing）在 1950 年提出了一个可操作的定义。他想象了一种测试，让一位裁判，分别审问一个人和一台机器。裁判的任务是判断哪个是人，哪个是机器。这听起来很容易，但关键之处在于审问是通过打字和阅读文字的方式进行的，就像是"网络聊天"那样。这使裁判无法通过外表、声音或其他图灵认为与智能无关的属性来区分人和机器。现在，假设有很多裁判参与这项任务。如果裁判团无法达成正确的一致意见，我们就可以说，这台机器是个成功的 AI。[7]

　　图灵提出这个测试，是为了检验广义的 AI。我们可以很容易地稍加改变，用它来测试"模拟一个特定的人是否成功"。只需要把裁判团限定为这个人的家人和朋友，也就是最了解这个人的人们。如果他们无法区分现实和模拟，那么上传就是成功的。

　　这个特殊版本的图灵测试，是否也要像广义版本一样，隔离视觉和声音呢？你可能会有所犹豫，因为嗓音和微笑似乎是爱的不可或缺的组成部分。但是人们有时通过网络聊天和电子邮件，甚至在还没见过面之前就能坠入爱河。气管切开手术需要在气管上开孔，以移除呼吸阻塞物，由此导致的副作用会损伤嗓音，但是没有人会觉得患者在手术之后就不是同一个人了。在测试中隔离肉体的最后一个理由是，上传者们渴望脱离肉体。他们真正想保留的，只是他们的思维。

　　朋友和家人是否足够明察秋毫，能够觉察到模拟和真人的区别呢？史上曾有案例，教导我们别太自信。在 16 世纪，一个男人出现在法国阿尔蒂加村，自称是失踪了 8 年的马丁·盖尔。他与盖尔的妻子共同生活，并且生儿育女。最终，这位"新"盖尔被指控为假冒者，第一次审判被宣判无罪，第二次审判才被判罪。他几乎就要赢得上诉，但不幸的是，就在这时，另一个男人刚好出现了，而且自称是真正的盖尔。全家人突然一致地表明，那个新盖尔——法庭上的那个——是假冒的。他被判有罪，供认不讳，在不久之后被处以死刑。

这位新盖尔拥有超凡的演技，只在放一起比较的时候才露出马脚。他或许可以算是通过了某种没有视觉和声音的图灵测试，[8] 因为就连真正的盖尔都没有那么清楚地记得自己的婚姻生活。

这个案例，以及其他一些案例表明，朋友和家人未必是人格身份的完美裁判。但如果有些差异太小，甚至注意不到，那或许说明它们是不重要的。而且即使能注意到，也不能说明模拟就完全失败了。大脑损伤的患者，与受伤之前相比也会有所不同，但他们仍然能被他人接受。如果把朋友和家人视为上传的"消费者"，那只要令他们满意就足够了。

然而，也许真正的消费者是你，是想把自己上传的人。让你的朋友和家人接受一个数字化的你，这当然很重要，但是更重要的，是让**你**觉得满意。这个问题会把我们带进一个大坑，但却不得不面对。

假设你被上传到了计算机里。我第一次打开电源开关，你的模拟开始运行了。我肯定会问你："感觉如何？"就像你刚从沉睡中醒来，或是从昏迷中复苏。你会怎么回答呢？

图灵测试要求裁判保持客观，但忽略主观评价是不明智的。一方面，我肯定想要问你的上传体："你对自己的模拟程序满意吗？"我们从来不会这样去问一个化学反应或者黑洞的模型方程，但是这样问一个大脑模拟程序却是合适的。

但另一方面，我是否应该相信你的回答，还有待商榷。如果你的大脑模拟存在缺陷，你可能会表现得像大脑受损的患者。而神经病专家都知道，这样的患者常常会否认自己的病情。比如健忘症患者，当记忆出现差错时，常会说是别人骗他。中风患者有时候并不知道自己麻痹了，而且会编出各种奇妙的理由，来解释他们为什么无法完成某些动作。所以你的主观意见，也许并不是很可靠。

当然，有人肯定会争辩说，你的意见才说了算。你朋友和家人的满意度，取决于你的模拟程序在多大程度上符合他们对你的行为的预期。这种预期取决于你在他们心里的模型，这个模型是通过对你的多年观察而构建的。但是你还有一个自我的模型，建立在你的自省和自我洞察上。这个自我模型所依据的数据要远远多于其他人的模型。

你可能不只一次有这样的想法："我觉得今天有点不像我自己。"或许是为了一点琐事发脾气，或许是在什么事情上与你一贯的风格不符合。不过在大多数时候，你的行为是符合你的预期的。你的自我模型应该会连同你的其他记忆一起上传。于是你可以通过不断地对比你的行为和自我模型的预期，来检查模拟程序的保真度。模拟得越准确，矛盾之处就越少。[9]

现在我们假设，无论从客观还是主观标准来判断，上传都是成功的。你的朋友和家人说他们很满意。你（实际上是你的模拟程序）也说自己很满意。那么是否就可以宣布，上传确实成功了？这里还有最后一个问题：我们无法感觉你的感觉。虽然你说感觉很好，但谁知道你到底有没有感觉？或许你只是装装样子而已。万一上传把你变成了僵尸呢？

有些哲学家认为，用计算机模拟意识，从根本上就是不可能的。他们说，把水模拟得再逼真，它也不是湿的。以此类推，你的模拟程序可能在朋友和家人看来很逼真，甚至它自己也表示满意，但却并不具有我们称为意识的主观体验。这或许未必是坏事，但显然不是通往不朽的道路。

僵尸的可能性确实没法排除，因为没有任何客观手段能测量主观感受。事实上，这种说法非常有力，不但适用于模拟程序，甚至适用于真实的大脑。以你所知，你可以说你的狗是僵尸。它也许只是表演它饿了，其实从来没有真正的饿感。（法国哲学家笛卡儿认为，所有的动物都是僵尸，因为它们没有灵魂。）而据我所知，我也可以说你是僵尸，因为你没办法证明你不是，没有人能直接感受到他人的感受。然而，大部分人，尤其是养宠物的人，相信动物能感受到疼痛。而且几乎每个人都相信，其他人能感受到疼痛。

我看不出有什么办法能解决这些哲学争论。这纯粹是些直觉之争。我个人认为，大脑模拟如果足够逼真，那就是有意识的。真正的问题不在哲学中，而在实践中：究竟能做到多逼真？

亨利·马克兰（Henry Markram）因创造了世界上最昂贵的大脑模拟而闻名遐迩，不过他在神经科学圈里的名声，主要还是源自他先驱性的突触实验。马克兰是最早使用系统化方法研究序列化赫布规则的人，他在诱导突触可塑性的同时，改变两个神经元的神经脉冲间的时间差。[10] 我第一次在一个会议上听马克兰演讲时，还遇到了嗜烟如命却端庄迷人的亚历克斯·汤姆森（Alex Thomson）。她也是一位杰出的神经科学家，热情洋溢地做了一场关于突触的演讲。她是真心热爱突触，也希望我们能一样热爱。而马克兰则相反，他站在那里，就像是突触界的大主教，君临天下，唤起我们对那些错综复杂的谜团的敬畏。

在 2009 年的一场演讲中，马克兰承诺将在十年内实现人类大脑的计算机模拟，这个消息迅速震惊了全世界。如果你在网上找找那场演讲的录像，就会看到他棱角分明的一张帅脸，透着些许野性，但他的嗓音却又温文尔雅，蕴含着对未来的一种平静而坚定的信念。可是到了这一年底，他就没法这么冷静了。他的竞争对手，IBM 公司的研究人员达曼德拉·摩德哈（Dharmendra Modha），继 2007 年宣布成功模拟小鼠大脑之后，又宣布已经成功地模拟了猫的大脑。[11] 马克兰坐不住了，怒发冲冠地给 IBM 的首席技术官写了一封邮件：

> 亲爱的伯尼：
>
> 上次这个 Mohda（原件笔误）犯傻宣布什么鼠脑模拟的时候，你跟我说，你会揪着他的脚趾把他拎起来。
>
> 我本来以为……记者们可能会看出来，IBM 报告的是一个骗局——哪有什么猫脑模拟，可他们竟然全被这个不可思议的声明骗过去了。
>
> 我对这个宣布感到极度震惊……
>
> 对于这场赤裸裸的欺骗公众的行为，我认为我应该把内幕揭露出来。

竞争固然是有益的，但这样的事情却是一种耻辱，是对研究领域的破坏。显而易见，Mohda 下一步肯定要宣布他搞出人脑模拟了——我真希望有人能对这个家伙做些科学和伦理的审查。

祝一切都好。

亨利

马克兰毫不避讳他的怒火，把这封信同时发给了很多媒体。一家博客报道了这场论战，并起了一个诙谐的标题——《一场关于猫脑的猫战》。[12]

这封信使马克兰与 IBM 的关系跌到了谷底。他们本来在 2005 年结成了一个同盟，当时 IBM 与马克兰所在的瑞士洛桑联邦理工学院签署了一项协议。这项合作计划的目标，是用 IBM 的"蓝色基因"模拟大脑，以向外界展示这台当时最高性能的超级计算机。马克兰给这个项目起名为"蓝脑"，暗含了 IBM 的绰号"蓝色巨人"。然而，就在摩德哈在 IBM 阿尔马登研究中心启动了竞争性的模拟项目时，马克兰与 IBM 的关系产生了裂痕。

马克兰为捍卫自己的工作，指控其竞争者造假。但实际上，他对整个企业都表示了质疑。随便什么人只要模拟一大堆方程，就**声称**这像是一个大脑。（现如今不需要超级计算机就能做这个了。）证明在哪里？我们怎么知道马克兰的模拟是不是另一个骗局？

他使用了光鲜亮丽的超级计算机，并不能阻止我们注意到一个潜在的致命问题：对于如何判断成功，没有一个定义良好的标准。也许在未来，可以用之前讲到的特殊图灵测试来评估蓝脑，但必须要等模拟程序达到一定水平之后，这个测试才能适用。那些鼠脑、猫脑之类的模拟，甚至都还不能入场。在可预见的未来，不会出现一个"鼠丁·盖尔"来迷惑你。图灵测试能在我们到达目标时，告诉我们已经到达，但是在那一天到来之前，需要其他方法来确保我们走在正确的路上。

那么这些研究者是否取得了真正的进展？马克兰的邮件很长，没法在这里全文贴出，所以我来概括一下他那些抨击背后的科学。简单地说，蓝脑采用的神经元模型，能以高度复杂的方式处理电信号和化学信号。与摩德哈采用的神经元模型相比，它们更接近真正的神经元，而且也比本书中讨论的加权投票模型更符合现实。

大量实证表明，加权投票模型与很多神经元非常近似。但是我们知道，它并不是完美的模型，而且对某些神经元来说还错得很离谱。马克兰指出，真正的神经元有很多复杂的地方，是简单的模型无法体现的。一个神经元本身，就是一个小世界。与其他细胞一样，神经元由很多分子以极其复杂的方式构成，就像一台由分子零件组成的机器。而其中的每一颗分子，又是一台由原子组成的更小的机器。

我在前面讲到，**离子通道**是一种十分重要的分子，因为它们负责处理神经元的电信号。轴突、树突和突触上带有不同类型的离子通道，或者至少有不同的数量，这就是为什么这些不同的部分具有不同的电学特性。理论上说，每个神经元的行为都是独特的，因为它们具有不同的离子通道配置。这与加权投票模型相去甚远，因为这个模型中的神经元都是基本相同的。然而，这对大脑模拟来说却是个坏消息。如果有无数种神经元，要怎么模拟它们？测量一个神经元的特性，丝毫不能帮助你了解其他神经元。

要想逃脱无数种神经元的泥沼，也是有希望的。你可能还记得，卡哈尔根据神经元的位置和形状，把它们归为若干类型。你可以把这些特性想象成动物的习性和外观。当神经科学家说到位于新皮层的双束神经元时，我就会联想到动物学家在说生活在北极的白熊。动物学家可能还会说，白熊与棕熊不同，它们捕食海豹。类似地，同类型的神经元通常也具有同样的电学行为。[13]不难推测，这是因为它们的离子通道有着相同的分布。

如果是这种情况，那么神经元的多样性其实是有限的。我们应该能把各种类型的神经元都列出来，就像是大脑的"零件清单"，然后为每一种类型分别建模。假设在所有正常的大脑中，同一类型的神经元都适用同一个模型，就像我们假设在所有的电子设备中，电阻都起着同样的作用。给每种神经元类型都建模之后，就可以开始模拟大脑了。[14]

马克兰的实验室已经通过体外实验，搞清了很多新皮层神经元类型的电学特性。基于这些数据，他们把每个神经元类型建模成数百个相互作用的电学"隔间"，以近似地模拟神经元上的数百万个离子通道。[15]对于蓝脑所用的多隔间神经元模型[16]的现实性，马克兰立下了汗马功劳。

但是蓝脑还缺一个重要的东西。因为我们目前还没有解出过皮层的连接组，所以不知道如何连接这些神经元模型。马克兰遵循彼得斯定律[17]（Peters' Rule），这个理论假设连接是随机的。轴突和树突搅成一团乱麻，那些偶然的相交之处就会形成接触点。而每一个接触点，都有一定的概率产生突触，就像抛一枚不均匀的硬币。

彼得斯定律在概念上使我们想到之前讲过的，神经达尔文主义的随机突触生成。然而，这两个想法并不相同。神经达尔文主义包括了基于活动的突触淘汰，这使最终留下来的突触并不是随机的。现在已经发现了一些彼得斯定律的反例，我认为将来还会发现更多。这个定律到今天还有市场，恐怕只是因为我们对连接组掌握得太少。

计算机科学家们常说一句话："进去的是垃圾，出来的就是垃圾。"如果蓝脑的神经连接是错的，那它的模拟肯定也是错的。但是我们不要过度批评。在未来，马克兰肯定会不断地从连接组获得信息，为蓝脑所用。这能使他的模拟越来越接近现实吗？

要回答这个问题，我们再回过头来看秀丽隐杆线虫。与新皮层不同，它们的连接组是已知的。但令人惊讶的是，它们也只有一小部分神经系统能被模拟。这些模型有助于理解一些简单行为，但都是一些零散的工作。没有人成功地模拟它们的整个神经系统。

不幸之处就在于，对于秀丽隐杆线虫的神经元，我们没有合适的模型。如我之前所讲，它们中的大部分不发放神经脉冲，所以加权投票模型不适用。

要给神经元建模，首先必须测量它们，但是测量秀丽隐杆线虫的神经元要比测量小鼠甚至人类的神经元困难得多。[18] 我们也缺少关于它们的突触的信息，那套连接组甚至没有指明其中的突触是兴奋性的还是抑制性的。

所以，蓝脑缺少连接组，而秀丽隐杆线虫缺少神经元类型的模型。但要想模拟大脑或者神经系统，这两个要素缺一不可。所以我们之前的口号不妨改一改："你是你的连接组，外加神经元类型的模型。"（假设把连接组定义成包括指明其中每个神经元的类型。）不过，神经元类型的模型所包含的信息，要远远少于连接组，因为大多数科学家相信，神经元类型的数量要远远少于神经元的数量。从这个意义上说，"你是你的连接组"仍然不失贴切。另外，我们还假设在所有正常大脑中，所有同一类型的神经元都有同样的特性，就像在正常情况下，所有的北极熊都会捕食海豹一样。如果我们上传很多人，那所有的模拟程序都可以使用相同的神经元类型模型。对于个体而言，唯一独特的信息，就是他或她的连接组。[19]

值得一提的是，这种信息的平衡关系，在秀丽隐杆线虫则截然不同。它们总共有 302 个神经元，却被分成 100 多个类型[20]，类型的数量并没有比神经元的数量少很多。基本上每个神经元（以及它在身体对侧的对应神经元）都是一个单独的类型。如果每个神经元都需要一个专门的模型，那么所有模型的信息加起来，可能就超过了连接组的信息。所以"你是你的连接组"这句话，虽然对我们人类很合适，对线虫却是不成立的。

换种方式来说，秀丽隐杆线虫的神经系统，就像是一台每个零件都不一样的机器。每个零件的独特功能，与它们的组织结构同等重要。而另一种极端情况，则是一台由一种相同的零件组成的机器。（也许你年龄够大，记得那些老式的乐高套装，里面只有一种乐高积木块。）这种机器的功能，几乎完全取决于零件的组织结构。

电子设备就接近这个极端，因为它们只由很少的几种零件组成，比如电阻、电容、晶体管等。所以，一台收音机的功能主要是由它的电路图决定的。

人脑的零件清单比这长一些，所以需要花很多年的努力，去为人脑的每一种神经元类型建模。但是这个零件清单的条目，毕竟还是远远少于零件的总数。这就是为什么零件的组织结构很重要，以及为什么"你是你的连接组"是一句非常贴切的口号。

大脑模拟还应该包含一种非常重要的连接组特性：改变。如果没有这个特性，上传后的你就无法存储新的记忆或学习新的技能。马克兰和摩德哈的模拟都包含了重新赋权，利用了赫布突触可塑性的数学模型。但是重新连接、重新连线和重新生成也是很重要的。总体而言，我们的模型对这四个"重新"的还原程度，要远远低于对神经元的电信号的还原程度。这当然会在将来得到改善，但还需要很多年的探索。

尽管有这些严峻的问题，但神经元类型模型和连接组的变化，毕竟还是在"基于连接组的大脑模拟"这个整体框架中的。大脑有没有什么东西，是在本质上就与这个框架不相容的？难题就在这里：神经元的有些交互是不受突触限制的。比如，神经递质分子可能会从突触逸出，经扩散，被远处的神经元感知到。这会导致没有突触连接，甚至根本没有接触的神经元之间发生交互。因为这种交互是突触外的，所以并不包含在连接组里。也许给一些突触外的交互建模并非难事，但在一些狭窄而曲折的空间里，神经递质的扩散将需要非常复杂的模型。[21]

如果我们最终发现，突触外交互对大脑的功能是很关键的，那就不得不推翻"你是你的连接组"这个假设了。比之稍弱的"你是你的大脑"还可维持，但要用这作为思维上传的基础，则要困难得多。我们恐怕不得不放弃在连接组层面上的抽象，进而深入到原子的层面。你可以想象，利用物理定律，创建一套对大脑中所有原子的计算机模拟。这个模拟将会逼真到极致，远远超过基于连接组的模拟。

但问题在于，因为原子的数量实在太多，所以需要求解大量的方程。这要消耗多到天文数字的计算资源，多到连想想都很荒谬。所以，除非你的子孙后代能活到银河系的时间尺度，否则这个方案完全没有讨论的必要。目前我们连模拟分子都很困难，模拟大脑中所有的原子是无法想象的。[22] 有限的计算资源还不是唯一的障碍。如何获得初始化模拟所需的信息，也是一个难题。这可能需要测量大脑中所有原子的位置和矢量速度[23]，这个信息量要远远超过连接组。我们还不知道要怎样获取这些信息，也不知道怎样才能在合理的时间内做到。

所以，如果你想上传思维，唯一的希望就是基于连接组的方案。在可预见的未来，我们将通过第四部分介绍的那些研究，搞清楚"你是你的连接组"到底是否成立，或者至少是一个好的近似。这些科学研究本身是针对更短期的目标，但它们仍会带来一些关于思维上传可能性的启发。

人类从很早以前就相信——或者是想要相信——生命不仅仅是物质存在："我不只是一堆肉，我是有灵魂的。"脱离肉体而存在，是个萦绕已久的梦想。思维上传作为这个梦想的最新版本，和之前的版本相比其实也没什么不同。

在过去的几个世纪里，科学着实动摇了我们对灵魂的信仰。先是物理学家告诉我们："你是一堆原子。"按照这种唯物论的说法，宇宙就像一个巨大的台球案子，原子就像里面的台球，按照物理定律而运动和碰撞着。你的原子也不例外，也与宇宙中的其他原子遵守着一样的定律。后来，生物学家和神经科学家又告诉我们："你是一台机器。"这种机械论认为，你这台机器的零件，是细胞和一些特殊分子，比如 DNA。你的身体和大脑，与人类制造的人工机器，并没有什么本质的不同，只是更加复杂而已。

然而，计算机科学又迫使我们重新去审视唯物论和机械论。思维上传者们相信："你是一堆信息。"你不是机器，也不是物质，那些只是为了存储真正的你——信息。日常的计算机经验，已经使我们能够区分什么是信息，什么是物质载体。假如我怒不可遏，把你的笔记本电脑拿来，抡圆了摔个稀烂。你捡起这堆残骸，从里面抽出硬盘，发现硬盘还是完好的。那你就不必难过很久，只要把硬盘里的信息导到另一台计算机上，生活就能继续，仿佛什么都没发生过。

在思维上传者们看来，人和笔记本电脑没有本质区别。他们认为，你的人格身份等信息，可以迁移到其他形式的物质上去。思维上传者反对唯物论者说："你不是你的原子，而是这些原子组成的模式。"同样，他们也反驳机械论者："你不是你的神经元，而是这些神经元连接的模式。"模式虽然需要物质来承载，但它属于抽象的信息世界，而不是实体的物质世界。

事实上，上传者们会说，你的新计算机是旧计算机的"**转世**"。当你把硬盘上的信息导入到新计算机时，旧计算机的灵魂也随之迁移了。于是我们就有了这个新想法：**信息就是新灵魂**。我们绕了一圈，又回到了原点：自我，是基于一种非物质的存在。

这不是一个特别好的类比，因为灵魂通常被认为是不朽的，但信息却有可能永久丢失。纳米技术专家拉尔夫·默克尔[24]（Ralph Merkle），曾经定义了一个**信息学死亡**的概念：死亡就是大脑中存储的人格信息被摧毁。我们回到笔记本电脑的例子，来讲解一下这个概念。假设你从计算机的残骸里找回了原先的硬盘，但它的电机已经在我的暴行中损坏了。以你的技术能力，你无法把它的信息迁移到新计算机上。但你只要找一位技术高手把电机修好，就可以迁移了。然而，假如我非常残忍，不是摔计算机，而是用强力磁铁反复吸你的硬盘。这将彻底擦掉硬盘上的信息，因为这些信息是靠磁场变化存储的。在这种情况下，无论多么先进的技术，都不可能再恢复你的信息了，在理论上是根本不可能的。

默克尔的死亡定义的重要性，更多地体现在哲学层面上，而不是现实层面上。因为要想应用这个定义，我们需要知道记忆、个性和其他人格信息到底是如何存储在大脑中的。如果这些信息都包含在连接组里，那么信息学死亡和连接组死亡就没有什么不同。

为了实现不朽而做的各种努力，其实都可视为是在试图保存信息。大多数人希望在有生之年能生儿育女。他们的 DNA 中的一些信息会保存在他们的孩子的 DNA 中，还有另外一些信息，会保存在孩子们的记忆中。有些人实现不朽的方式是写歌或写书，这样就可以被后人记住。这也是试图把自己的信息另存到别人的脑子里。

人体冷冻和思维上传的目标都是把大脑中的信息保存下来。它们可以被视作一场更广泛的运动的一部分——旨在改造人类的"超人类主义"。超人类主义者主张，我们不要坐等缓慢的达尔文式进化了，可以用技术改造自己的身体和大脑，或者干脆抛弃它们，转移到计算机里去。

有些人嘲弄超人类主义是"书呆子的狂欢"。有些人觉得世界如此糟糕，幻想永生简直是莫名其妙。然而，超人类主义实际上是启蒙运动思想的一个必然而合理的延展，即对人类理性的赞美。欧洲的思想家们在数学和科学方面获得了成功，在这些鼓励之下，他们追求在理性思考的原则上建立定律和哲学，而不是诉诸于传统或上帝的神启。哲学家莱布尼茨甚至认为，所有的分歧都是由于推理错误导致的，而且都可以解决，只要用符号逻辑把论据形式化。

然而到了 20 世纪，理性的局限显露出来了。逻辑学家库尔特·哥德尔（Kurt Gödel）证明了数学是不完备的，因为存在一些真命题却无法证明。量子物理学的先驱们发现，有些事情是完全随机的，即使有无限的信息和计算能力，也无法预测。既然理性在数学和科学领域都遭到了挫败，我们还怎么指望它们在其他领域能成功？事实上，有很多哲学家逐渐相信，永生是不可能通过理性实现的。他们把这样的尝试称为"自然主义的谬误"。

超人类主义已经不再相信理性能够回答所有的问题，但他们仍然相信理性的力量，因为它能源源不断地创造出更先进的科技。超人类主义解决了一个由启蒙引发的大问题，这个问题基于一种科学化世界观，使很多人陷入了迷茫。如果自然界的现实只是一堆上窜下跳的原子，或者为了复制自己而竞争的基因，那么人生似乎是没有意义的。理论物理学家史蒂文·温伯格（Steven Weinberg）在他关于大爆炸的科普名作《最初三分钟》中写道："宇宙越是显得被理解了，就越是显得没有意义。"帕斯卡的《思想录》更加诗意地表达了这个观点：

> 我见那宇宙中环绕的令人颤栗的空间，而我被囚系在这广袤中的一个角落，我不知道我为何被放在这里而非别处，也不知道这赋予我的生命瞬间，为何是在这时，而非我之前和之后的永恒中的另一点。我环顾四周，只见无限，我在其中，就像一颗原子，又像一片影子，稍纵即逝，后会无期。我唯一所知道的，是我一定会死去，而我最不知道的，恰恰就是这无法逃避的死亡。

"人生的意义"包括全体的维度和个人的维度。可以问"我们为什么在这里"，也可以问"**我**为什么在这里"。超人类主义对这些问题给出了下面的回答。第一，超越人类的状况，是人类的命运。这不仅是将要发生的，也是应该发生的。第二，一个人的目标，可以是成为阿尔科会员，梦想思维上传，或是利用其他技术超越自己。超人类主义从这些途径中，为生命找到了被科学夺走的意义。

《圣经》说，上帝按自己的形象创造了人类；德国哲学家路德维希·费尔巴哈（Ludwig Feuerbach）说，人类按自己的形象创造了上帝；而超人类主义者说，人类终将把自己改造成上帝。

图片来源

Figure 0-1: Ramón y Cajal 1921; DeFelipe and Jones 1988. Digitized by Javier DeFelipe from the original drawing in the Museo Cajal. Copyright © the heirs of Santiago Ramón y Cajal. **Figure 0-2**: David H. Hall and Zeynep Altun 2008. Introduction. In Worm Atlas. **Figure 0-3**: Copyright © Dmitri Chklovskii, reproduced with permission. C. elegans wiring diagram described in Varshney, L. R., B. L. Chen, E. Paniagua, D. H. Hall, and D. B. Chklovskii. Structural properties of the C. elegans neuronal network, PLoS Computational Biology, 7 (2): e1001066. doi:10.1371/journal .pcbi.1001066. **Figure 1-1**: Assembled by Hye-Vin Kim using images from the Benjamin R. Tucker papers, Manuscripts and Archives Division, the New York Public Library, Astor, Lenox and Tilden Foundations. **Figure 1-2**: Courtesy of David Ziegler and Suzanne Corkin, and part of a study reported in Ziegler et al. 2010. **Figures 1-3–1-4**: Rob Duckwall/Dragonfl y Media Group. **Figure 1-5**: Sizer 1888. **Figure 1-6**: Dronkers, N. F, O. Plaisant, M. T. Iba-Zizen, and E. A. Cabanis. 2007. Paul Broca's historic cases: High resolution MR imaging of the brains of Leborgne and Lelong. Brain, 130 (5): 1432–1441. By permission of Oxford University Press. **Figure 2-1**: Brodmann 1909. **Figure 2-2**: Penfield and Rasmussen 1954. **Figure 3-1**, left: David Phillips/Photo Researchers; right: Alex K. Shalek, Jacob T. Robinson, and Hongkun Park. **Figure 3-2**: Constantino Sotelo. See also DeFelipe 2010. **Figure 3-3**: Ben Mills. **Figure 3-4**, left: Lawrence Livermore National Laboratory; right: copyright © 2009 Andrew Back (Flickr: carrierdetect). **Figure 3-5**: Albert Lee, Jérôme Epsztein, and Michael Brecht. **Figure 3-6**: Hye-Vin Kim. **Figure 5-1**: Yang, G., F. Pan, and W. B. Gan. 2009. Stably maintained dendritic spines are associated with lifelong memories.

Nature, 462 (7275): 920–924. **Figure 6-1**: Assembled by Hye-Vin Kim from drawings in Conel 1939–1967. **Figure 8-1**: Kathy Rockland. **Figure 8-2**: Hye-Vin Kim. **Figure 8-3**: Created by Winfried Denk based on an image from Kristen M. Harris, PI, and Josef Spacek. Copyright © SynapseWeb 1999–present. Available at synapses.clm.utexas.edu. **Figure 8-4**: Courtesy of Kim Peluso, Beaver-Visitec International, Inc.(formerly BD Medical–Ophthalmic Systems). **Figure 8-5**: Ken Hayworth. **Figure 8-6**: Richard Schalek. **Figures 9-1–9-2**: TEM cross-section of the adult nematode, C. elegans, by David H. Hall, with permission from John White, MRC/ LMB, Cambridge, England. **Figure 9-3**: Daniel Berger, based on data of Narayanan Kasthuri, Ken Hayworth, Juan Carlos Tapia, Richard Schalek, and Jeff Lichtman. **Figure 9-4**: Hye-Vin Kim. **Figure 9-6**: Aleksandar Zlateski. **Figure 10-1**: Modified from an image provided by Richard Masland. **Figure 10-2**: Felleman, D. J., and D. C. Van Essen. 1991. Distributed Hierarchical Processing in the Primate Cerebral Cortex. Cerebral Cortex, 1 (1): 1–47. By permission of Oxford University Press. **Figure 10-3**, left: Hye-Vin Kim; right: Kathy Rockland. **Figure 10-4**: Ramón y Cajal 1921; DeFelipe and Jones 1988. Digitized by Javier DeFelipe from the original drawing in the Museo Cajal. Copyright © the heirs of Santiago Ramón y Cajal. **Figure 10-5**: Hye-Vin Kim, based on White et al. 1986. **Figure 10-6**: Hye-Vin Kim. **Figure 11-1**: Dr. Wolfgang Forstmeier, Max Planck Institute for Ornithology. **Figure 11-2**: Redrawn from an image created by Michale Fee. **Figure 12-1**: Rob Duckwall/Dragonfl y Media Group. **Figure 12-2**: Hye-Vin Kim. **Figure 12-3**: Kristen M. Harris, PI, and Josef Spacek. Copyright © SynapseWeb 1999–present. Available at synapses .clm.utexas.edu. **Figure 12-4**: Felleman, D. J., and D. C. Van Essen. 1991. Distributed Hierarchical Processing in the Primate Cerebral Cortex. Cerebral Cortex, 1 (1): 216–276. By permission of Oxford University Press. **Figure 14-1**: Hye-Vin Kim. **Figure 14-2**, left: Daniel Berger; right: Anders Leth Damgaard.

后记

是时候回到现实了。每个人都有一次生命，以及一颗大脑，伴随我们度过人生。而人生中所有重要的目标，归根结底都是要改变大脑。我们虽然有自然的改变机制，却对其局限感到失望。除了满足好奇心和求知欲以外，神经科学到底能不能为我们带来新的启发和技术，让我们改变大脑？

我曾经说过，连接主义是我们这个时代最重要的思想之一，它强调了连接对于心智功能的重要性。按照这个观点，改变大脑实际上就是改变连接组。连接主义可以追溯至19世纪，但对其命题进行实证检验却非常困难。直到很久之后，得益于连接组学技术的发展，我们才终于能够检验这一学说。心智的不同，到底是不是因为连接组的不同？如果能成功地回答这个问题，就能在大脑连线中识别出想要的改变。

下一步要做的，就是设计新的方法来促进这些改变，基于分子干预，促进四个"重新"：重新赋权、重新连接、重新连线、重新生成。这样的方法还能应用于康复训练，控制四个"重新"，产生积极的改变。

要想把这些前景变成现实，必须不懈地开发必要的技术手段。在科学史上，有许多概念上的障碍，是无论多么杰出的学者都无法突破的，直到发明出合适的工具。你总不能指望连螺丝刀都没见过的山顶洞人，能搞清楚机械钟表的工作原理。同样，在没有极其精密的工具之前，要求神经科学家搞清楚大脑的原理，是不现实的。我们已经掌握了一些技术以应对这项挑战，但还需要再使这些技术强大很多倍。

我们要创建一个研究环境来促进这些技术的发展。一种可能性是采取"大挑战"模式，通过一些富有野心的项目刺激人们的想象力，并调动学术界的努力。可以把目标设定为，用电子显微镜解出小鼠大脑的整个神经元连接组，或者用光学显微镜解出人类大脑的整个区域连接组。这两个项目的难度相仿，因为它们需要获取和分析的数据量是差不多的。我估计其中任何一项都需要十年的专注和努力。对神经科学家们来说，这两种连接组都将成为无价的宝藏，就像生物学家们离不开基因组一样。

实施这些项目将会面临极大的难度，但与此同时，我们有些捷径可走。随着技术发展，我们能够快速、低成本地解出一些小规模的连接组。解出1立方毫米的神经元连接组，或解出小鼠大脑的区域连接组，这些与上面所说的大挑战相比，要快上几千倍。如果能解出很多小规模的连接组，对研究个体差异和变化也会很有用。

有人可能会问，眼下的当务之急是为精神疾病找到更好的疗法，那为什么要投资这些未来技术？我认为，这两种做法应该双管齐下。我们的疗法当然会在几年内有所改进，但是我预计要想达到治愈，恐怕还要数十年。因为这是一场持久战，所以眼下值得进行一些合理的投资，以期获得一些长远的回报。

你可能会质疑，技术到底能不能发展到可以实现快速而低成本地解出连接组的程度？在人类基因组计划开始之前，给整个人类基因组测序似乎也是不可能的。连接组学可能看起来很难，但在某种意义上，与整个神经科学更为艰苦的求索相比，它也只是小巫见大巫。这是因为它的目标很明确，我们知道什么是成功，也能量化其进展。相反，神经科学更广泛的目标，是理解大脑的工作原理，这是一个非常模糊的定义。甚至领域内的专家，对这句话的含义都无法达成共识。只要有定义明确的目标，那么投入时间、资金和努力就能产生进步。这就是为什么我相信连接组学一定能实现目标，虽然那目标似乎有些太远大。我们只要奋起作战，就三千越甲可吞吴。

一个男孩在水中嬉戏。回到岸边，他问道："师父，溪水为什么这样流？"长者沉默地注视他片刻，回答说："是土地让溪水这样流。"在返回寺庙的路上，他们经过一座摇摇晃晃的小桥。徒弟紧紧地抓住长者的手，望着脚下深深的水面，问道："师父，峡谷为什么这样深？"在安全地到达对岸后，长者回答他："是溪水让土地这样走。"

我相信我们大脑中的溪流也遵循同样的原理。神经活动从连接组中流过，驱动眼前的经历，留下过去的印象，成为我们的记忆。连接组学将成为人类历史的一个转折点。我们从非洲草原的猿类祖先进化而来，不同之处就是我们拥有更大的大脑。我们用大脑创造科技，科技又赋予我们更惊人的能力。最终科技将会强大到让我们真正地了解自己——并把自己改造得更好。

致谢

David van Essen 为这本书埋下了种子。2007 年的神经科学大会，他邀请我做一个报告。我面对数千名听众，展示了寻找连接组这项挑战。在这之后，各种评论接踵而至，于是 Bob Prior 鼓励我，干脆写本书吧。我接受了这个提议，但我决定将这本书定位于面向公众。因为读者没有相关知识，所以我必须从最基础的理论开始论证，并且对我已有的信念也要反复推敲。我遵照着那句箴言：把杯子倒空，才能装水。

我在 2009 年完成了初稿，Catharine Carlin 让我去找 Jim Levine，Dan Ariely 帮我引见了他。Jim 热情地表示愿意做我的代理人，这给了我巨大的动力。他找来了杰出的 Amanda Cook，她反复用一个问题刺激我："人们为什么要在乎你这本书？"她不但帮助我编辑文字、完善故事，还重塑了我的想法。我之前完全没有想到，这本书在她的指引下，会有这么大幅度的改动，我很庆幸遇到了她。

投身于科学事业，会有一个额外的好处——有机会遇到非常聪明而有趣的同事。有很多次，我与其他神经科学家一起讨论，这些美妙的讨论，使本书的内容更加丰富。David Tank 睿智的建议，使我走上了研究连接组的道路。Winfried Denk 审阅了本书的两版初稿，他的鼓励使我坚持写作。Jeff Lichtman

耐心地给我讲解了突触的淘汰和神经达尔文主义。Ken Hayworth 给我讲解了他的切片机器，并热烈地为超人类主义辩护。Daniel Berger 为完善本书贡献了很多建议。

感谢这些人为我提供的信息：Scott Emmons 和 David Hall 关于秀丽隐杆线虫，Axel Borst 关于果蝇大脑，Kevin O'Hara 关于加州红杉，Misha Tsodyks 和 Haim Sompolinsky 关于联想记忆模型，Eric Knudsen 和 Stephen Smith 关于重新连接和重新连线，Carlos Lois 和 Fatih Yanik 关于重新生成，Mitya Chklovskii 和 Alex Koulakov 关于连线经济性，Kristen Harris 关于序列电子显微镜，Guyeon Wei 关于半导体电子学，Dick Masland 和 Josh Sanes 关于神经元类型，Kathy Rockland 和 Almut Schüez 关于皮层解剖学，Harvey Karten 和 Jerry Schneider 关于大脑的进化，Michale Fee 关于鸟叫，Li-Huei Tsai 和 Pavel Osten 关于大脑疾病，Vamsi Mootha 关于生物学，Niko Schiff 关于神经学，Drazen 和 Danica Prelec 关于哲学和心理学，还有 Michael Häusser 和 Arnd Roth 关于树突的生物物理学。

感谢 Mike Suh 和 John Shon 协助完成了本书最初的提案，以及 Janet Choi 和 Julia Kuhl 审阅了最终的定稿。Scott Heftler 想出了很多有趣的比喻。Sue Corkin、Mike Gazzaniga、Allan Hobson 和 Lisa Randall 在关键问题上提供了建议。Katya Rice 精益求精的编辑工作和无懈可击的严密逻辑，对本书有点石成金之效，令我十分欢欣。

感谢一些公开演讲的经历，使我与时代的思潮保持协调。Ute Meta Bauer 邀请我在麻省理工学院的可视化艺术项目上做了一场报告，Susan Hockfield 带我参加了世界经济论坛，还有 Sarah Caddick 在 2010 年帮助我在 TED 上推广了我的工作。

最后，我还要感谢盖茨比慈善基金会、霍华德·休斯医学研究所和人类前沿科学项目组织，对我的连接组学研究的大力资助。

译后记

在我讨论神经科学的经验中，哪怕是坚定的机械唯物论者——他们相信骨肉、心脏乃至基因都是机械的——在面对"大脑是机器"这个命题时，也会有犹豫和困惑。确实，我们一直自诩为万物灵长，要接受我们一切思想、灵感和创造的源头只是一堆机械运转的物质，这不仅是对人类优越感的严重打击，而且让大脑来产生这样"自黑"的想法，也颇有些悖论的意味。有趣的是，往往越有知识的人，就越坚持认为，大脑除了物质肯定还有些别的。或许是因为他们对思想的灵活性和能动性更有体会，所以格外不能接受大脑是机器。既然知识阶层存在着这样一种情感，那么可以想见，连接组学的传播，不可能是一帆风顺的。

事实上，严肃的连接组学研究极少让自己陷入这类哲学争吵。只要你相信大脑在结构上主要是由神经元组成的，其信号的传输主要是由突触完成的，那么连接组学目前所做的，只是对神经元和突触进行一次大规模的人口普查。但即使如此，学界对连接组学的批评也是不断的。抛开哲学和伦理不说，就在神经科学领域内，也有人质疑这种普查的意义，以及它的可行性。

为这样一个在襁褓中就饱受争议的新学科立心立命，是很难做到深入浅出、娓娓道来的。陈奕迅的歌里说，很不安怎么去优雅。所以我们看到，作者承现峻作为连接组学的一位主要倡导者，在以斗士般的姿态为连接组学大声疾呼。而这整本书的线索，似乎就是由一部分神经科学知识，结合对各种批评意见的反驳而串连起来的。不过，他对这些批评本身并没有过多介绍，所以朋友们如果读出了一些莫名其妙的焦虑感，不妨想想连接组学有着这样的一种背景。

同样具有这种焦虑感的研究领域，还有我的本行——人工智能。连接组学从诞生开始，与人工智能就是水乳交融的。一方面，连接组学的实践在很大程度上依赖人工智能技术的支持；另一方面，人工智能领域正在翘首以盼，希望对生物连接组的破解能给智能系统的研究带来新的启发。这两个学科在互相推动的过程中，有很多经验和思路是可以互相借鉴的。尤其是，人工智能领域与来自各方面的批评"肉搏"了半个多世纪，再加上遭遇过几次历史性的残酷打击，已经积累了相当丰富的生存经验。这个领域能走到今天，与其表现出来的与各学科之间"搁置争议，共同开发"的姿态是有很大关系的。有这样的前车之鉴，我希望连接组学的真正价值，也能早日得到各学科的证明。这中间当然困难很多，但总体而言，我认为连接组学目前的环境，是好于 20 世纪 60 年代后期的人工智能的。

很多朋友问过我，我学的是计算机科学，研究的是人工智能，为什么会在清华大学医学院工作。其实这个问题再具体点儿，就是我为什么研究连接组。我认为如果从计算系统的角度看大脑，那么它是由 3 个要素构成的：神经元模型、拓扑结构和学习规则。对模型和学习规则的研究，基本上是完全靠生物实验手段的，而对拓扑结构的研究，则在得到数据之后，仍有大量的工作要做。而我又一直相信，神经的拓扑结构能给类脑智能系统带来启发，于是在两年前，就产生了亲手搞一搞的念头。拓扑结构是计算机里的叫法，在神经科学里，就是我们现在说的连接组。而眼前的这本书，就是当时带我入门的读物。后来我离开微软亚洲研究院，来到清华大学，研究起了真正的（而不是计算机里虚拟的）连接组，也在工作之余，打算把这本书翻译出来。

多年前，我还在学校、在微软时，翻译了《艾伦·图灵传》。我对计算机科学和人工智能，有着狂热的兴趣，图灵正是这两个领域的奠基者。然而到了《艾伦·图灵传》出版时，我却已经离开微软，到医学院开始研究连接组了。眼前这本书的翻译工作占据了我在医学院的许多个夜晚，而在它即将付梓之际，我却已经离开了学术界，开始以更现实的方式研究智能和思维的真相。这两次翻译恰恰伴随着我的两次告别与离去，于我而言，倒像是不错的纪念品。

孙天齐

版权声明